Discrete Mathematics and Its Applications

离散数学及其应用

张清华 蒲兴成 尹邦勇 刘 勇 编

清华大学出版社
北京

本书封面贴有清华大学出版社防伪标签,无标签者不得销售。

版权所有,侵权必究。举报:010-62782989,beiqinquan@tup.tsinghua.edu.cn。

图书在版编目(CIP)数据

离散数学及其应用/张清华等编.—北京:清华大学出版社,2016(2024.9 重印)
ISBN 978-7-302-41805-4

Ⅰ.①离… Ⅱ.①张… Ⅲ.①离散数学—高等学校—教材 Ⅳ.①O158

中国版本图书馆 CIP 数据核字(2015)第 247972 号

责任编辑:陈 明
封面设计:傅瑞学
责任校对:王淑云
责任印制:宋 林

出版发行:清华大学出版社
　　　网　　址:https://www.tup.com.cn,https://www.wqxuetang.com
　　　地　　址:北京清华大学学研大厦 A 座　　　邮　　编:100084
　　　社 总 机:010-83470000　　　邮　　购:010-62786544
　　　投稿与读者服务:010-62776969,c-service@tup.tsinghua.edu.cn
　　　质量反馈:010-62772015,zhiliang@tup.tsinghua.edu.cn
印 装 者:三河市龙大印装有限公司
经　　销:全国新华书店
开　　本:185mm×260mm　　印　　张:14.25　　　字　　数:343 千字
版　　次:2016 年 7 月第 1 版　　　　　　　　印　　次:2024 年 9 月第 13 次印刷
定　　价:45.00 元

产品编号:065006-03

前　言

　　离散数学是现代数学的一个重要分支。离散数学课程是计算机专业的核心课程、信息类专业的必修课程以及部分工科类专业的选修课程。该课程以研究离散量的结构和相互间的关系为主要目标,其研究对象一般是有限个或可数个元素,因此它充分描述了计算机科学离散性的特点。离散数学是随着计算机科学的发展而逐步建立的,它形成于 20 世纪 70 年代初期,是一门新兴的工具性学科。近年来,计算机科学与技术正在以惊人的速度发展,对人类社会的各个领域产生着日益广泛和深入的影响。离散数学,作为计算机科学与技术的数学基础,也因此更加显示出其重要性。计算机科学之所以能取得这样辉煌的成就,与其具有雄厚的理论基础——离散数学是分不开的。离散数学不仅是计算机科学基础理论的核心课程,也是人工智能的数学基础之一。该课程与计算机科学中的数据结构、操作系统、编译理论、数据库、算法的分析与设计、人工智能、计算机网络、算法分析、电路分析与逻辑设计等理论课程联系紧密,是这些课程的先修课程。通过离散数学的学习,不但可以掌握处理离散结构的描述工具和方法,为后续课程的学习创造条件;而且可以提高抽象思维和严格的逻辑推理能力,为将来参与创新性的研究和开发工作打下坚实的基础。

　　多数工科专业的离散数学课程主要内容包括 4 个部分:数理逻辑、集合论、代数系统、图论初步。(1)数理逻辑是逻辑学的一个核心内容,它是研究思维形式及思维规律的基础,也就是研究推理过程的规律的科学。数理逻辑是用数学方法来研究推理的规律,这里所指的数学方法,就是引进一套符号体系,在其中表达和研究推理的规律。(2)集合论的起源可以追溯到 19 世纪末期,29 岁的德国数学家康托尔在数学杂志发表了关于无穷集合论的第一篇革命性文章,奠定了集合论的基础。集合不仅可以用来表示数及其运算,更可以用于非数值信息的表示和处理。集合论在程序语言、数据结构、编译原理、数据库与知识库、形式语言和人工智能等领域中得到了广泛的应用,并且理论本身还得到了进一步发展,如 Zadeh 提出的模糊集理论和 Pawlak 提出的粗糙集理论。(3)代数系统是抽象代数中的一个重要内容,除了数理逻辑外,对计算科学最有用的数学分支就是代数,特别是抽象代数,在许多实际问题的研究中都需要用某种数学结构来构造数学模型。代数系统就是一种很重要的数学结构,主要包括半群、群、格与布尔代数等。半群理论在自动机理论和形式语言中发挥了重要作用;有限域理论是编码理论的数学基础,在通信中起着重要的作用;格和布尔代数是电子线路设计、电子计算机硬件设计和通信系统设计的重要工具。(4)图论是离散数学的重要组成部分,是近代应用数学的重要分支。1736 年瑞士数学家欧拉发表了图论的首篇论文——《哥尼斯堡七桥问题无解》,标志着图论诞生。作为描述事务之间关系的手段或称工具,图论在许多领域,诸如计算机科学、物理学、化学、运筹学、信息论、控制论、网络通信、社会科学以及经济管理、军事、国防、工农业生产等方面都得到广泛的应用。也正是在众多方面的应用中,图论自身才得到了非常迅速的发展。

　　本书根据工科学生特别是计算科学与技术专业学生的特点,选取离散数学的重要内容,结合编者多年离散数学教学经验,在学校离散数学重点课程建设的支持下,基于此前出版的《离散数学》(机械工业出版社,2010年)教材,博采国内众多其他教材的长处并借鉴国外教材的特色,结合教学团队在教学和科研方面的成果编写而成。本书力求在介绍离散数学基础知识的前提下,简明扼要、通俗易懂地介绍相关内容,注重理论联系实际,融入启发式教学理念,使得教师教学和学生自学浑然一体,着重培养学生的创新能力和自学能力。本书的特点如下:内容深入浅出,知识点脉络清晰,通俗易懂;基础理论与实际问题相结合,变抽象思维为形象思维,提高学生创新能力和自学能力;重点突出知识的逻辑结构,注重培养学生的数学思维能力;编写内容普适性强,便于工科学生考研复习;书后附习题参考答案,便于学生掌握自己的学习情况。

　　全书共分为4个部分。第一部分由张清华编写,第二部分由尹邦勇和张清华编写,第三部分由刘勇编写,第四部分由蒲兴成和张清华编写。第一部分是数理逻辑,分为两章,第1章介绍命题逻辑,第2章介绍一阶谓词逻辑;第二部分是集合论初步,分为两章,第3章介绍集合初步,第4章介绍二元关系与函数初步;第三部分是代数结构,分为两章,第5章介绍代数系统,第6章介绍几个典型的代数系统;第四部分是图论,主要介绍图论的基础知识和几种典型的图。

　　本书的出版得到重庆邮电大学教材建设项目(JC2014-13)、重庆市高等教育教学改革研究重点项目(No.1202033)和重庆市"三特行动计划"信息与计算科学专业建设项目等的资助。全书的内容修改和出版还得到杨春德、胡学刚、郑继明、李红刚、陈六新、李永红、刘显全、何承春等老师和部分研究生同学(谢秦、杨陈陈、夏德友等)的支持和帮助。特别感谢吴慧莲老师为本书提出的宝贵修改意见和建议。感谢为本书出版作出积极贡献和支持的同志们! 最后,还要特别感谢清华大学出版社的大力支持,使得本书得以顺利出版。

　　本书主要内容在重庆邮电大学等多所高校多次讲授,反复修改,但由于水平所限,加之时间仓促,书中难免有不妥或错误之处,恳请广大读者批评指正。

作　者

2016年1月于重庆

目　　录

第一部分　数　理　逻　辑

第二部分　集　合　论

第三部分　代 数 结 构

第四部分　图　　论

第一部分　数理逻辑

　　数理逻辑又称符号逻辑、理论逻辑,它是数学的一个分支,是用数学方法研究逻辑或形式逻辑的学科,其研究对象是对证明和计算这两个直观概念进行符号化以后的形式系统。数理逻辑是数学基础的一个不可缺少的组成部分。虽然名称中有逻辑两字,但数理逻辑并不属于单纯逻辑学范畴。数理逻辑近年来发展特别迅速,主要原因是这门学科对于数学其他分支,如集合论、数论、代数、拓扑学等的发展有重大的影响,特别是对计算机科学的发展起了推动作用。反过来,其他学科的发展也推动了数理逻辑的发展。数理逻辑与计算机科学关系密切,在计算机科学的许多领域,如逻辑设计、人工智能、语言理论、程序正确性证明、可信计算理论等方面有着重要作用。这部分介绍计算机科学中数理逻辑基础知识——命题逻辑和谓词逻辑。

第1章 命题逻辑

命题逻辑也称命题演算或语句演算,它研究以命题为基本单位构成的前提和结论之间的推导关系。命题逻辑是知识形式化表达和推理的基础框架。如何利用形式化的命题推导出新的命题在人工智能领域是一个重要内容。本章主要介绍命题逻辑的基本知识、基本思想和基本方法。主要内容包括命题及联结词、命题公式、命题等值演算、命题公式的范式和推理理论。

1.1 命题及联结词

1. 命题及其表示

命题是命题逻辑中最为基础的概念。所谓命题,是指具有确定真值的陈述句,即陈述句是真是假二者必居其一,也只居其一。也就是说,凡是能分辨其真假的陈述句就是命题,无所谓是非的句子,如感叹句、疑问句、祈使句等都不能作为命题。作为命题的陈述句所表达的判断结果称为命题的真值,真值只取两个值:真或假。真值为真的命题称为真命题,真值为假的命题称为假命题。任何命题的真值都是唯一的。下面举出一些例子。

(1) 重庆是直辖市。

(2) 教师是人类灵魂的工程师。

(3) 4 是素数。

(4) $1+2=3$。

(5) 2100 年的春节是晴天。

(6) 火星上有生物。

(7) 请安静!

(8) 今天天气多好啊!

(9) 现在是几点钟?

(10) 我正在说谎。

(11) $x-y=3$。

在这些例子中,(1)~(6)都是命题。其中(1)、(2)、(4)是真命题,(3)是假命题。至于(5)和(6),其真假值是确定的,只是现在无法知道,因此它们都是命题。(7)~(11)都不是命题。原因在于(7)是祈使句,(8)是感叹句,(9)是疑问句,而(10)是悖论。若(10)的真值为真,即"我正在说假话"为真,也就是我说的是假话,因此(10)又是错误的;反之,若(10)的真值为假,即"我正在说谎"为假,也就是我在说真话,因此(10)的真值应为真。像(10)这样既不为真又不为假的陈述句不是命题,这种陈述句称为悖论。凡是悖论都不是命题。(11)中的 x,y 的值不确定,某些 x,y 使 $x-y=3$ 为真,某些 x,y 使 $x-y=3$ 为假,即 $x-y=3$ 的真假随 x,y 的变化而变化。因此, $x-y=3$ 的真假无法确定,所以 $x-y=3$ 不是命题。

命题的"真"和"假"称为命题的"真值",分别用 T(True)和 F(False)来表示,有时用 1 和 0 来分别表示真和假。换句话说,命题的值域为{T,F}或{1,0}。没有特别说明,T 和 1 可以通用,F 和 0 也可以通用。

一般来说,用字母 P,Q,R 等表示命题,称为命题标识符,也可以用[1],[2]等来表示命题。例如:

P: 今天是星期一。

[1]: 2008 年北京举办奥运会。

命题标识符分为命题变量(命题变元)和命题常量。命题变量可以表示任何命题,相当于圆柱的体积公式 $V=\pi r^2 h$ 中的 r 和 h,命题常量表示一个固定的命题,相当于圆柱体积公式中的字母 π。

命题分为简单命题和复合命题。简单命题(又称为原子命题)是指不能分解为更简单的命题。复合命题是指由联结词、标点符号把几个原子命题联结起来的命题。如命题"如果 2 是素数,则 3 也是素数"这个命题中通过"如果……,则……"这个联接词组合而成,是复合命题,而"2 是素数"和"3 是素数"是简单命题。

2. 命题联结词

在日常语言中,一些简单的陈述句,可以通过某些联结词联结起来,组成较为复杂的语句。例如可以说:"如果下星期日是晴天,那么我就去春游。"这里就是用"如果……,那么……"把两个陈述句"下星期日是晴天"和"我去春游"联结起来组成的一个新复合命题。在日常语言中还有许多联结词,如"不"、"并且"、"或者"、"当且仅当"、"只要……就……"、"除非……否则……"等都是联结词。使用它们可以将一个命题加以否定或将两个命题联结起来得到新的复合命题。但是,在日常语言中,这些联结词的使用一般没有严格的定义,有时就显得不很准确,常常带有二义性。在数理逻辑中,也引入联结词,这些联结词是从日常生活所使用的联结词抽象出来的,它有严格的意义。因此,与日常生活中所使用的联结词含义并不完全相同,需要仔细区分和识别。

下面介绍数理逻辑中常用的 5 种常用的联结词。

(1)"否定"联结词,记做"¬",它是一元运算。相当于"非"、"不"、"否定"等词。给定一个命题 P,它的否定记为"¬ P",读作"非 P",它的真值情况如表 1-1 所示。

表 1-1　否定的真值

P	¬ P
1	0
0	1

由¬P的真值表可知,¬P的真值是1,当且仅当P的真值是0。¬P的真值是0,当且仅当P的真值是1。

(2)"合取"联结词,记作"∧",它是二元运算。相当于"且"、"和"、"与",也称为"与"。设P和Q是命题,利用"合取"联结词可将P和Q联结起来,组成命题"$P∧Q$",读作"P与Q的合取"或"P与Q"。$P∧Q$的真值如表1-2所示。

表1-2 合取的真值

P	Q	$P∧Q$
1	1	1
1	0	0
0	1	0
0	0	0

例 1.1 小刚和小明都是大学生。

解 设P：小刚是大学生,Q：小明是大学生,则原命题符号化为$P∧Q$。

例 1.2 小丽既聪明,又能干。

解 设P：小丽聪明,Q：小丽能干,则原命题符号化为$P∧Q$。

例 1.3 小刚聪明但不努力。

解 设P：小刚聪明,Q：小刚努力,则原命题符号化为$P∧¬Q$。

例 1.4 小刚和小明是同学。

解 这是一个原子命题,不能分解为更细的命题。

(3)"析取"联结词,记作"∨",它是二元运算。相当于"或"、"或者"。利用此联结词可将命题P和Q联结起来,组成命题"$P∨Q$",读作"P和Q的析取"或者"P或Q"。它的真值如表1-3所示。

表1-3 析取的真值

P	Q	$P∨Q$
1	1	1
1	0	1
0	1	1
0	0	0

联结词析取的意义与日常生活中所使用的"或"意思并不完全相同。在日常生活中,"或"实际上分为"排斥或"和"可兼或",还有一种是描述模糊数据。这里析取表示"可兼或"。

例 1.5　今天晚上我在家看电视或听音乐。

解　设 P：今天晚上我在家看电视，Q：今天晚上我在家听音乐，则原命题符号化为 $P \lor Q$。

例 1.6　从重庆到北京的 T10 次列车是中午 1 点或 1 点 30 分开。

解　该命题中的"或"不是"可兼或"，我们用一种等价形式来代替。

设 P：重庆到北京的 T10 次列车是中午 1 点开，Q：重庆到北京的 T10 次列车是中午 1 点 30 分开，则原命题符号化为 $(P \land \neg Q) \lor (\neg P \land Q)$。

例 1.7　小刚是山东人或山西人。

解　设 P：小刚是山东人，Q：小刚是山西人，则原命题符号化为 $(P \land \neg Q) \lor (\neg P \land Q)$。该命题中的"或"不是"可兼或"，不能直接用析取联结词。

例 1.8　小刚是有 20 岁或 30 岁。

这是一个原子命题，这里的"或"表示一个模糊数据。

在遇到含有"或"的命题符号化时，要仔细分清它是"可兼或"、"排斥或"还是表示模糊数的"或"，本书中析取联结词表示"可兼或"。

（4）"单条件"联结词，记作"→"，它是二元运算。相当于"如果……那么……"、"因为……所以……"、"只要……就……"等。也可称为"蕴涵"。"$P \rightarrow Q$"读作"如果 P，那么 Q"，其中 P 称为前件，Q 称为后件。其真值如表 1-4 所示。

表 1-4　单条件的真值

P	Q	$P \rightarrow Q$
1	1	1
1	0	0
0	1	1
0	0	1

例 1.9　如果天下雨，那么我们在室内活动。

解　设 P：天下雨，Q：我们在室内活动，则原命题符号化为 $P \rightarrow Q$。

例 1.10　只要天下雨，我们就在室内活动。

解　设 P：天下雨，Q：我们在室内活动，则原命题符号化为 $P \rightarrow Q$。

例 1.11　因为天下雨，所以我们在室内活动。

解　设 P：天下雨，Q：我们在室内活动，则原命题符号化为 $P \rightarrow Q$。

在实际的语言中,很多联结词可以转化为用单条件,但是要注意前件和后件的关系。

例 1.12 只有天下雨,我们才在室内活动。

解 设 P:天下雨,Q:我们在室内活动,则原命题符号化为 $Q \to P$。

例 1.13 仅当天下雨,我们在室内活动。

解 设 P:天下雨,Q:我们在室内活动,则原命题符号化为 $Q \to P$。

例 1.14 除非天下雨,否则我们不在室内活动。

解 设 P:天下雨,Q:我们在室内活动,则原命题符号化为 $\neg P \to \neg Q$,或者 $Q \to P$。

(5)"双条件"联结词,记作"$\leftrightarrow$",它是二元运算。相当于"当且仅当"、"充要条件"等。记为"$P \leftrightarrow Q$",读作"P 当且仅当 Q"。它的真值如表 1-5 所示。

表 1-5 双条件的真值

P	Q	$P \leftrightarrow Q$
1	1	1
1	0	0
0	1	0
0	0	1

例 1.15 $1+1=2$ 当且太阳从东边升起。

解 设 P:$1+1=2$,Q:太阳从东边升起,则原命题符号化为 $P \leftrightarrow Q$。

例 1.16 秋天到了,燕子南飞。

解 设 P:秋天到了,Q:燕子南飞,则原命题符号化为 $P \leftrightarrow Q$。

1.2 命题公式与真值表

命题变量和联结词构成复合命题的形式化描述,为了能够更加准确地描述命题,本节主要讨论命题公式及命题公式的赋值。

1. 命题公式

定义 1.1 命题合式公式,又称为命题公式(简称公式),可按下列规则生成:

(1) 命题变量是命题公式;

(2) 如果 A 是公式,则 $\neg A$ 是命题公式;

(3) 如果 A 和 B 是公式,那么 $(A \wedge B)$,$(A \vee B)$,$(A \to B)$ 和 $(A \leftrightarrow B)$ 都是命题公式;

（4）当且仅当有限次地应用（1）、（2）、（3）所得到的包含命题变量、联结词和圆括号的符号串是命题公式。

命题公式的定义是一个递归形式的定义。命题公式本身不是命题，没有真值，只有对其命题变量进行赋值后，命题公式才有真值。这如同圆柱的体积公式 $V = \pi r^2 h$ 一样，没有给半径和高赋值时，公式没有值；一旦给半径和高赋值后，公式就能计算出一个具体的体积。圆柱的体积公式刻画了变量（体积与半径、高）之间的关系。

例 1.17　判定下列式子是否是命题公式？

（1）$((R \vee \neg Q) \rightarrow R)$；　　　　　（2）$((P \leftrightarrow \neg Q) \wedge ((Q \rightarrow R) \leftrightarrow (R \vee Q)))$；

（3）$(P, Q) \rightarrow R$；　　　　　　　　　（4）$(P \vee \rightarrow Q)$；

（5）$(P \vee Q) \rightarrow R \leftrightarrow Q)$；　　　　（6）$(P \vee Q) \rightarrow R$。

解　根据命题公式的定义可知，（1）、（2）、（6）是命题公式，而（3）、（4）、（5）不是命题公式。（3）中的两个命题变量之间不能用逗号；（4）中的析取联结词后面应该是变量或公式；（5）中的括号不配对。命题公式最外层括号可以省略。

有了命题公式的定义后，很多复合命题可以符号化为命题公式。

例 1.18　给定命题：“如果明天天晴，且我有空，我就去踢球。”用命题公式符号化该命题。

解　设 P：明天天晴，Q：我有空，R：我去踢球，则原命题符号化为 $(P \wedge Q) \rightarrow R$。

这里需要强调，联结词之间的运算有不同的优先级，联结词运算的优先次序为 $\neg$，$\wedge$，$\vee$，$\rightarrow$，$\leftrightarrow$，如果有括号，则先进行括号内的运算。

定义 1.2　设 A 是一个命题公式，$P_1, P_2, \cdots, P_n$ 是出现在 A 中的所有命题变元，对 P_1，$P_2, \cdots, P_n$ 这些命题变元赋予一个确定的真值称为对命题公式进行一种赋值。

不同的赋值，命题公式有不同真值情况。将命题公式在所有的赋值下的真值情况汇成一个表，这个表就称为真值表。如果一个命题公式有 n 个命题变元，每个命题变元有两种真值情况，则共有 2^n 种不同的赋值情况。为了不遗漏每种赋值情况，一般从 $\underbrace{000\cdots 0}_{n \uparrow 0}$ 到 $\underbrace{111\cdots 1}_{n \uparrow 1}$，或者从 $\underbrace{111\cdots 1}_{n \uparrow 1}$ 到 $\underbrace{000\cdots 0}_{n \uparrow 0}$ 进行列表。

例 1.19　求下列公式的真值表。

（1）$P \rightarrow Q$；　　（2）$(P \wedge \neg Q) \rightarrow R$；　　（3）$\neg P \vee Q$；　　（4）$\neg P \leftrightarrow Q$；

（5）$\neg (P \leftrightarrow Q)$；（6）$(P \wedge \neg Q) \vee (\neg P \wedge Q)$。

解　它们的真值表分别见表 1-6～表 1-11。

表 1-6 $P \rightarrow Q$ 的真值表

P	Q	$P \rightarrow Q$
1	1	1
1	0	0
0	1	1
0	0	1

表 1-7 $(P \land \neg Q) \rightarrow R$ 的真值表

P	Q	R	$(P \land \neg Q) \rightarrow R$
1	1	1	1
1	1	0	1
1	0	1	1
1	0	0	0
0	1	1	1
0	1	0	1
0	0	1	1
0	0	0	1

表 1-8 $\neg P \lor Q$ 的真值表

P	Q	$\neg P \lor Q$
1	1	1
1	0	0
0	1	1
0	0	1

表 1-9 $\neg P \leftrightarrow Q$ 的真值表

P	Q	$\neg P \leftrightarrow Q$
1	1	0
1	0	1
0	1	1
0	0	0

表 1-10 $\neg (P \leftrightarrow Q)$ 的真值表

P	Q	$\neg (P \leftrightarrow Q)$
1	1	0
1	0	1
0	1	1
0	0	0

表 1-11 $(P \wedge \neg Q) \vee (\neg P \wedge Q)$ 的真值表

P	Q	$(P \wedge \neg Q) \vee (\neg P \wedge Q)$
1	1	0
1	0	1
0	1	1
0	0	0

一般来说，n 个命题变元的命题公式有 2^n 种不同的赋值情况，因此它的真值表有 $2^n + 1$ 行。

从例 1.19 中可以看出，$P \rightarrow Q$ 与 $\neg P \vee Q$ 的真值情况相同，$\neg P \leftrightarrow Q$，$\neg (P \leftrightarrow Q)$ 和 $(P \wedge \neg Q) \vee (\neg P \wedge Q)$ 的真值情况相同。

定义 1.3 设 A,B 是两个命题公式，$P_1, P_2, \cdots, P_n$ 是出现在 A 和 B 中所有的命题变元。如果对于 $P_1, P_2, \cdots, P_n$ 的每一种赋值，A 的真值和 B 的真值都相同，则称公式 A 等价于公式 B，记作 $A \Leftrightarrow B$。

因此，要判断两个公式是否等价，根据定义，只需将两个公式的真值表列出，判断两个真值表是否相同即可。

在例 1.19 中，$P \rightarrow Q \Leftrightarrow \neg P \vee Q$，$\neg P \leftrightarrow Q \Leftrightarrow \neg (P \leftrightarrow Q) \Leftrightarrow (P \wedge \neg Q) \vee (\neg P \wedge Q)$。

对一个命题公式 A，如果用公式 B 取代 A 中的一部分，可能会得到一个新公式 C，但一般说来，公式 A 与 C 是不等价的。例如，在公式 $P \wedge Q$ 中，用 $P \vee \neg P$ 取代 Q，得到 $P \wedge (P \vee \neg P)$ 不等价于 $P \wedge Q$。但是，如果对取代过程施加某些限制，则会使取代后得到的公式等价于原来的公式。

命题公式中的很多公式都是等价的，要记住大量的等价公式是困难的，然而一些基本的、重要的等价公式是应该掌握的。下面列出一些最基本的等价公式，也称命题定律。

(1) $\neg \neg P \Leftrightarrow P$；　　　　　　　　　　　　　（双重否定律）

(2) $P \vee P \Leftrightarrow P$，$P \wedge P \Leftrightarrow P$；　　　　　　　（幂等律）

(3) $P \vee Q \Leftrightarrow Q \vee P$，$P \wedge Q \Leftrightarrow Q \wedge P$；　　　（交换律）

(4) $(P \vee Q) \vee R \Leftrightarrow P \vee (Q \vee R)$，
$(P \wedge Q) \wedge R \Leftrightarrow P \wedge (Q \wedge R)$；　　　　　（结合律）

(5) $P \vee (Q \wedge R) \Leftrightarrow (P \vee Q) \wedge (P \vee R)$，
$P \wedge (Q \vee R) \Leftrightarrow (P \wedge Q) \vee (P \wedge R)$；　　（分配律）

(6) $P \vee (P \wedge Q) \Leftrightarrow P$，
$P \wedge (P \vee Q) \Leftrightarrow P$；　　　　　　　　　　（吸收律）

(7) $\neg (P \vee Q) \Leftrightarrow \neg P \wedge \neg Q$，
$\neg (P \wedge Q) \Leftrightarrow \neg P \vee \neg Q$；　　　　　　（德·摩根律）

(8) $P \vee F \Leftrightarrow P$，$P \wedge T \Leftrightarrow P$；　　　　　　（同一律）

(9) $P \lor T \Leftrightarrow T, P \land F \Leftrightarrow F$;　　　　　　（零律）

(10) $P \lor \lnot P \Leftrightarrow T, P \land \lnot P \Leftrightarrow F$;　　　　（排中律）

(11) $P \to Q \Leftrightarrow \lnot P \lor Q$;　　　　　　　（蕴涵等值律）

(12) $P \to Q \Leftrightarrow \lnot Q \to \lnot P$;　　　　　　（假言易位律）

(13) $P \leftrightarrow Q \Leftrightarrow (P \to Q) \land (Q \to P)$。　　（等价等值律）

还有一些等价基本的公式,如 $P \lor Q \Leftrightarrow \lnot P \to Q, (P \to Q) \land (P \to \lnot Q) \Leftrightarrow \lnot P$ 等也是很重要的等价公式。

定义 1.4　设 A 是一个命题公式,A' 是 A 的一部分,且 A' 也是一个命题公式,则称 A' 是 A 的子公式。

定理 1.1　设 A' 是公式 A 的子公式,B' 是一命题公式且 $A' \Leftrightarrow B'$,将 A 中的 A' 用 B' 来取代,则所得到的是一个新公式(记为 B),则 $A \Leftrightarrow B$。

用定理 1.1 和命题定律很容易推出其他一些等价命题公式。

例 1.20　试证：$P \to (Q \to R) \Leftrightarrow (P \land Q) \to R$。

证明　$P \to (Q \to R)$

$\Leftrightarrow P \to (\lnot Q \lor R)$

$\Leftrightarrow \lnot P \lor \lnot Q \lor R$

$\Leftrightarrow \lnot (P \land Q) \lor R$

$\Leftrightarrow (P \land Q) \to R$。

例 1.21　试证：$(P \to Q) \land (R \to Q) \Leftrightarrow (P \lor R) \to Q$。

证明　$(P \to Q) \land (R \to Q)$

$\Leftrightarrow (\lnot P \lor Q) \land (\lnot R \lor Q)$

$\Leftrightarrow (\lnot P \land \lnot R) \lor Q$

$\Leftrightarrow \lnot (P \lor R) \lor Q$

$\Leftrightarrow (P \lor R) \to Q$。

例 1.22　试证：$(P \land Q) \to R \Leftrightarrow (P \to R) \lor (Q \to R)$。

证明　$(P \land Q) \to R$

$\Leftrightarrow \lnot (P \land Q) \lor R$

$\Leftrightarrow \lnot P \lor \lnot Q \lor R$

$\Leftrightarrow (\lnot P \lor R) \lor (\lnot Q \lor R)$

$\Leftrightarrow (P \to R) \lor (Q \to R)$。

例 1.23　试证：$(P \lor Q) \land (\lnot P \lor \lnot Q) \Leftrightarrow \lnot (P \leftrightarrow Q)$。

证明　$\lnot (P \leftrightarrow Q)$

$$\Leftrightarrow \neg((P \to Q) \wedge (Q \to P))$$

$$\Leftrightarrow \neg(P \to Q) \vee \neg(Q \to P)$$

$$\Leftrightarrow \neg(\neg P \vee Q) \vee \neg(\neg Q \vee P)$$

$$\Leftrightarrow (P \wedge \neg Q) \vee (Q \wedge \neg P)$$

$$\Leftrightarrow (P \vee Q) \wedge (P \vee \neg P) \wedge (\neg Q \vee Q) \wedge (\neg Q \vee \neg P)$$

$$\Leftrightarrow (P \vee Q) \wedge (\neg Q \vee \neg P)_{\circ}$$

2. 命题公式的分类

先讨论 $\neg(P \wedge Q) \leftrightarrow (\neg P \vee \neg Q)$ 和 $\neg(P \to Q) \wedge Q$ 的真值情况,分别见表 1-12 和表 1-13。

表 1-12 $\neg(P \wedge Q) \leftrightarrow (\neg P \vee \neg Q)$ 的真值表

P	Q	$\neg(P \wedge Q) \leftrightarrow (\neg P \vee \neg Q)$
1	1	1
1	0	1
0	1	1
0	0	1

表 1-13 $\neg(P \to Q) \wedge Q$ 的真值表

P	Q	$\neg(P \to Q) \wedge Q$
1	1	0
1	0	0
0	1	0
0	0	0

公式 $\neg(P \wedge Q) \leftrightarrow (\neg P \vee \neg Q)$ 的真值全是真,公式 $\neg(P \to Q) \wedge Q$ 的真值全是假。为此我们对命题公式进行分类。

定义 1.5 给定一个命题公式,若无论对其中的命题变元作何种赋值,其对应的真值都为1,则称该命题公式为重言式或永真式。

定义 1.6 给定一个命题公式,若无论对其中的命题变元作何种赋值,其对应的真值都为0,则称该命题公式为矛盾式或永假式。

定义 1.7 给定一个命题公式,若存在一种赋值使得公式的真值为1,则称该命题公式为可满足式。

由定义可知,公式 $\neg(P \wedge Q) \leftrightarrow (\neg P \vee \neg Q)$ 是永真式,公式 $\neg(P \to Q) \wedge Q$ 是永假式,而 $(P \wedge \neg Q) \to R$ 是可满足式。永真式是一种特殊的可满足式。

1.3 命题公式的范式与主范式

通过等值公式我们发现很多命题公式虽然形式不同,实质上是等价的。为了能够方便地识别公式是否等价,本节讨论命题公式的标准形式——范式。为了方便,我们将命题变元或命题变元的否定式统称为文字。

定义 1.8 仅由有限个文字构成的析取式称为简单析取式;仅由有限个文字构成的合取式称为简单合取式。

如 $P \lor \neg Q \lor R$ 和 $\neg P \lor R$ 是简单析取式,$\neg P \land Q \land R$ 和 $P \land \neg R$ 是简单合取式。而 $\neg(P \lor R)$ 不是简单析取式。显然,简单析取式是重言式当且仅当它同时含有同一个变元及该变元的否定;简单合取式是矛盾式当且仅当它同时含有同一个变元及该变元的否定。

定义 1.9 一个命题公式称为析取范式当且仅当它有形式 $A_1 \lor A_2 \lor \cdots \lor A_k (k \geqslant 1)$,其中 $A_1, A_2, \cdots, A_k$ 都是简单合取式。

定义 1.10 一个命题公式称为合取范式当且仅当它有形式 $B_1 \land B_2 \land \cdots \land B_j (j \geqslant 1)$,其中 $B_1, B_2, \cdots, B_j$ 都是简单析取式。

如 $(P \lor \neg Q) \land (\neg P \lor R)$ 和 $P \land (\neg Q \lor R)$ 是合取范式,$(P \land Q) \lor (\neg Q \land R)$ 和 $(P \land Q \land R) \lor (Q \land S)$ 是析取范式。而 $P \lor \neg Q \lor R$ 和 $\neg P \land Q \land R$ 既是合取范式又是析取范式。析取范式和合取范式统称为范式。

将一个命题公式转化为析取范式和合取范式的主要方法是利用基本的命题等价公式,如德·摩根律、分配律、蕴涵等值律、同一律、排中律和吸收律等,将公式转化为要求的范式。

例 1.24 将命题公式 $(P \to Q) \to \neg R$ 分别化成与之等价的析取范式和合取范式。

解 $(P \to Q) \to \neg R$

$\Leftrightarrow (\neg P \lor Q) \to \neg R$

$\Leftrightarrow \neg(\neg P \lor Q) \lor \neg R$

$\Leftrightarrow (P \land \neg Q) \lor \neg R$ (析取范式)

$\Leftrightarrow (P \lor \neg R) \land (\neg Q \lor \neg R)$ (合取范式)

$\Leftrightarrow ((P \lor \neg R) \land \neg Q) \lor ((P \lor \neg R) \land \neg R)$

$\Leftrightarrow (P \land \neg Q) \lor (\neg R \land \neg Q) \lor (P \land \neg R) \lor (\neg R \land \neg R)$。   (析取范式)

由此可以看出,一个命题公式总可以通过等值变化化为与之等值的析取范式和合取范式,但是一个命题公式的析取范式和合取范式分别有多个,不一定是唯一的。为了能够唯一的表示一个命题公式,下面主要讨论命题公式的主范式。

定义 1.11　设命题公式有 n 个命题变元，由这 n 个命题变元及它们的否定按照一定的顺序（字母顺序或变元的排序）构成的简单合取式称为极小项，其中每个变元与它的否定不能同时出现，但必须出现一个。

定义 1.12　设命题公式有 n 个命题变元，由这 n 个命题变元及它们的否定按照一定的顺序（字母顺序或变元的排序）构成的简单析取式称为极大项，其中每个变元与它的否定不能同时出现，但必须出现一个。

例如，一个命题公式有 3 个变元 P,Q 和 R。一般按照字母的顺序，它构成的极小项有 $P \wedge Q \wedge R, P \wedge Q \wedge \neg R, P \wedge \neg Q \wedge R, P \wedge \neg Q \wedge \neg R, \neg P \wedge Q \wedge R, \neg P \wedge Q \wedge \neg R, \neg P \wedge \neg Q \wedge R, \neg P \wedge \neg Q \wedge \neg R$；它构成的极大项有 $P \vee Q \vee R, P \vee Q \vee \neg R, P \vee \neg Q \vee R, P \vee \neg Q \vee \neg R, \neg P \vee Q \vee R, \neg P \vee Q \vee \neg R, \neg P \vee \neg Q \vee R, \neg P \vee \neg Q \vee \neg R$。一般地，$n$ 个命题变元可以构成 2^n 个极小项和 2^n 个极大项。

为了便于讨论，我们分别给极小项和极大项一种编码。如 P,Q 和 R 构成的极小项的编码分别是

$P \wedge Q \wedge R$：m_{111}；

$P \wedge Q \wedge \neg R$：m_{110}；

$P \wedge \neg Q \wedge R$：m_{101}；

$P \wedge \neg Q \wedge \neg R$：$m_{100}$；

$\neg P \wedge Q \wedge R$：m_{011}；

$\neg P \wedge Q \wedge \neg R$：$m_{010}$；

$\neg P \wedge \neg Q \wedge R$：$m_{001}$；

$\neg P \wedge \neg Q \wedge \neg R$：$m_{000}$。

P,Q 和 R 构成的极大项的编码分别是

$P \vee Q \vee R$：M_{000}；

$P \vee Q \vee \neg R$：M_{001}；

$P \vee \neg Q \vee R$：M_{010}；

$P \vee \neg Q \vee \neg R$：$M_{011}$；

$\neg P \vee Q \vee R$：M_{100}；

$\neg P \vee Q \vee \neg R$：$M_{101}$；

$\neg P \vee \neg Q \vee R$：$M_{110}$；

$\neg P \vee \neg Q \vee \neg R$：$M_{111}$。

当然，如果有多个变量，编码的方式可以类似作推广。下面讨论极小项和极大项的真值情况，如表 1-14 和表 1-15 所示。

表 1-14 P,Q 和 R 构成的极小项的真值表

P	Q	R	m_{111}	m_{110}	m_{101}	m_{100}	m_{011}	m_{010}	m_{001}	m_{000}
1	1	1	1	0	0	0	0	0	0	0
1	1	0	0	1	0	0	0	0	0	0
1	0	1	0	0	1	0	0	0	0	0
1	0	0	0	0	0	1	0	0	0	0
0	1	1	0	0	0	0	1	0	0	0
0	1	0	0	0	0	0	0	1	0	0
0	0	1	0	0	0	0	0	0	1	0
0	0	0	0	0	0	0	0	0	0	1

表 1-15 P,Q 和 R 构成的极大项的真值表

P	Q	R	M_{000}	M_{001}	M_{010}	M_{011}	M_{100}	M_{101}	M_{110}	M_{111}
1	1	1	1	1	1	1	1	1	1	0
1	1	0	1	1	1	1	1	1	0	1
1	0	1	1	1	1	1	1	0	1	1
1	0	0	1	1	1	1	0	1	1	1
0	1	1	1	1	1	0	1	1	1	1
0	1	0	1	1	0	1	1	1	1	1
0	0	1	1	0	1	1	1	1	1	1
0	0	0	0	1	1	1	1	1	1	1

我们容易归纳得到极小项的性质如下:

(1) 每个极小项有且仅有一个成真赋值,该成真赋值与该极小项的编码下标一致。

(2) 任意两个不同极小项的合取为矛盾式。

(3) 全体极小项的析取为重言式。

同样,我们容易得到极大项的性质如下:

(1) 每个极大项有且仅有一个成假赋值,该成假赋值与该极大项的编码下标一致。

(2) 任意两个不同极大项的析取为重言式。

(3) 全体极大项的合析取为矛盾式。

定义 1.13 设 A 是一个命题公式,如果 A 等价于 $A_1 \lor A_2 \lor \cdots \lor A_k (k \geqslant 1)$,且 $A_1, A_2, \cdots, A_k$ 都是极小项,则 $A_1 \lor A_2 \lor \cdots \lor A_k$ 是公式 A 的主析取范式。

定义 1.14 设 B 是一个命题公式,如果 B 等价于 $B_1 \land B_2 \land \cdots \land B_j (j \geqslant 1)$,且 $B_1, B_2, \cdots,$ B_j 都是极大项,则 $B_1 \land B_2 \land \cdots \land B_j$ 是公式 B 的主合取范式。

定理 1.2 任何命题公式都存在与之等值的主析取范式和主合取范式,并且是唯一的。

定理 1.2 的证明从略,后面几个求主范式的例题可以展示该定理的证明过程。该定理

揭示了主范式的存在性和唯一性,下面我们讨论两种求公式的主范式的方法。

方法一(等值添项法)

求主析取范式的主要步骤:

第1步 将命题公式化为析取范式;

第2步 在每个不是极小项的简单合取式中用否定律增加缺少的文字;(注意按照一定顺序添加)

第3步 用分配律展开得到新的析取范式,如果还存在简单合取式不是极小项时,重复第2步;

第4步 删除重复的极小项,得到主析取范式。

求主合取范式的主要步骤:

第1步 将命题公式化为合取范式;

第2步 在每个不是极大项的简单析取式中用否定律增加缺少的文字;(注意按照一定顺序添加)

第3步 用分配律展开得到新的合取范式,如果还存在简单析取式不是极大项时,重复第2步;

第4步 删除重复的极大项,得到主合取范式。

例 1.25 求$(P \wedge Q) \vee (\neg P \wedge R)$的主析取范式与主合取范式。

解 $(P \wedge Q) \vee (\neg P \wedge R)$(已经是析取范式,且按照字母先后顺序)

$\Leftrightarrow (P \wedge Q \wedge (R \vee \neg R)) \vee (\neg P \wedge (Q \vee \neg Q) \wedge R)$

$\Leftrightarrow (P \wedge Q \wedge R) \vee (P \wedge Q \wedge \neg R) \vee (\neg P \wedge Q \wedge R) \vee (\neg P \wedge \neg Q \wedge R)$。(主析取范式)

又 $(P \wedge Q) \vee (\neg P \wedge R)$

$\Leftrightarrow ((P \wedge Q) \vee \neg P) \wedge ((P \wedge Q) \vee R)$

$\Leftrightarrow (P \vee \neg P) \wedge (Q \vee \neg P) \wedge (P \vee R) \wedge (Q \vee R)$(合取范式)

$\Leftrightarrow (\neg P \vee Q) \wedge (P \vee R) \wedge (Q \vee R)$(化简,并按照字母顺序整理)

$\Leftrightarrow (\neg P \vee Q \vee (R \wedge \neg R)) \wedge (P \vee (Q \wedge \neg Q) \vee R) \wedge ((P \wedge \neg P) \vee Q \vee R)$

$\Leftrightarrow (\neg P \vee Q \vee R) \wedge (\neg P \vee Q \vee \neg R) \wedge (P \vee Q \vee R) \wedge (P \vee \neg Q \vee R) \wedge (P \vee Q \vee R) \wedge (\neg P \vee Q \vee R)$

$\Leftrightarrow (\neg P \vee Q \vee R) \wedge (\neg P \vee Q \vee \neg R) \wedge (P \vee Q \vee R) \wedge (P \vee \neg Q \vee R)$。(主合取范式)

例 1.26 求$(P \rightarrow Q) \wedge R$的主析取范式和主合取范式。

解 $(P \rightarrow Q) \wedge R$

$\Leftrightarrow (\neg P \vee Q) \wedge R$

$\Leftrightarrow (\neg P \wedge R) \vee (Q \wedge R)$(析取范式)

$\Leftrightarrow (\neg P \wedge (Q \vee \neg Q) \wedge R) \vee ((P \vee \neg P) \wedge Q \wedge R)$

$$\Leftrightarrow (\neg P \wedge Q \wedge R) \vee (\neg P \wedge \neg Q \wedge R) \vee (P \wedge Q \wedge R) \vee (\neg P \wedge Q \wedge R)$$
（有重复的极小项）
$$\Leftrightarrow (\neg P \wedge Q \wedge R) \vee (\neg P \wedge \neg Q \wedge R) \vee (P \wedge Q \wedge R)。（主析取范式）$$
又　$(P \rightarrow Q) \wedge R$
$$\Leftrightarrow (\neg P \vee Q) \wedge R（合取范式）$$
$$\Leftrightarrow (\neg P \vee Q \vee (R \wedge \neg R)) \wedge ((P \wedge \neg P) \vee R)$$
$$\Leftrightarrow (\neg P \vee Q \vee R) \wedge (\neg P \vee Q \vee \neg R) \wedge (P \vee R) \wedge (\neg P \vee R)$$
$$\Leftrightarrow (\neg P \vee Q \vee R) \wedge (\neg P \vee Q \vee \neg R) \wedge (P \vee (Q \wedge \neg Q) \vee R) \wedge (\neg P \vee (Q \wedge \neg Q) \vee R)$$
$$\Leftrightarrow (\neg P \vee Q \vee R) \wedge (\neg P \vee Q \vee \neg R) \wedge (P \vee Q \vee R) \wedge (P \vee \neg Q \vee R) \wedge (\neg P \vee Q \vee R) \wedge (\neg P \vee \neg Q \vee R)$$
$$\Leftrightarrow (\neg P \vee Q \vee R) \wedge (\neg P \vee Q \vee \neg R) \wedge (P \vee Q \vee R) \wedge (P \vee \neg Q \vee R) \wedge (\neg P \vee \neg Q \vee R)。（主合取范式）$$

方法二（真值表法）

定理 1.3　一个命题公式的真值表中,成真赋值对应的极小项的析取是该公式的主析取范式;成假赋值对应的极大项的合取是该公式的主合取范式。

真值表法求主析取范式的主要步骤:
第 1 步　求公式的真值表;
第 2 步　找出所有的成真赋值,并形成对应的极小项的编码;
第 3 步　将极小项的编码转化成极小项,得到主析取范式。
真值表法求主合取范式的主要步骤:
第 1 步　求公式的真值表;
第 2 步　找出所有的成假赋值,并形成对应的极大项的编码;（注意编码的转化问题）
第 3 步　将极大项的编码转化成极大项,得到主合取范式。
下面用真值表法再次求解例 1.25。

解　首先给出公式$(P \wedge Q) \vee (\neg P \wedge R)$的真值表:

P	Q	R	$(P \wedge Q) \vee (\neg P \wedge R)$
1	1	1	1
1	1	0	1
1	0	1	0
1	0	0	0
0	1	1	1
0	1	0	0
0	0	1	1
0	0	0	0

所以 $(P \wedge Q) \vee (\neg P \wedge R)$ 的主析取范式为

$\quad\quad (P \wedge Q) \vee (\neg P \wedge R)$

$\Leftrightarrow m_{111} \vee m_{110} \vee m_{011} \vee m_{001}$

$\Leftrightarrow (P \wedge Q \wedge R) \vee (P \wedge Q \wedge \neg R) \vee (\neg P \wedge Q \wedge R) \vee (\neg P \wedge \neg Q \wedge R)$。（主析取范式）

又　　$(P \wedge Q) \vee (\neg P \wedge R)$

$\Leftrightarrow M_{101} \wedge M_{100} \wedge M_{010} \wedge M_{000}$

$\Leftrightarrow (\neg P \vee Q \vee \neg R) \wedge (\neg P \vee Q \vee R) \wedge (P \vee \neg Q \vee R) \wedge (P \vee Q \vee R)$。（主合取范式）

这个结果与等值添项法一致。作为练习，读者可以用真值表法求解例 1.26。

由真值表法很容易得到主范式的如下性质：

（1）主析取范式和主合取范式具有互补性（即它们的编码恰好构成全体赋值情况），由主析取范式可以得到主合取范式，由主合取范式也可以得到主析取范式。

（2）重言式的主析取范式是全体极小项的析取，其主合取范式规定为 1；矛盾式的主合取范式是全体极大项的合取，其主析取范式规定为 0。

（3）如果两个不同形式的公式等值，则它们的真值表相同，因而它们有相同的主范式。

（4）n 个命题变元可以构成 2^n 个极小项，2^n 个极小项可以构成 2^{2^n} 个不等值的主析取范式（包括永假式，它看做特殊的主析取范式，即没有极小项），因此，n 个命题变元可以构成 2^{2^n} 个不等值的命题公式。

例 1.27　设命题公式 A 的主析取范式是 $(P \wedge \neg Q \wedge R) \vee (\neg P \wedge Q \wedge \neg R) \vee (\neg P \wedge Q \wedge R)$，求 A 的主合取范式。

解　根据主析取范式和主合取范式具有互补性来求解。因为

$\quad\quad A \Leftrightarrow (P \wedge \neg Q \wedge R) \vee (\neg P \wedge Q \wedge \neg R) \vee (\neg P \wedge Q \wedge R) \Leftrightarrow m_{101} \vee m_{010} \vee m_{011}$,

所以

$\quad\quad A \Leftrightarrow m_{101} \vee m_{010} \vee m_{011} \Leftrightarrow M_{000} \wedge M_{001} \wedge M_{100} \wedge M_{110} \wedge M_{111} \Leftrightarrow (P \vee Q \vee R) \wedge (P \vee Q \vee \neg R)$
$\wedge (\neg P \vee Q \vee R) \wedge (\neg P \vee \neg Q \vee R) \wedge (\neg P \vee \neg Q \vee \neg R)$。

一个公式的主范式是唯一的（不考虑极小项或极大项的顺序）。主范式的主要用途在于：

（1）规范命题公式的形式；

（2）求公式的成真和成假赋值；

（3）判定公式是否等值；

（4）实际应用。

例 1.28　某公司需要从 A, B 和 C 这 3 名骨干人员中派 2 名到国外考察，由于工作需要，选派时需要满足以下条件：

（1）若 A 去，则 C 同去；

（2）若 B 去，则 C 不能去；

（3）若 C 不去，则 A 或 B 可以去。

请问如何安排？

解 设 P：A 去，Q：B 去，R：C 去，则条件符号化为 $(P \rightarrow R) \wedge (Q \rightarrow \neg R) \wedge (\neg R \rightarrow (P \vee Q))$。

用等值添项法或真值表法，容易得到条件的主析取范式为

$$(P \rightarrow R) \wedge (Q \rightarrow \neg R) \wedge (\neg R \rightarrow (P \vee Q))$$
$$\Leftrightarrow (\neg P \wedge \neg Q \wedge R) \vee (\neg P \wedge Q \wedge \neg R) \vee (P \wedge \neg Q \wedge R).$$

因此，符合条件的只有一种情况：A 去，B 不去，C 去。

如果只安排一个人参加，则有两种情况：（1）A 不去，B 不去，C 去；（2）A 不去，B 去，C 不去。

例 1.29 设命题公式 A 等价于 $(P \vee \neg Q \vee R) \wedge (\neg P \vee Q \vee \neg R) \wedge (\neg P \vee \neg Q \vee R)$，求公式 A 的成真赋值和成假赋值。

解 因为 $(P \vee \neg Q \vee R) \wedge (\neg P \vee Q \vee \neg R) \wedge (\neg P \vee \neg Q \vee R)$ 是由极大项的合取构成，即它是公式 A 的主合取范式。在已知 A 的主合取范式时，它的成假赋值容易通过编码得到，即 $(P \vee \neg Q \vee R) \wedge (\neg P \vee Q \vee \neg R) \wedge (\neg P \vee \neg Q \vee R) \Leftrightarrow M_{010} \wedge M_{101} \wedge M_{110}$，所以成假赋值为（按照字母顺序）010，101，110；其他赋值都是 A 的成真赋值：000，001，011，100，111。

1.4 联结词的完备集

1. n 元真值函数

n 元函数就是有 n 个自变量的函数，n 元真值函数就是自变量和函数值都是真值（即 0 或 1）的函数。含有 1 个命题变元的 1 元真值函数共有 4 个，如表 1-16 所示，含有 2 个命题变元的 2 元真值函数共有 16 个，如表 1-17 所示，依次类推 n 元真值函数有 2^{2^n}。

表 1-16

P	$F_0^{(1)}$	$F_1^{(1)}$	$F_2^{(1)}$	$F_3^{(1)}$
0	0	0	1	1
1	0	1	0	1

表 1-17

P	Q	$F_0^{(2)}$	$F_1^{(2)}$	$F_2^{(2)}$	$F_3^{(2)}$	$F_4^{(2)}$	$F_5^{(2)}$	$F_6^{(2)}$	$F_7^{(2)}$
0	0	0	0	0	0	0	0	0	0
0	1	0	0	0	0	1	1	1	1
1	0	0	0	1	1	0	0	1	1

续表

P	Q	$F_0^{(2)}$	$F_1^{(2)}$	$F_2^{(2)}$	$F_3^{(2)}$	$F_4^{(2)}$	$F_5^{(2)}$	$F_6^{(2)}$	$F_7^{(2)}$
1	1	0	1	0	1	0	1	0	1

P	Q	$F_8^{(2)}$	$F_9^{(2)}$	$F_{10}^{(2)}$	$F_{11}^{(2)}$	$F_{12}^{(2)}$	$F_{13}^{(2)}$	$F_{14}^{(2)}$	$F_{15}^{(2)}$
0	0	1	1	1	1	1	1	1	1
0	1	0	0	0	0	1	1	1	1
1	0	0	0	1	1	0	0	1	1
1	1	0	1	0	1	0	1	0	1

对于每个真值函数,都可以找到许多与之等值的命题公式。以 2 元真值函数为例,所有矛盾式都与 $F_0^{(2)}$ 等值,所有的重言式都与 $F_{15}^{(2)}$ 等值。又如 $F_{13}^{(2)} \Leftrightarrow P \rightarrow Q \Leftrightarrow \neg P \vee Q$,等等。每个真值函数与唯一的一个主析取范式(主合取范式)等值。还以 2 元真值函数为例,$F_0^{(2)} \Leftrightarrow 0$(即矛盾式),$F_1^{(2)} \Leftrightarrow P \wedge Q$,$F_2^{(2)} \Leftrightarrow P \wedge \neg Q$,$F_3^{(2)} \Leftrightarrow (P \wedge \neg Q) \vee (P \wedge Q)$,$\cdots$,$F_{15}^{(2)} \Leftrightarrow (P \wedge Q) \vee (P \wedge \neg Q) \vee (\neg P \wedge Q) \vee (\neg P \wedge \neg Q)$(即重言式)。每个主析取范式对应无穷多个与之等价的命题公式,所以每个真值函数对应无穷多个与之等价的命题公式。每个命题公式对应唯一的与之等值的真值函数。另外,根据主范式的互补的性质,每个主合取范式对应无穷多个与之等价的命题公式。

2. 联结词完备集

定义 1.15 设 S 是一个联结词集合,如果任何 $n(n \geqslant 1)$ 元真值函数都可以由仅含 S 中的联结词构成的公式表示,则称 S 是联结词完备集。

例 1.30 根据定义 1.15,证明下列联结词集合都是完备集。

(1) $S_1 = \{\neg, \wedge, \vee, \rightarrow, \leftrightarrow\}$;

(2) $S_2 = \{\neg, \wedge, \vee, \leftrightarrow\}$;

(3) $S_3 = \{\neg, \wedge, \vee, \rightarrow\}$;

(4) $S_4 = \{\neg, \wedge, \vee\}$;

(5) $S_5 = \{\neg, \wedge\}$;

(6) $S_6 = \{\neg, \vee\}$;

(7) $S_7 = \{\neg, \rightarrow\}$。

证明 (1),(2),(3)成立是显然的。

(4) 由于任何命题公式都可以转化为与之等价的主范式,而主范式只含否定、合取和析取联结词,所以(4)是完备集。

(5) 由于析取转化为否定与合取,即 $P \vee Q \Leftrightarrow \neg\neg(P \vee Q) \Leftrightarrow \neg(\neg P \wedge \neg Q)$;单条件可以转化为否定与析取,即 $P \rightarrow Q \Leftrightarrow \neg P \vee Q$;双条件可以转化为单条件与合取,即 $P \leftrightarrow Q \Leftrightarrow (P \rightarrow Q) \wedge (Q \rightarrow P)$,因此(5)是完备集。

(6) 与(5)的证明类似。

(7) 由于合取可以转化为单条件与否定,即 $P \wedge Q \Leftrightarrow \neg \neg (P \wedge Q) \Leftrightarrow \neg (\neg P \vee \neg Q) \Leftrightarrow \neg (P \rightarrow \neg Q)$;析取可以转化为否定与合取,即 $P \vee Q \Leftrightarrow \neg \neg (P \vee Q) \Leftrightarrow \neg (\neg P \wedge \neg Q)$;而双条件可以转化为单条件和合取,即 $P \leftrightarrow Q \Leftrightarrow (P \rightarrow Q) \wedge (Q \rightarrow P)$,因此(7)是完备集。

3. 单元联结词构成的联结词完备集

人们还可构造形式上更为简单的联结词完备集。在计算机硬件设计中,用"与非门"或者"或非门"来设计逻辑线路时,就需要构造新联结词完备集。

定义 1.16 设 P, Q 为两个命题,复合命题"P 与 Q 的否定式"称作 P, Q 的与非式,记作 $P \uparrow Q$。符号 $\uparrow$ 称作与非联结词。$P \uparrow Q$ 为真当且仅当 P 与 Q 不都为真。与非的真值表如表 1-18 所示。

定义 1.17 设 P, Q 为两个命题,复合命题"P 或 Q 的否定式"称作 P, Q 的或非式,记 $P \downarrow Q$。符号 $\downarrow$ 称作或非联结词。$P \downarrow Q$ 为真当且仅当 P 与 Q 同时为假。或非的真值表如表 1-18 所示。

表 1-18

P	Q	$P \uparrow Q$	$P \downarrow Q$
1	1	0	0
1	0	1	0
0	1	1	0
0	0	1	1

由定义不难看出,$P \uparrow Q \Leftrightarrow \neg (P \wedge Q)$,$P \downarrow Q \Leftrightarrow \neg (P \vee Q)$。

定理 1.4 $\{\uparrow\}, \{\downarrow\}$ 都是联结词完备集。

证明 已知 $\{\neg, \wedge, \vee\}$ 为联结词完备集,因而只需证明其中的每个联结词都可以由 $\uparrow$ 定义即可。由

$$\neg P \Leftrightarrow \neg (P \wedge P) \Leftrightarrow P \uparrow P,$$
$$P \wedge Q \Leftrightarrow \neg \neg (P \wedge Q) \Leftrightarrow \neg (P \uparrow Q) \Leftrightarrow (P \uparrow Q) \uparrow (P \uparrow Q),$$
$$P \vee Q \Leftrightarrow \neg \neg (P \vee Q) \Leftrightarrow \neg (\neg P \wedge \neg Q) \Leftrightarrow \neg P \uparrow \neg Q \Leftrightarrow (P \uparrow P) \uparrow (Q \uparrow Q).$$

这说明与非可以表示否定、合取和析取联结词,而

$$P \rightarrow Q \Leftrightarrow \neg P \vee Q, \quad P \leftrightarrow Q \Leftrightarrow (P \rightarrow Q) \wedge (Q \rightarrow P),$$

所以,否定、合取、析取、单条件和双条件都可以用与非表示。

又因为
$$\neg P \Leftrightarrow \neg (P \vee P) \Leftrightarrow P \downarrow P,$$
$$P \wedge Q \Leftrightarrow \neg \neg (P \wedge Q) \Leftrightarrow \neg (\neg P \vee \neg Q) \Leftrightarrow \neg P \downarrow \neg Q \Leftrightarrow (P \downarrow P) \downarrow (Q \downarrow Q),$$
$$P \vee Q \Leftrightarrow \neg \neg (P \vee Q) \Leftrightarrow \neg (P \downarrow Q) \Leftrightarrow (P \downarrow Q) \downarrow (P \downarrow Q).$$

这说明或非可以表示否定、合取和析取联结词,而

$$P \rightarrow Q \Leftrightarrow \neg P \lor Q, \quad P \leftrightarrow Q \Leftrightarrow (P \rightarrow Q) \land (Q \rightarrow P),$$

所以,否定、合取、析取、单条件和双条件都可以用或非表示。所以$\{\uparrow\}$,$\{\downarrow\}$都是联结词完备集。

读者可以自己思考:能否找到其他二元联结词,其单个联结词就能构成联结词的完备集?

1.5　命题推理理论

人工智能的重要研究内容是知识的表示与推理,如果将知识用命题符号化的形式给出,那么如何按照一定的规则推导出新的结论和知识则是人工智能的一个重要的内容。本节将介绍一些经典的命题推理规则和推理方法。一般来说,根据经验,如果前提是真的,根据提供的推理规则所推出的结论也应该是真的。给出一些推理规则,从前提出发推导出结论,这种结论称为有效结论,这种论证过程称为有效论证。在数理逻辑中,重点研究的是推理的有效性,而不是通常所说的正确性。只有在前提都为真命题时,由此而推导出的有效结论才为真命题,由于通常作为前提并非是永真式,所以它的有效结论并不一定都是真命题。因为当前提为假时,不论结论是否为真,前提都是可以得到结论的。这一点与通常实际中应用的推理是不同的。

定义 1.18　设 $H_1, H_2, \cdots, H_n, B$ 都是命题公式,对 $H_1, H_2, \cdots, H_n, B$ 中出现的命题变元的任意一组赋值,或者有 $H_1 \land H_2 \land \cdots \land H_n$ 为假,或者当 $H_1 \land H_2 \land \cdots \land H_n$ 为真时 B 也为真,即 $H_1 \land H_2 \land \cdots \land H_n \rightarrow B$ 为重言式,称由前提 $H_1, H_2, \cdots, H_n$ 推出的结论 B 是有效的,或者称 B 是 $H_1, H_2, \cdots, H_n$ 的有效结论(逻辑结论),记为 $H_1 \land H_2 \land \cdots \land H_n \Rightarrow B$。

由定义 1.18 可知,要证明 B 是 $H_1, H_2, \cdots, H_n$ 的有效结论,关键是证明 $H_1 \land H_2 \land \cdots \land H_n \rightarrow B$ 是重言式。根据前面几节的讨论可知,可以用真值表法、等值演算(或等值添项法)和主范式的方法证明 $H_1 \land H_2 \land \cdots \land H_n \rightarrow B$ 是否是永真式。但是,在前提和结论中,若命题变元的数目较大时,使用真值表的方法、等值演算、等值添项和主范式的方法都显得很麻烦。此时可以采用以下方法进行证明。接下来引入构造论证的方法,这种方法需要一些等值定律和推理规则,分别见表 1-19 和表 1-20。

表 1-19　等值定律

序　　号	等值公式	公式名称
1	$\neg \neg P \Leftrightarrow P$	双重否定律
2	$P \land P \Leftrightarrow P$ $P \lor P \Leftrightarrow P$	幂等律
3	$P \land Q \Leftrightarrow Q \land P$ $P \lor Q \Leftrightarrow Q \lor P$	交换律

序 号	等值公式	公式名称
4	$(P \wedge Q) \wedge R \Leftrightarrow P \wedge (Q \wedge R)$ $(P \vee Q) \vee R \Leftrightarrow P \vee (Q \vee R)$	结合律
5	$P \wedge (Q \vee R) \Leftrightarrow (P \wedge Q) \vee (P \wedge R)$ $P \vee (Q \wedge R) \Leftrightarrow (P \vee Q) \wedge (P \vee R)$	分配律
6	$\neg (P \wedge Q) \Leftrightarrow \neg P \vee \neg Q$ $\neg (P \vee Q) \Leftrightarrow \neg P \wedge \neg Q$	德·摩根律
7	$P \vee (P \wedge Q) \Leftrightarrow P$ $P \wedge (P \vee Q) \Leftrightarrow P$	吸收律
8	$P \vee \neg P \Leftrightarrow 1$	排中律
9	$P \wedge \neg P \Leftrightarrow 0$	矛盾律
10	$P \vee 1 \Leftrightarrow 1, P \wedge 0 \Leftrightarrow 0$	零律
11	$P \vee 0 \Leftrightarrow P, P \wedge 1 \Leftrightarrow P$	同一律
12	$P \rightarrow Q \Leftrightarrow \neg P \vee Q$	蕴涵等值式
13	$P \leftrightarrow Q \Leftrightarrow (P \rightarrow Q) \wedge (Q \rightarrow P)$	等价等值式
14	$P \rightarrow Q \Leftrightarrow \neg Q \rightarrow \neg P$	假言易位式
15	$P \leftrightarrow Q \Leftrightarrow \neg P \leftrightarrow \neg Q$	等价否定等值式

表 1-20 推理规则

序 号	规 则	规 则 名 称
1	$P \wedge Q \Rightarrow P$ $P \wedge Q \Rightarrow Q$	化简规则
2	$P \Rightarrow P \vee Q$ $Q \Rightarrow P \vee Q$	附加规则
3	$P, Q \Rightarrow P \wedge Q$	合取引入规则
4	$P \wedge (P \rightarrow Q) \Rightarrow Q$	假言推理规则
5	$\neg Q \wedge (P \rightarrow Q) \Rightarrow \neg P$	拒取式规则
6	$\neg P \wedge (P \vee Q) \Rightarrow Q$	析取三段论规则
7	$(P \rightarrow Q) \wedge (Q \rightarrow R) \Rightarrow P \rightarrow R$	假言三段论规则
8	$(P \vee Q) \wedge (P \rightarrow R) \wedge (Q \rightarrow R) \Rightarrow R$	构造性二难规则
9	在证明过程中引入前提	前提引入规则
10	在证明过程中引入得到的结论	结论引入规则
11	在证明过程中用到等值公式(如表 1-19 的等值式)	置换规则

下面举例说明推理定律和推理规则的应用。

例 1.31 前提：$P \vee Q, P \leftrightarrow R, \neg Q \vee S$；结论：$S \vee R$。

证明 (1) $P \vee Q$；　　　　　　　　　　　(前提引入规则)

(2) $\neg P \to Q$；　　　　　　　　　((1) 蕴涵等值式)

(3) $\neg Q \lor S$；　　　　　　　　　(前提引入规则)

(4) $Q \to S$；　　　　　　　　　((3) 蕴涵等值式)

(5) $\neg P \to S$；　　　　　　　　((2)、(4) 假言三段论规则)

(6) $\neg S \to P$；　　　　　　　　((5) 假言易位式)

(7) $P \leftrightarrow R$；　　　　　　　　(前提引入规则)

(8) $(P \to R) \land (R \to P)$；　　　((7) 等价等值式)

(9) $P \to R$；　　　　　　　　　((8) 化简规则)

(10) $\neg S \to R$；　　　　　　　((6)、(9) 假言三段论规则)

(11) $S \lor R$。　　　　　　　　　((10) 蕴涵等值式)

例 1.32　前提：$\neg P \lor Q, R \lor \neg Q, R \to S$；结论：$P \to S$。

证明　(1) $\neg P \lor Q$；　　　　　　(前提引入规则)

(2) $P \to Q$；　　　　　　　　((1) 蕴涵等值式)

(3) $R \lor \neg Q$；　　　　　　　(前提引入规则)

(4) $Q \to R$；　　　　　　　　((3) 蕴涵等值式)

(5) $P \to R$；　　　　　　　　((2)、(4) 假言三段论规则)

(6) $R \to S$；　　　　　　　　(前提引入规则)

(7) $P \to S$。　　　　　　　　((5)、(6) 假言三段论规则)

以上两个例子主要是直接证明的方法，下面讨论两种间接证明方法。

（一）附加前提法（CP 规则法）

如果要证明的结论是条件式，如 $H_1 \land H_2 \land \cdots \land H_n \Rightarrow B \to C$，根据有效结论的定义，即证明 $H_1 \land H_2 \land \cdots \land H_n \to (B \to C)$ 是重言式。因为

$$H_1 \land H_2 \land \cdots \land H_n \to (B \to C)$$
$$\Leftrightarrow \neg (H_1 \land H_2 \land \cdots \land H_n) \lor (\neg B \lor C)$$
$$\Leftrightarrow (\neg (H_1 \land H_2 \land \cdots \land H_n) \lor \neg B) \lor C$$
$$\Leftrightarrow \neg (H_1 \land H_2 \land \cdots \land H_n \land B) \lor C$$
$$\Leftrightarrow H_1 \land H_2 \land \cdots \land H_n \land B \to C,$$

所以 $H_1 \land H_2 \land \cdots \land H_n \land B \to C$ 是重言式，即 $H_1 \land H_2 \land \cdots \land H_n \land B \Rightarrow C$。这种将结论的前件作为一个已知条件和已有的已知条件一起证明结论后件的方法称为附加前提法（或 CP 规则法）。

对于例 1.32，下面用附加前提法证明。

(1) P；　　　　　　　　　　(附加前提引入)

(2) $\neg P \lor Q$；　　　　　　　(前提引入规则)

(3) $P \to Q$；　　　　　　　　((2) 蕴涵等值式)

(4) Q；	((1)、(3)假言推理)
(5) $R \lor \neg Q$；	(前提引入规则)
(6) $Q \to R$；	((5)蕴涵等值式)
(7) R；	((4)、(6)假言推理)
(8) $R \to S$；	(前提引入规则)
(9) S；	((7)、(8)假言推理规则)
(10) $P \to S$。	((1)、(9)CP 规则)

例 1.33 如果小张和小王去看电影,则小李也去看电影;小赵不去看电影或小张去看电影;小王去看电影。所以,当小赵去看电影时小李也去。判断上述推理是否有效?

解 设 P：小张看电影,Q：小王看电影,R：小李看电影,S：小赵看电影。

前提符号化为$(P \land Q) \to R, P \lor \neg S, Q$；

结论符号化为 $S \to R$。

结论是条件式,我们采用附件前提法证明。

(1) S；	(附加前提引入)
(2) $P \lor \neg S$；	(前提引入规则)
(3) $S \to P$；	((2)蕴涵等值式)
(4) P；	((1)、(3)假言推理规则)
(5) Q；	(前提引入规则)
(6) $P \land Q$；	((4)、(5)合取引入规则)
(7) $(P \land Q) \to R$；	(前提引入规则)
(8) R；	((6)、(7)假言推理规则)
(9) $S \to R$。	((1)、(8)CP 规则)

所以原来推理有效。

(二) 归谬法(反证法)

要证 $H_1 \land H_2 \land \cdots \land H_n \Rightarrow B$,即证明 $H_1 \land H_2 \land \cdots \land H_n \to B$ 是重言式,因为

$$H_1 \land H_2 \land \cdots \land H_n \to B$$
$$\Leftrightarrow \neg(H_1 \land H_2 \land \cdots \land H_n) \lor B$$
$$\Leftrightarrow \neg(H_1 \land H_2 \land \cdots \land H_n \land \neg B),$$

所以证明 $H_1 \land H_2 \land \cdots \land H_n \to B$ 是重言式可以转化为证明 $H_1 \land H_2 \land \cdots \land H_n \land \neg B$ 为矛盾式。

例 1.34 前提：$(P \land Q) \to R, \neg R \lor S, \neg S, P$；结论：$\neg Q$。

证明 (1) $\neg \neg Q$；   (结论否定引入)

(2) Q；   ((1)双重否定律)

(3) P;		（前提引入规则）
(4) $P \land Q$;		（(2)、(3)合取引入规则）
(5) $(P \land Q) \to R$;		（前提引入规则）
(6) R;		（(4)、(5)假言推理规则）
(7) $\neg R \lor S$;		（前提引入规则）
(8) $R \to S$;		（(7)蕴涵等值式）
(9) S;		（(6)、(8)假言推理规则）
(10) $\neg S$;		（前提引入规则）
(11) $S \land \neg S$。		（(9)、(10)合取引入,矛盾）

所以原来的结论有效。

例 1.35　将例 1.33 中的证明用归谬法证明。

前提：$(P \land Q) \to R, P \lor \neg S, Q$；结论：$S \to R$。

证明　(1) $\neg(S \to R)$;		（结论否定引入）
(2) $S \land \neg R$;		（(1)蕴涵等值式）
(3) $\neg R$;		（(2)化简规则）
(4) $(P \land Q) \to R$;		（前提引入规则）
(5) $\neg(P \land Q)$;		（(3)、(4)拒取式规则）
(6) $Q \to \neg P$;		（(5)蕴涵等值式）
(7) Q;		（前提引入规则）
(8) $\neg P$;		（(6)、(7)假言推理规则）
(9) $P \lor \neg S$;		（前提引入规则）
(10) $\neg S$;		（(8)、(9)析取三段论规则）
(11) S;		（(2)化简规则）
(12) $S \land \neg S$。		（(10)、(11)合取引入,矛盾）

所以原来的结论有效。

命题逻辑是数理逻辑的基础,这里讲述的直接推理和间接推理方法都是一些基本推理模型,为后继谓词逻辑打下基础。

习　题　1

1. 下列语句哪些是命题,哪些不是命题？如果是命题指出真值情况。

(1) 重庆是中国最年轻的直辖市。

(2) 小刚是大学生。

(3) $2 + 5 = 7$。

(4) 今天天气多好啊!

(5) 全体起立!

(6) 你知道我在等你吗?

(7) 我可以进来吗?

(8) $x+y=5$。

(9) 火星上有水。

(10) 我正在说谎。

(11) 如果 $1+1=3$,则太阳从东边升起。

(12) 小刚和小明是兄弟。

2. 将下列命题符号化。

(1) 小明既聪明又能干。

(2) 今天晚上我在家看球赛或打游戏。

(3) 刘德华是山东或山西人。

(4) 如果天下雨,则我乘汽车上班。

(5) 只要天下雨,我就乘汽车上班。

(6) 只有天下雨,我才乘汽车上班。

(7) 除非天下雨,否则我不乘汽车上班。

(8) $1+1=2$ 当且仅当太阳从东边升起。

(9) 王华虽然聪明,但他学习不努力。

(10) 我买电脑,仅当我有钱。

(11) 如果 a 和 b 是奇数,则 $a+b$ 不是奇数。

(12) 收音机不响是因为电池没电了或是开关没有打开。

3. 列出下列各命题公式的真值表:

(1) $(P \rightarrow Q) \leftrightarrow (Q \lor \neg P)$;

(2) $P \land (P \rightarrow Q) \rightarrow Q$;

(3) $(P \rightarrow Q) \leftrightarrow R$。

4. 证明下列公式等价。

(1) $\neg P \rightarrow (P \rightarrow Q) \Leftrightarrow P \rightarrow (Q \rightarrow P)$;

(2) $P \rightarrow (Q \rightarrow R) \Leftrightarrow (P \land Q) \rightarrow R$;

(3) $\neg (P \leftrightarrow Q) \Leftrightarrow (P \lor Q) \land \neg (P \land Q) \Leftrightarrow (P \land \neg Q) \lor (\neg P \land Q)$;

(4) $\neg (P \leftrightarrow Q) \Leftrightarrow \neg P \leftrightarrow Q \Leftrightarrow P \leftrightarrow \neg Q$。

5. 化简下列各式。

(1) $(P \land (P \rightarrow Q)) \rightarrow Q$;

(2) $\neg A \rightarrow (\neg A \lor Q)$;

(3) $((\neg P \lor Q) \land (Q \rightarrow R)) \rightarrow (P \rightarrow R)$。

6. 回答下列问题：

(1) 如果 $A \lor B \Leftrightarrow C \lor B$，是否一定有 $A \Leftrightarrow C$？

(2) 如果 $A \land B \Leftrightarrow C \land B$，是否一定有 $A \Leftrightarrow C$？

(3) 如果 $\neg A \Leftrightarrow \neg B$，是否有 $A \Leftrightarrow B$？

(4) 如果 $A \to B \Leftrightarrow C \to B$，是否一定有 $A \Leftrightarrow C$？

(5) 如果 $A \leftrightarrow B \Leftrightarrow C \leftrightarrow B$，是否一定有 $A \Leftrightarrow C$？ 为什么？（这里 A, B, C 都是公式）。

7. 下列陈述句是否是命题，如果是命题，是真命题还是假命题？

(1) 永真式的否定是一个永假式。

(2) 永假式的否定是一个永真式。

(3) 任何两个永真式的合取，仍然是一个永真式。

(4) 任何两个永真式的析取，仍然是一个永真式。

(5) 任何两个永假式的合取，仍然是一个永假式。

(6) 任何两个永假式的析取，仍然是一个永假式。

8. 把下列各式化为析取范式。

(1) $(P \to \neg Q) \to R$；

(2) $P \to ((P \lor Q) \to R)$。

9. 把下列各式化为合取范式。

(1) $P \to (Q \to R)$；

(2) $\neg P \lor (\neg Q \to \neg R)$。

10. 求出下列各式的主析取范式和主合取范式。

(1) $(P \to Q) \to (P \lor R)$；

(2) $(P \lor Q) \land R$；

(3) $(\neg P \land Q) \to (P \lor R)$；

(4) $(P \to Q) \land (Q \to R)$；

(5) $(P \land Q) \lor (\neg P \land Q \land R)$；

(6) $\neg (P \lor Q) \to (P \land Q)$。

11. A, B, C, D 4 个人中要派两个去出差，按下述 3 个条件有几种派法？ 如何派？

(1) 若 A 去，则 C 或 D 要去；

(2) B 和 C 不能都去；

(3) 若 C 去，则 D 要留下。

12. 回答下列问题：

(1) $\{\neg, \leftrightarrow\}$ 是否为联结词完备集？

(2) $\{\neg, \land, \lor, \to, \leftrightarrow\}$ 中有无单元素构成联结词完备集？

13. 将下列公式转化为只含 $\{\neg, \land\}$ 中的联结词的等价公式。

(1) $(P \to Q) \lor R$；

(2) $P \leftrightarrow Q$。

14. 将下列公式转化为只含 $\{\neg,\vee\}$ 中的联结词的等价公式。

(1) $(P\wedge Q)\to R$；

(2) $(\neg P\wedge Q)\vee(P\to Q)$。

15. 将下列公式转化为只含与非联结词的等价公式。

(1) $P\leftrightarrow Q$；

(2) $(\neg P\wedge Q)\vee(P\to Q)$。

16. 用命题推理理论构造下列推理。

(1) 前提：$P\vee Q,P\to R,Q\to S$；结论：$S\vee R$。

(2) 前提：$P\to(Q\to R),S\to P,Q$；结论：$S\to R$。

(3) 前提：$P\to\neg Q,\neg R\vee Q,R\wedge\neg S$；结论：$\neg P$。

(4) 前提：$\neg P\vee Q,\neg Q\vee R,R\to S$；结论：$P\to S$。

(5) 前提：$A\to(B\to C),C\to(\neg D\vee E),\neg F\to(D\wedge\neg E),A$；结论：$B\to F$。

(6) 前提：$(P\to Q)\wedge(R\to S),(Q\to W)\wedge(S\to X),\neg(W\wedge X),P\to R$；结论：$\neg P$。

17. 判断下列命题推理的有效性。

(1) 明天是晴天，或者是下雨；如果明天是晴天，我就去看电影；如果我去看电影，我就不看书。结论：如果我在看书，则明天在下雨。

(2) 如果今天我没有课，则我去机房上机或去图书馆查资料；若机房没有空机器，那么我没法上机；今天我没课，且机房也没有空机器。结论：今天我去图书馆查资料。

18. 为庆祝重庆市直辖 15 周年，四支足球队进行比赛，已知情况如下，问结论是否有效？

前提：若 A 队得第一，则 B 队或 C 队获亚军；若 C 队获亚军，则 A 队不能获冠军；若 D 队获亚军，则 B 队不能获亚军；A 队获第一。

结论：D 队不是亚军。

第 2 章　谓 词 逻 辑

在命题逻辑中,我们主要讨论了命题和命题推理。命题逻辑中的原子命题是不可再分解的。但是,命题之间还可能有些共同的性质,可以作进一步的描述,同时命题逻辑的推理结构还有很大的局限性,有些很简单的论断也不能用命题逻辑进行推证。例如:

所有的人都是要死的。

苏格拉底是人。

所以苏格拉底是要死的。

这是著名的苏格拉底三段论,用命题推理无法完成这个简单推证。因为在命题逻辑中只能将推理中出现的三个简单命题依次符号化为 P,Q,R,将推理的形式结构符号化为 $(P \land Q) \to R$。由于上式不是重言式,所以不能由它判断推理的正确性。究其原因,在于命题逻辑没有研究命题内部的逻辑结构。事实上,原子命题还可以作进一步地分解,分解出个体词,谓词和量词,以表达出个体与总体的内在联系和数量关系,这就是一阶逻辑所研究的内容,称为一阶谓词逻辑。本书中只是简单介绍一阶谓词逻辑,更复杂的谓词逻辑读者可以查阅相关资料。谓词逻辑在人工智能领域的知识表示、知识推理和机器证明等方面有着重要意义。

2.1　谓词的概念与表示

个体词、谓词和量词是一阶谓词逻辑命题符号化的三个基本要素。下面讨论这三个要素。

1. 个体词

定义 2.1　个体词是指所研究对象中可以独立存在的具体的或抽象的客体。

例如,小王、小李、中国等都可以作为个体词。将表示具体或特定的客体的个体词称作个体常项,一般用小写英文字母 $a,b,c,\cdots$ 表示;而将表示抽象或泛指的个体词称为个体变项,常用 $x,y,z,\cdots$ 表示。称个体变项的取值范围为个体域(或论域)。个体域可以是有穷集合,例如,$\{1,2,3\}$,$\{a,b,c,d\}$,$\{a,b,c,\cdots,x,y,z\}$,$\cdots$;也可以是无穷集合,例如,自然数集合 $N=\{0,1,2,\cdots\}$,实数集合 $R=\{x \mid x$ 是实数$\}$,等等。有一个特殊的个体域,它是由宇宙间一切事物组成的,称它为全总个体域。本书在论述或推理中如没有指明所采用的个体域,一般都是全总个体域。

2. 谓词

考虑下面四个命题:小明是大学生;小刚是大学生;小张是大学生;小王是大学生。

在命题表示中,可以用 P,Q,R,S 四个符号分别表示。但 P,Q,R,S 所表示的四个命题具有相同的属性:"是大学生"。因此,引入一个符号表示"是大学生"这个性质,例如用 $A(x)$ 表示"x 是大学生"。a 表示小明,b 表示小刚,c 表示小张,d 表示小王,则 $A(a),A(b)$,$A(c)$,$A(d)$ 分别表示:小明是大学生;小刚是大学生;小张是大学生;小王是大学生。这里的 a,b,c,d 表示客体或个体,A 就称为谓词。

定义 2.2 谓词是用来刻画个体词的性质或个体词之间相互关系的词。

一个原子命题可用一个谓词和 n 个有次序的个体常量,如 $a_1,a_2,\cdots,a_n$ 表示成 $P(a_1,a_2,\cdots,a_n)$ 的形式,称它为原子命题的谓词形式或命题的谓词形式。

用谓词表达命题,必须包括客体和谓词两个部分,一般来说,"a 是 A"类型的命题可以用 $A(a)$ 来表达。对于"a 小于 b"这种两个客体之间关系的命题,可表达为 $B(a,b)$,这里 B 是"……小于……"。又如命题"a 加 b 等于 c"可以表示为 H:"……加……等于……",故可以记为 $H(a,b,c)$。

原子命题的谓词形式还可以进一步加以抽象,比如在谓词右侧的圆括号内的 n 个客体常量被替换成客体变元,如 $x_1,x_2,\cdots,x_n$,也就是说个体是可以变化的,这样由一个谓词 P 和 n 个客体变元 $x_1,x_2,\cdots,x_n$ 组成的 $P(x_1,x_2,\cdots,x_n)$ 的形式,称为 n 元原子谓词公式或 n 元命题函数。例如 $P(x)$ 称为一元谓词公式,x 可以代表任一个客体,$P(x,y)$ 称为二元谓词形式,$H(x,y,z)$ 称为三元谓词公式,依此类推。特别当 $n=0$ 时,称为零元谓词公式。零元谓词公式是命题。

通常,一元谓词表达了客体的"性质",而多元谓词表达了客体之间的"关系"。

注 命题的谓词表示形式和命题函数是不同的。命题的谓词表示形式是有真值的,而命题函数不是命题,它的真值是不确定的。

如在使用一元命题函数 $P(x)$ 表示"x 是老师"的时候,如果令 x 表示小王,则 $P(x)$ 表示"小王是老师",若令 x 表示小明,则 $P(x)$ 表示"小明是老师"。$P(x)$ 本身不表示一个具体的命题,因此 $P(x)$ 不是命题。只有当 x 代表一个具体的客体时,$P(x)$ 才表示一个命题。

一个原子谓词公式不是一个命题。但对于原子谓词公式的客体变元都用具体的客体取代后,就成为一个命题。而且客体变元在哪些范围内取什么值,对是否成为命题以及命题的真值有很大影响。

例 2.1 设 $P(x)$ 表示"x 是大学生"。如果 x 限制到某大学班级中的学生,则 $P(x)$ 是永真式。如果 x 限制到某幼儿园的小朋友,则 $P(x)$ 是永假式。如果 x 限制到某个市的全体市民,则有的个体使得 $P(x)$ 为真,有的个体使得 $P(x)$ 为假。

例 2.1 表明,谓词的个体变元被个体域中的具体个体替换后是否是命题以及命题的真值情况都与个体域有关。有的个体域使得谓词在该个体域中的真值为真;有的个体域使得谓词在该个体域中的真值为假;有的个体域使得谓词在该个体域中的真值部分真,部分为假;有的个体域使得谓词在该个体域中不是命题。

例 2.2 设 $P(x,y)$ 表示"x 大于 y"。如果个体域为实数集合,则 $P(x,y)$ 是命题,如果个体域为虚数集合,$P(x,y)$ 不是命题。

通常,如果不事先指明论域,将认为论域是一切可以作为对象的事物的集合,这样的论域称为全总个体域或总域。

3. 量词

除了可用客体名称替换客体变元获得命题外,还可以用量化变元的方法获得命题。例如:每个人都是大学生。这显然是一个命题,要判断这个命题是真或假,就要将客体变元替换为每个具体客体,然后判断真假。当每个客体替换客体变元后得到的命题均为真,这时该命题的真值才是真;只要有一个客体替换客体变元后得到真值为假,该命题的真值就是假。

接下来我们讨论两种量词,即全称量词和存在量词。

(1) 全称量词

在日常生活中和数学中常用的"一切的"、"所有的"、"每个"、"任意的"、"凡是"、"都"等词可统称为全称量词。用 $\forall x$ 来表示"对所有的 x"、"对每一个 x"、"对一切 x"或"对任何一个 x"等。

$(\forall x)P(x)$ 表示个体域中的每个个体都具有性质 P,其中 $\forall x$ 称为全称量词,x 称为指导变元。

例 2.3 设有以下两个条件:

(a) 个体域 D_1 为人类集合;

(b) 个体域 D_2 为全总个体域。

在个体域分别限制为(a)和(b)条件时,将下面两个命题符号化:

(1) 凡是人都呼吸;

(2) 所有的人都要犯错误。

解 (a) 设 $P(x)$:x 呼吸,$Q(x)$:x 犯错误。因为个体域是人类,没有其他物种,所以(1)符号化为 $(\forall x)P(x)$;(2)符号化为 $(\forall x)Q(x)$。

(b) D_2 中除了有人外,还有万物,因而在(1),(2)符号化时,必须考虑将人分离出来。令 $M(x)$:x 是人。在 D_2 中,(1),(2)可以分别重述如下:

(1′) 对于宇宙间一切事物而言,如果事物是人,则他要呼吸;

(2′) 对于宇宙间一切事物而言,如果事物是人,则他要犯错误。

于是(1)的符号化形式为 $(\forall x)(M(x)\rightarrow P(x))$;(2)的符号化形式为 $(\forall x)(M(x)\rightarrow Q(x))$。

(2) 存在量词

在日常生活和数学中常用的"存在"、"有一些"、"部分"、"至少有"等词统称为存在量词,用 $\exists x$ 表示"至少有一个 x"、"对于一些 x"、"有些 x"、"某个 x"或"部分 x"等。

$(\exists x)P(x)$ 表示个体域中有个体具有性质 P。$\exists x$ 称为存在量词,x 称为指导变元。

例 2.4 设有以下两个条件:

(a) 个体域 D_1 为人类集合;

(b) 个体域 D_2 为全总个体域。

在个体域分别限制为(a)和(b)条件时,将下面两个命题符号化:

(1) 有的人用左手写字;

(2) 部分人不会游泳。

解 (a) 设 $P(x)$: x 用左手写字。$Q(x)$: x 会游泳。因为个体域是人类,没有其他物种,所以(1)符号化为 $(\exists x)P(x)$;(2)符号化为 $(\exists x)\neg Q(x)$。

(b) D_2 中除了有人外,还有万物,因而在(1),(2)符号化时,必须考虑将人分离出来。令 $M(x)$: x 是人。在 D_2 中,(1),(2)可以分别重述如下:

(1′) 对于宇宙间一切事物而言,有的事物是人,且他用左手写字;

(2′) 对于宇宙间一切事物而言,有的事物是人,且他不会游泳。

于是(1)的符号化形式为 $(\exists x)(M(x) \wedge P(x))$;(2)的符号化形式为 $(\exists x)(M(x) \wedge \neg Q(x))$。

注意在用量词对命题进行符号化时,如果个体域是全总个体域,一般要用一个谓词来限定个体的变化范围,如例 2.3 和例 2.4 中的 $M(x)$。为了便于说明,我们称 $M(x)$ 为限定谓词,而 $P(x)$ 和 $Q(x)$ 称为中心谓词。一般地,用全称量词进行命题符号化时,限定谓词与中心谓词之间用单条件联结词;而用存在量词进行命题符号化时,限定谓词与中心谓词之间用合取联结词。

由以上的讨论知道,要使一个谓词公式成为命题可以用两种方法:

(1) 将谓词公式中的客体变元用具体的客体取代;

(2) 在谓词公式前加量词来量化客体变元。即公式 $A(x)$,$(\forall x)A(x)$,$(\exists x)A(x)$ 是不同的,$A(x)$ 不是命题,而后两者是命题。

例 2.5 将下列命题用谓词进行符号化。

(1) 所有的整数是实数。

(2) 有些整数不是偶数。

(3) 不是所有的重庆人都居住在重庆。

(4) 居住在重庆的人不一定都是重庆人。

(5) 有些大学生是运动员。

(6) 金子一定闪光,但闪光的不一定是金子。

解 本题在全总个体域下进行讨论。

(1) 设 $Z(x)$: x 是整数,$R(x)$: x 是实数,本命题符号化为 $(\forall x)(Z(x) \rightarrow R(x))$。

(2) 设 $Z(x)$: x 是整数,$O(x)$: x 是偶数,本命题符号化为 $(\exists x)(Z(x) \wedge \neg O(x))$。

(3) 设 $C(x)$: x 是重庆人,$H(x)$: x 居住在重庆,本命题符号化为 $\neg(\forall x)(C(x) \rightarrow H(x))$。

这里可以理解为"有些重庆人没有居住在重庆",因此可以用存在量词进行符号化:$(\exists x)(C(x) \wedge \neg H(x))$。

(4) 设 $C(x)$:x 是重庆人,$H(x)$:x 居住在重庆,本命题符号化为 $(\exists x)(H(x) \wedge \neg C(x))$。

这里可以理解为"不是所有居住在重庆的人都是重庆人",因此可以用全称量词进行符号化:$\neg(\forall x)(H(x) \rightarrow C(x))$。

(5) 设 $S(x)$:x 是大学生,$T(x)$:x 是运动员,本命题符号化为 $(\exists x)(S(x) \wedge T(x))$。

(6) 设 $G(x)$:x 是金子,$S(x)$:x 闪光,本命题符号化为 $(\forall x)(G(x) \rightarrow S(x)) \wedge (\exists x)(S(x) \wedge \neg G(x))$。

另外,全称量词和存在量词不仅可以单独出现,而且还可以通过组合形式出现。下面给出几个用二元谓词进行命题符号化的例子。

例 2.6　设 $A(x,y)$ 表示 x 和 y 同姓,x 的个体域是甲班同学,y 的个体域是乙班同学,则

$(\forall x)(\forall y)A(x,y)$:甲班任何一个同学与乙班所有同学同姓。

$(\forall y)(\forall x)A(x,y)$:乙班任何一个同学与甲班所有同学同姓。

$(\forall x)(\exists y)A(x,y)$:对甲班任何一个人乙班都有人和他同姓。

$(\exists y)(\forall x)A(x,y)$:存在一个乙班同学和甲班所有同学同姓。

由此知道量词出现的顺序是重要的,不能随便进行交换。

设 $P(x,y)$ 表示二元原子谓词公式,对于两个量词的组合形式,最多有以下 8 种情况:

(1) $(\forall x)(\forall y)P(x,y)$;　　　　　(2) $(\forall x)(\exists y)P(x,y)$;

(3) $(\exists x)(\forall y)P(x,y)$;　　　　　(4) $(\exists x)(\exists y)P(x,y)$;

(5) $(\forall y)(\exists x)P(x,y)$;　　　　　(6) $(\exists y)(\forall x)P(x,y)$;

(7) $(\exists y)(\exists x)P(x,y)$;　　　　　(8) $(\forall y)(\forall x)P(x,y)$。

其中(1)和(8)等价;(4)和(7)等价。其他情况不一定等价。

例 2.7　将下列命题符号化。

(1) 兔子比乌龟跑得快;

(2) 有的兔子比所有的乌龟跑得快;

(3) 所有的兔子比有的乌龟跑得快;

(4) 部分兔子比部分乌龟跑得快。

解　设 $F(x)$:x 是兔子,$G(x)$:x 是乌龟,$H(x,y)$:x 比 y 跑得快。原命题符号化为

(1) $(\forall x)(F(x) \rightarrow (\forall y)(G(y) \rightarrow H(x,y)))$;

(2) $(\exists x)(F(x) \wedge (\forall y)(G(y) \rightarrow H(x,y)))$;

(3) $(\forall x)(F(x) \rightarrow (\exists y)(G(y) \wedge H(x,y)))$;

(4) $(\exists x)(F(x) \wedge (\exists y)(G(y) \wedge H(x,y)))$。

二元谓词、多元谓词等比一元谓词要复杂得多,本书主要介绍一元谓词的相关基础知识。

2.2 谓 词 公 式

1. 谓词公式的概念

类似于命题公式的定义,我们给出谓词公式的定义。

定义 2.3 谓词合式公式又称为谓词公式,其定义如下:

(1) 原子谓词公式是谓词公式。

(2) 若 A 是谓词公式,则 $\neg A$ 是一个谓词公式。

(3) 若 A,B 是谓词公式,则 $(A \wedge B),(A \vee B),(A \rightarrow B),(A \leftrightarrow B)$ 是谓词公式。

(4) 如果 A 是谓词公式,x 是谓词变元,则 $(\forall x)A$ 和 $(\exists x)A$ 都是谓词公式。

(5) 当且仅当有限次地应用规则(1),(2),(3),(4)得到的符号串是谓词公式。

与命题公式一样,约定最外层的括号可以省掉。但是,如果量词后面有括号,则量词后面的括号不能省略。

如 $(\exists x)(H(x) \wedge \neg C(x))$,$(\forall y)(\exists x)P(x,y)$,$(\forall x)(G(x) \rightarrow S(x)) \wedge (\exists x)(S(x) \wedge \neg G(x))$ 和 $(\forall x)(F(x) \rightarrow (\exists y)(G(y) \wedge H(x,y)))$ 都是谓词合式公式,简称谓词公式。

下面讨论如何将一个用自然语言描述的命题符号化成谓词公式,这在谓词逻辑中是非常重要的,它是进行推理的基础。

例 2.8 任何整数都是实数。

解 设 $P(x)$:x 是整数,$Q(x)$:x 是实数。原命题可以符号化为 $(\forall x)(P(x) \rightarrow Q(x))$。

例 2.9 存在一个小于 0 的偶数。

解 设 $P(x)$:$x<0$, $Q(x)$:x 是偶数。原命题可以符号化为 $(\exists x)(P(x) \wedge Q(x))$。

例 2.10 有些人是聪明的。

解 设 $A(x)$:x 是人, $B(x)$:x 是聪明的。原命题可以符号化为 $(\exists x)(A(x) \wedge B(x))$。

例 2.11 不存在最大的实数。

解 设 $R(x)$,x 是实数;$L(x,y)$:x 比 y 大。原命题可以符号化为 $(\forall x)(R(x) \rightarrow (\exists y)(R(y) \wedge L(y,x)))$。

例 2.12　尽管有些人聪明,但未必一切人都聪明。

解　设 $A(x)$: x 是人, $B(x)$: x 聪明。则原命题可以符号化为 $(\exists x)(A(x) \wedge B(x)) \wedge \neg(\forall x)(A(x) \rightarrow B(x))$。

2. 约束变元与自由变元的概念

谓词公式中出现在量词 $\forall$ 和 $\exists$ 后面的 x 叫做量词的指导变元。每个量词后面的公式,称为量词的辖域。例如 $(\forall x)(A(x) \wedge B(x)) \rightarrow C(y)$ 中量词的辖域是 $(A(x) \wedge B(x))$。在量词的辖域中 x 的一切出现都称为约束出现。约束出现的变元称为约束变元,在一个谓词公式中,除了约束变元外所出现的变元,称为自由变元。例如公式 $(\forall x)(A(x) \wedge B(x)) \rightarrow C(y)$ 中的 y 是自由变元。

例 2.13　指出下列谓词公式中量词的辖域,自由变元和约束变元。

(1) $(\forall x)P(x) \rightarrow (\exists y)Q(y)$;

(2) $(\forall x)(P(x) \rightarrow (\exists y)Q(y))$;

(3) $(\forall x)P(x,y) \rightarrow (\exists y)Q(x,y)$;

(4) $(\forall x)(P(x,y) \rightarrow (\exists x)(Q(x,y) \vee R(z)))$。

解　(1) $\forall x$ 的辖域是 $P(x)$, $\exists y$ 的辖域是 $Q(y)$, x, y 都是约束变元。

(2) $\forall x$ 的辖域是 $P(x) \rightarrow (\exists y)Q(y)$, $\exists y$ 的辖域是 $Q(y)$, x, y 都是约束变元。

(3) $\forall x$ 的辖域是 $P(x,y)$, $\exists y$ 的辖域是 $Q(x,y)$, x, y 是既是约束变元又是自由变元。

(4) $\forall x$ 的辖域是 $P(x,y) \rightarrow (\exists x)(Q(x,y) \vee R(z))$, x 是约束变元, y, z 都是自由变元; $\exists x$ 的辖域是 $Q(x,y) \vee R(z)$, $Q(x,y)$ 中的 x 是受 $\exists x$ 的约束,而不是受 $\forall x$ 的约束。

从约束变元的概念可以看出, $P(x_1, x_2, \cdots, x_n)$ 是 n 元谓词公式,或者称为 n 元命题函数。它有 n 个相互独立的自由变元。若对其中 k 个变元进行约束,则成为 $n-k$ 元谓词公式。因此,谓词公式中如果没有自由变元出现,则该公式就成为一个命题。例如, $(\forall x)P(x,y,z)$ 是二元谓词公式, $(\exists y)(\forall x)P(x,y,z)$ 是一元谓词公式。

3. 约束变元的换名与自由变元的替换

在一个公式中,某个变元可以既是约束变元,又是自由变元。为了避免由于某个变元既是约束变元又是自由变元,引起概念上的混乱,可以对约束变元进行换名,原因是一个公式的约束变元和自由变元所使用的名称符号是无关紧要的。

例如, $(\forall x)P(x)$ 与 $(\forall y)P(y)$ 都具有相同的意义。

设 $P(x)$: x 不小于 0,那么 $(\forall x)P(x)$ 表示一切 x 都不小于 0; $(\forall y)P(y)$ 表示一切 y 都不小于 0。

$(\exists x)P(x)$ 和 $(\exists y)P(y)$ 的意义同理可得。

因此,可以对谓词公式中的约束变元更改名称符号,称为约束变元换名。约束变元换名使得一个变元在一个公式中只呈现一种形式,即呈自由出现或呈约束出现。

约束变元换名的规则如下：

（1）换名时，更改的变元名称范围是量词中的指导变元，以及该量词辖域中该变元的所有出现。公式其余部分不变。

（2）换名时一定要更改为辖域中没有出现的变元名称。

例 2.14 对公式 $(\forall x)P(x,y) \rightarrow \exists yQ(x,y)$ 进行换名。

解 将约束变元 x 换名为 u，y 换名为 v 后得 $(\forall u)P(u,y) \rightarrow \exists vQ(x,v)$。

例 2.15 对公式 $(\forall x)(\exists y)(P(x,y) \rightarrow (\exists x)Q(x,y)) \wedge R(x,y)$ 进行换名。

解 将 $\forall x$ 约束的变元 x 换名为 u，$\exists y$ 约束的变元 y 换名为 v 后得 $(\forall u)(\exists v)(P(u,v) \rightarrow (\exists x)Q(x,v)) \wedge R(x,y)$。

在例 2.15 中换名后还是有混淆，当然我们可以将 $\exists x$ 约束的变元进行继续换名。但是，也可以对自由变元 x 进行替换，即对公式中的自由变元更改名称符号。自由变元的替换规则如下：

（1）对于公式中的自由变元，可以做替换，应该注意需对公式中出现该自由变元的每一处都进行替换。

（2）用以替换的变元与原公式中所有变元的名称不能相同。

例 2.16 对 $(\exists x)P(x) \wedge R(x,y)$ 中的自由变元进行替换。

解 将自由变元 x 用 z 代入后得 $(\exists x)P(x) \wedge R(z,y)$。

2.3 谓词公式的赋值与分类

1. 谓词公式的赋值

在谓词公式中常包含命题变元和客体变元，当客体变元由确定的客体取代，命题变元用确定的命题所取代或指派一真值时，一个谓词公式就有确定的真值 T 和 F。下面我们讨论谓词公式的赋值。

一个 n 元谓词公式 $P(x_1,x_2,\cdots,x_n)$ 不是命题，如果要使谓词公式成为确定的命题，必须对变元 $x_1,x_2,\cdots,x_n$ 赋以确定的个体，对谓词 P 赋予确定的含义。因此对谓词公式赋值要比命题公式赋值要复杂得多。如对 $P(x,y)$ 进行赋值讨论，如果 $P(x,y)$ 表示 $x>y$，则 $P(3,2)$ 为真，$P(4,5)$ 为假，而 $P(2i,3i)$ 不是命题（因为 $2i,3i$ 是虚数，无法比较）；如果 $P(x,y)$ 表示"x 是 y 的儿子"，则 $P(3,2)$，$P(4,5)$ 和 $P(2i,3i)$ 都不是命题。零元谓词是命题，它的真值又如何呢？例如 $(\forall x)(\exists y)P(x,y)$，它的真值依赖于个体变元的个体域和谓词 P 的具体含义。

例 2.17 讨论 $(\forall x)(\exists y)P(x,y)$ 在 $P(x,y)$ 具有下列意义下的真值情况，这里个体域

为实数集合。

(1) $P(x,y)$：$x+y=0$；

(2) $P(x,y)$：$x\times y=0$；

(3) $P(x,y)$：$x+y=1$；

(4) $P(x,y)$：$x\times y=1$。

解 (1) $(\forall x)(\exists y)P(x,y)$表示：对于任意一个实数都存在另外一个实数,它们相加等于零。是真命题。

(2) $(\forall x)(\exists y)P(x,y)$表示：对于任意一个实数都存在另外一个实数,它们相乘等于零。是真命题。

(3) $(\forall x)(\exists y)P(x,y)$表示：对于任意一个实数都存在另外一个实数,它们相加等于1。是真命题。

(4) $(\forall x)(\exists y)P(x,y)$表示：对于任意一个实数都存在另外一个实数,它们相乘等于1。是假命题。

一般地,如果个体变元是有限个体域,如个体域 $D=\{a_1,a_2,\cdots,a_n\}$,则$(\forall x)P(x)$的真值依赖于 $P(a_1),P(a_2),\cdots,P(a_n)$ 的真值,如果 $P(a_1),P(a_2),\cdots,P(a_n)$ 都为真,则$(\forall x)P(x)$为真,如果$P(a_1),P(a_2),\cdots,P(a_n)$中至少有一个为假,则$(\forall x)P(x)$为假。而$(\exists x)P(x)$的真值依赖于$P(a_1),P(a_2),\cdots,P(a_n)$的真值,如果$P(a_1),P(a_2),\cdots,P(a_n)$中至少有一个为真,则$(\exists x)P(x)$为真,如果$P(a_1),P(a_2),\cdots,P(a_n)$都为假,则$(\exists x)P(x)$为假。

2. 谓词公式的分类

定义 2.4 设A为一谓词公式,若A在任何赋值下均为真,则称A为永真式。若A在任何赋值下均为假则称A为矛盾式。若至少存在一个赋值使A为真,则称A是可满足式。

说明 这里的任意赋值包括个体变元的赋值和谓词含义的赋值两个部分。因此判定一个谓词公式是否是永真式和永假式是非常困难的事情。如果一个公式存在成真赋值,也存在成假赋值,则该公式是可满足式,如$(\forall x)(\exists y)P(x,y)$是可满足式。

定义 2.5 设A是含命题变项$P_1,P_2,\cdots,P_n$的命题公式,$A_1,A_2,\cdots,A_n$是n个谓词公式,用$A_i(1\leqslant i\leqslant n)$处处代替$A$中的$P_i$,所得公式称为命题公式$A$的代换实例。

定理 2.1 重言式的代换实例是永真式,矛盾式的代换实例是矛盾式。

例 2.18 判断下列公式中哪些是永真式,哪些是矛盾式?

(1) $(\forall x)(F(x)\to G(x))$；

(2) $(\exists x)(F(x)\wedge G(x))$；

(3) $(\forall x)F(x)\to((\exists x)(\exists y)G(x,y)\to(\forall x)F(x))$；

(4) $\neg((\forall x)F(x)\to(\exists y)G(y))\wedge(\exists y)G(y)$。

解 （1）设个体域为实数集，$F(x)$ 表示 x 是整数，$G(x)$ 表示 x 是有理数，则 $(\forall x)(F(x)\rightarrow G(x))$ 是真命题；又设个体域为实数集，$F(x)$ 表示 x 是有理数，$G(x)$ 表示 x 是整数，则 $(\forall x)(F(x)\rightarrow G(x))$ 是假命题。所以 $(\forall x)(F(x)\rightarrow G(x))$ 是可满足式。

（2）设个体域是实数集，设 $F(x)$ 表示 x 是整数，$G(x)$ 表示 x 是偶数，则 $(\exists x)(F(x)\wedge G(x))$ 是真命题；又设个体域是实数集，设 $F(x)$ 表示 x 是奇数，$G(x)$ 表示 x 是偶数，则 $(\exists x)(F(x)\wedge G(x))$ 是假命题。所以 $(\exists x)(F(x)\wedge G(x))$ 是可满足式。

（3）因为 $(\forall x)F(x)\rightarrow((\exists x)(\exists y)G(x,y)\rightarrow(\forall x)F(x))$ 是 $P\rightarrow(Q\rightarrow P)$ 的代换实例，又因为 $P\rightarrow(Q\rightarrow P)\Leftrightarrow\neg P\vee(\neg Q\vee P)\Leftrightarrow T$，该公式是重言式，所以（3）是永真式。

（4）因为 $\neg((\forall x)F(x)\rightarrow(\exists y)G(y))\wedge(\exists y)G(y)$ 是 $\neg(P\rightarrow Q)\wedge Q$ 的代换实例，又因为 $\neg(P\rightarrow Q)\wedge Q\Leftrightarrow P\wedge\neg Q\wedge Q\Leftrightarrow F$，该公式是矛盾式，所以（4）是矛盾式。

2.4 谓词公式的等值演算

定义 2.6 设 A,B 是谓词公式，如果 $A\leftrightarrow B$ 为永真式，则称 A 和 B 等价（等值），并记为 $A\Leftrightarrow B$。

有了谓词公式的等价和永真式的概念，就可以讨论谓词公式之间的等价问题。但是要判定 $A\leftrightarrow B$ 为永真式非常困难，因此，我们有必要将重要的等价公式给出来，以便在推理时使用。

下面分类给出谓词等价公式。

第一组：命题等价公式的代换实例。

这组公式非常多，只要命题公式是等价的，它们的代换实例就等价。如由公式 $P\rightarrow Q\Leftrightarrow\neg P\vee Q$ 可以得到 $(\forall x)P(x)\rightarrow(\exists y)Q(y)\Leftrightarrow\neg(\forall x)P(x)\vee(\exists y)Q(y)$ 等。应用时大家要灵活掌握。

第二组：消全称量词和存在量词（有限个体域）。

设有限个体域 $D=\{a_1,a_2,\cdots,a_n\}$，则

$(\forall x)P(x)\Leftrightarrow P(a_1)\wedge P(a_2)\wedge\cdots\wedge P(a_n)$；

$(\exists x)P(x)\Leftrightarrow P(a_1)\vee P(a_2)\vee\cdots\vee P(a_n)$。

第三组：量词与否定词交换顺序。

$\neg(\forall x)P(x)\Leftrightarrow(\exists x)\neg P(x)$；

$\neg(\exists x)P(x)\Leftrightarrow(\forall x)\neg P(x)$。

量词与否定词之间交换顺序，量词要改变名称。

第四组：量词辖域的扩张和收缩。

（1）$(\forall x)(A(x)\vee B)\Leftrightarrow(\forall x)A(x)\vee B$；

（2）$(\forall x)(A(x)\wedge B)\Leftrightarrow(\forall x)A(x)\wedge B$；

（3）$(\exists x)(A(x)\vee B)\Leftrightarrow(\exists x)A(x)\vee B$；

(4) $(\exists x)(A(x) \wedge B) \Leftrightarrow (\exists x)A(x) \wedge B$；

(5) $(\forall x)(A(x) \to B) \Leftrightarrow (\exists x)A(x) \to B$；

(6) $(\exists x)(A(x) \to B) \Leftrightarrow (\forall x)A(x) \to B$；

(7) $(\forall x)(B \to A(x)) \Leftrightarrow B \to (\forall x)A(x)$；

(8) $(\exists x)(B \to A(x)) \Leftrightarrow B \to (\exists x)A(x)$。

第五组：量词分配等值式。

$(\forall x)(A(x) \wedge B(x)) \Leftrightarrow (\forall x)A(x) \wedge (\forall x)B(x)$；

$(\exists x)(A(x) \vee B(x)) \Leftrightarrow (\exists x)A(x) \vee (\exists x)B(x)$。

全称量词对合取运算满足分配律,存在量词对析取满足分配律。那么全称量词对析取运算是否满足分配律? 存在量词对合取运算是否满足分配律? 答案是否定的。但是

$(\forall x)A(x) \vee (\forall x)B(x) \Rightarrow (\forall x)(A(x) \vee B(x))$；

$(\exists x)(A(x) \wedge B(x)) \Rightarrow (\exists x)A(x) \wedge (\exists x)B(x)$。（"$\Rightarrow$"称为蕴涵）。

第六组：置换原理。

设 $\Phi(A)$ 是含公式 A 的公式,$\Phi(B)$ 是用公式 B 取代 $\Phi(A)$ 中所有的 A 之后的公式,若 $A \Leftrightarrow B$,则 $\Phi(A) \Leftrightarrow \Phi(B)$。

例 2.19 设个体域为 $D = \{a,b,c\}$,将下列各公式的量词消去。

(1) $(\forall x)(F(x) \to G(x))$；

(2) $(\forall x)(F(x) \vee (\exists y)G(y))$；

(3) $(\forall x)(\exists y)F(x,y)$。

解

(1) $(\forall x)(F(x) \to G(x)) \Leftrightarrow (F(a) \to G(a)) \wedge (F(b) \to G(b)) \wedge (F(c) \to G(c))$。

(2) $(\forall x)(F(x) \vee (\exists y)G(y)) \Leftrightarrow (\forall x)F(x) \vee (\exists y)G(y) \Leftrightarrow (F(a) \wedge F(b) \wedge F(c)) \vee (G(a) \vee G(b) \vee G(c))$。

(3) $(\forall x)(\exists y)F(x,y) \Leftrightarrow (\exists y)F(a,y) \wedge (\exists y)F(b,y) \wedge (\exists y)F(c,y) \Leftrightarrow (F(a,a) \vee F(a,b) \vee F(a,c)) \wedge (F(b,a) \vee F(b,b) \vee F(b,c)) \wedge (F(c,a) \vee F(c,b) \vee F(c,c))$。

例 2.20 证明下列各等值式：

(1) $\neg(\exists x)(F(x) \wedge G(x)) \Leftrightarrow (\forall x)(F(x) \to \neg G(x))$；

(2) $\neg(\forall x)(F(x) \to G(x)) \Leftrightarrow (\exists x)(F(x) \wedge \neg G(x))$。

证明 (1) $\neg(\exists x)(F(x) \wedge G(x))$

$\Leftrightarrow (\forall x)\neg(F(x) \wedge G(x))$

$\Leftrightarrow (\forall x)(\neg F(x) \vee \neg G(x))$

$\Leftrightarrow (\forall x)(F(x) \to \neg G(x))$。

(2) $\neg(\forall x)(F(x)\rightarrow G(x))$

$\Leftrightarrow(\exists x)\neg(F(x)\rightarrow G(x))$

$\Leftrightarrow(\exists x)\neg(\neg F(x)\vee G(x))$

$\Leftrightarrow(\exists x)(F(x)\wedge\neg G(x))。$

2.5 谓词公式的前束范式

定义 2.7 设 A 为谓词公式,若 A 具有如下形式:

$$(\sim x_1)(\sim x_2)\cdots(\sim x_n)B,$$

则称 $(\sim x_1)(\sim x_2)\cdots(\sim x_n)B$ 为 A 的前束范式,其中 $\sim$ 表示为 $\forall$ 或 $\exists$,且 B 为不含任何量词的公式。

例如,$(\forall x)(F(x)\rightarrow\neg G(x))$ 是前束范式,而 $(\exists x)(F(x)\rightarrow(\forall y)G(y))$ 和 $\neg(\exists x)(F(x)\wedge G(x))$ 都不是前束范式。

在后面的谓词推理理论中,需要将谓词公式转化为前束范式才能进行推理。下面讨论如何转化的问题。

定理 2.2 任何一个谓词公式都可以转化为与之等价的前束范式。

谓词公式化为前束范式主要通过 2.4 节的等价公式,换名规则,替换规则和置换原理等。

例 2.21 将下列公式转化为前束范式。

(1) $(\forall x)F(x)\wedge\neg(\exists x)G(x)$;

(2) $(\forall x)F(x)\vee\neg(\exists x)G(x)$。

解 (1) $(\forall x)F(x)\wedge\neg(\exists x)G(x)$

$\Leftrightarrow(\forall x)F(x)\wedge(\forall x)\neg G(x)$

$\Leftrightarrow(\forall x)(F(x)\wedge\neg G(x))。$(前束范式)

(2) $(\forall x)F(x)\vee\neg(\exists x)G(x)$

$\Leftrightarrow(\forall x)F(x)\vee(\forall x)\neg G(x)$

$\Leftrightarrow(\forall x)F(x)\vee(\forall y)\neg G(y)$(换名规则)

$\Leftrightarrow(\forall x)(\forall y)(F(x)\vee\neg G(y))。$(前束范式)

注意,一个谓词公式的前束范式不一定唯一。

例 2.22 将下列公式转化为前束范式。

(1) $(\exists x)F(x)\wedge(\forall x)G(x)$;

(2) $(\forall x)F(x)\rightarrow(\exists x)G(x)$;

(3) $(\forall x)F(x,y)\rightarrow(\exists y)G(x,y)$。

解　(1) $(\exists x)F(x) \wedge (\forall x)G(x)$

$\Leftrightarrow (\exists x)F(x) \wedge (\forall y)G(y)$（换名规则）

$\Leftrightarrow (\exists x)(\forall y)(F(x) \wedge G(y))$。（前束范式）

(2) $(\forall x)F(x) \rightarrow (\exists x)G(x)$

$\Leftrightarrow (\forall x)F(x) \rightarrow (\exists y)G(y)$

$\Leftrightarrow \neg (\forall x)F(x) \vee (\exists y)G(y)$

$\Leftrightarrow (\exists x)\neg F(x) \vee (\exists y)G(y)$

$\Leftrightarrow (\exists x)(\exists y)(\neg F(x) \vee G(y))$（前束范式）

$\Leftrightarrow (\exists x)(\exists y)(F(x) \rightarrow G(y))$。（前束范式）

(3) $(\forall x)F(x,y) \rightarrow (\exists y)G(x,y)$

$\Leftrightarrow \neg (\forall x)F(x,y) \vee (\exists y)G(x,y)$

$\Leftrightarrow (\exists x)\neg F(x,y) \vee (\exists y)G(x,y)$

$\Leftrightarrow (\exists u)\neg F(u,y) \vee (\exists v)G(x,v)$（换名规则）

$\Leftrightarrow (\exists u)(\exists v)(F(u,y) \rightarrow G(x,v))$。（前束范式）

或者　$(\forall x)F(x,y) \rightarrow (\exists y)G(x,y)$

$\Leftrightarrow \neg (\forall x)F(x,y) \vee (\exists y)G(x,y)$

$\Leftrightarrow (\exists x)\neg F(x,y) \vee (\exists y)G(x,y)$

$\Leftrightarrow (\exists x)\neg F(x,s) \vee (\exists y)G(t,y)$（替换规则）

$\Leftrightarrow (\exists x)(\exists y)(\neg F(x,s) \vee G(t,y))$。

2.6　谓词演算的推理理论

与命题推理理论相似,从前提 $A_1, A_2, \cdots, A_k$ 出发,推得有效结论 B 的过程,即是证明 $(A_1 \wedge A_2 \wedge \cdots \wedge A_k) \rightarrow B$ 为重言式的过程。本节重点介绍谓词演算的构造性证明。

1. 推理定律的来源

第一组:命题推理定律的代换实例。

如命题推理中假言推理规则:$P \wedge (P \rightarrow Q) \Rightarrow Q$,即 $(P \wedge (P \rightarrow Q)) \rightarrow Q$ 为重言式,所以它的代换实例 $(\forall x)P(x) \wedge ((\forall x)P(x) \rightarrow (\exists y)Q(y)) \rightarrow (\exists y)Q(y)$ 是重言式,因此有 $(\forall x)P(x) \wedge ((\forall x)P(x) \rightarrow (\exists y)Q(y)) \Rightarrow (\exists y)Q(y)$。这组规则有很多,读者在应用时要熟记命题推理理论的推理定律。

第二组:基本等价公式生成的推理定律。

如 $\neg (\forall x)P(x) \Leftrightarrow (\exists x)\neg P(x)$,即 $\neg (\forall x)P(x) \leftrightarrow (\exists x)\neg P(x)$ 为重言式,又因为 $\neg (\forall x)P(x) \leftrightarrow (\exists x)\neg P(x) \Leftrightarrow (\neg (\forall x)P(x) \rightarrow (\exists x)\neg P(x)) \wedge ((\exists x)\neg P(x) \rightarrow \neg (\forall x)P(x))$,因此 $\neg (\forall x)P(x) \rightarrow (\exists x)\neg P(x)$ 和 $(\exists x)\neg P(x) \rightarrow \neg (\forall x)P(x)$ 都是重

言式,即得到 $\neg(\forall x)P(x)\Rightarrow(\exists x)\neg P(x)$ 和 $(\exists x)\neg P(x)\Rightarrow\neg(\forall x)P(x)$ 两个推理规则。

第三组：几个非等价的重要推理定律。

(1) $(\forall x)A(x)\vee(\forall x)B(x)\Rightarrow(\forall x)(A(x)\vee B(x))$；

(2) $(\exists x)(A(x)\wedge B(x))\Rightarrow(\exists x)A(x)\wedge(\exists x)B(x)$；

(3) $(\forall x)(A(x)\rightarrow B(x))\Rightarrow(\forall x)A(x)\rightarrow(\forall x)B(x)$；

(4) $(\exists x)(A(x)\rightarrow B(x))\Rightarrow(\exists x)A(x)\rightarrow(\exists x)B(x)$。

第四组：消、添量词定律。

(1) 全称量词消去规则(UI 规则)

因为 $\forall xP(x)$，所以 $P(a)$。

这里的 a 是个体域中的任意一个具体的客体。

(2) 全称量词引入规则(UG 规则)

因为 $P(a)$，所以 $\forall xP(x)$。

这里的 a 是一个具体的客体,且它可以是个体域中的任意一个具体的客体。即只有个体域中的任意个体 a 都有 $P(a)$ 为真时,才有 $\forall xP(x)$ 为真。全称量词引入规则要非常谨慎。

(3) 存在量词消去规则(EI 规则)

因为 $\exists xP(x)$，所以 $P(a)$

这里的 a 是个体域中的某个具体的客体。

(4) 存在量词引入规则(EG 规则)

因为 $P(a)$，所以 $\exists xP(x)$

这里的 a 是个体域中的某个具体的客体即可。

总的来说,我们常见的推理规则如下：

(1) 前提引入规则；(相当于已知条件)

(2) 结论引入规则；(相当于已证的结论)

(3) 置换规则；(相当于等价公式)

(4) 假言推理规则；

(5) 附加规则；

(6) 化简规则；

(7) 拒取式规则；

(8) 假言三段论规则；

(9) 析取三段论规则；

(10) 构造性二难规则；

(11) 合取引入规则；

(12) UI 规则；

(13) UG 规则；

(14) EI 规则；

(15) EG 规则。

本书主要讨论单个量词的谓词推理，在使用 UI 规则，UG 规则，EI 规则和 EG 规则时，所用的公式都必须是前束范式。

2. 推理的实例

例 2.23 验证著名的苏格拉底三段论的正确性。

所有的人都是要死的。

苏格拉底是人。

所以苏格拉底是要死的。

解 设 $P(x)$：x 是人，$D(x)$：x 会死，s：苏格拉底。则前提符号化为 $(\forall x)(P(x)\rightarrow D(x))$，$P(s)$；结论符号化为 $D(s)$。

证明：① $(\forall x)(P(x)\rightarrow D(x))$；　　　（前提引入规则）

② $P(s)\rightarrow D(s)$；　　　　　　　　（①UI 规则）

③ $P(s)$；　　　　　　　　　　　　（前提引入规则）

④ $D(s)$。　　　　　　　　　　　　（②、③假言推理规则）

例 2.24 构造下列推理证明。

(1) 前提：$(\forall x)(F(x)\rightarrow G(x))$，$(\exists x)F(x)$；结论：$(\exists x)G(x)$。

(2) 前提：$(\forall x)(C(x)\rightarrow W(x)\wedge R(x))$，$(\exists x)(C(x)\wedge Q(x))$；结论：$(\exists x)(Q(x)\wedge R(x))$。

(3) 前提：$(\forall x)(P(x)\vee Q(x))$；结论：$(\forall x)P(x)\vee(\exists x)Q(x)$。

解

(1) 证明：① $(\exists x)F(x)$；　　　　　　　（前提引入规则）

② $F(a)$；　　　　　　　　　　　　（①EI 规则）

③ $(\forall x)(F(x)\rightarrow G(x))$；　　　　（前提引入规则）

④ $F(a)\rightarrow G(a)$；　　　　　　　　（③UI 规则）

⑤ $G(a)$；　　　　　　　　　　　　（②、④假言推理规则）

⑥ $(\exists x)G(x)$。　　　　　　　　　（⑤EG 规则）

注意，这里的 EI 规则和 UI 规则不能交换顺序。

(2) 证明：① $(\exists x)(C(x)\wedge Q(x))$；　　　（前提引入规则）

② $C(a)\wedge Q(a)$；　　　　　　　　（①EI 规则）

③ $(\forall x)(C(x)\rightarrow W(x)\wedge R(x))$；　（前提引入规则）

④ $C(a)\rightarrow W(a)\wedge R(a)$；　　　　（③UI 规则）

⑤ $C(a)$；　　　　　　　　　　　　（②化简规则）

⑥ $W(a)\wedge R(a)$；　　　　　　　　（④、⑤假言推理规则）

⑦ $R(a)$;	(⑥化简规则)
⑧ $Q(a)$;	(②化简规则)
⑨ $Q(a) \wedge R(a)$;	(⑦、⑧合取引入规则)
⑩ $(\exists x)(Q(x) \wedge R(x))$。	(⑨EG 规则)

(3) 因为结论不是前束范式,所以直接证明不好处理,这里采用命题推理中的 CP 规则法和反证法分别证明。

证法一(CP 规则),$(\forall x)P(x) \vee (\exists x)Q(x) \Leftrightarrow \neg(\forall x)P(x) \to (\exists x)Q(x)$

① $\neg(\forall x)P(x)$;	(附加前提引入)
② $(\exists x)\neg P(x)$;	(①置换规则)
③ $\neg P(a)$;	(②EI 规则)
④ $(\forall x)(P(x) \vee Q(x))$;	(前提引入规则)
⑤ $P(a) \vee Q(a)$;	(④UI 规则)
⑥ $\neg P(a) \to Q(a)$;	(⑤置换规则)
⑦ $Q(a)$;	(③、⑥假言推理规则)
⑧ $(\exists x)Q(x)$。	(⑦EG 规则)

证法二(反证法)

① $\neg((\forall x)P(x) \vee (\exists x)Q(x))$;	(附加前提引入)
② $(\exists x)\neg P(x) \wedge (\forall x)\neg Q(x)$;	(①置换规则)
③ $(\exists x)\neg P(x)$;	(②化简规则)
④ $\neg P(a)$;	(③EI 规则)
⑤ $(\forall x)\neg Q(x)$;	(②化简规则)
⑥ $\neg Q(a)$;	(⑤UI 规则)
⑦ $\neg P(a) \wedge \neg Q(a)$;	(④、⑥合取引入规则)
⑧ $\neg(P(a) \vee Q(a))$;	(⑦置换规则)
⑨ $(\forall x)(P(x) \vee Q(x))$;	(前提引入规则)
⑩ $P(a) \vee Q(a)$;	(⑨UI 规则)
⑪ $\neg(P(a) \vee Q(a)) \wedge (P(a) \vee Q(a))$。	(⑧、⑩矛盾)

例 2.25 判断下面推理是否有效?

不存在能表示分数的无理数,有理数都能表示分数,因此有理数都不是无理数。

解 设 $P(x)$:x 是无理数,$Q(x)$:x 是有理数,$R(x)$:x 能表示成分数。

前提:$\neg(\exists x)(P(x) \wedge R(x))$,$(\forall x)(Q(x) \to R(x))$;

结论:$(\forall x)(Q(x) \to \neg P(x))$。

证明:① $\neg(\exists x)(P(x) \wedge R(x))$;	(前提引入规则)
② $(\forall x)(\neg P(x) \vee \neg R(x))$;	(①置换规则)

③ $\neg P(a) \vee \neg R(a)$；　　　　　　　　（②UI 规则）

④ $(\forall x)(Q(x) \rightarrow R(x))$；　　　　　提引入规则

⑤ $Q(a) \rightarrow R(a)$；　　　　　　　　（④UI 规则）

⑥ $R(a) \rightarrow \neg P(a)$；　　　　　　　（③置换规则）

⑦ $Q(a) \rightarrow \neg P(a)$；　　　　　　（⑤、⑥假言三段论规则）

⑧ $(\forall x)(Q(x) \rightarrow \neg P(x))$。　　　（⑦UG 规则）

注　本题最后也可以用 EG 规则添量词得到 $(\exists x)(Q(x) \rightarrow \neg P(x))$ 的结论。一般地，如果消量词用了 EI 规则，则只能用 EG 规则添量词，如果全是用 UI 规则消量词，则可以用 UG 规则添量词。

习　题　2

1. 将下列命题用谓词进行符号化。

（1）小明是大学生。

（2）凡是偶数都能被 2 整除。

（3）有些整数是偶数。

（4）有的人天天写字。

（5）不是所有同学都来上课了。

（6）虽然有的人聪明，但不是每个人都聪明。

2. 使用多个量词（至少 2 个）符号化下列命题。

（1）没有最小的整数。

（2）有的火车比所有汽车都快。

（3）有的学生比有的老师还熟练。

3. 将下列命题符号化，如果个体域是实数集 **R**，指出各个命题的真值。

（1）对所有的 x，都存在 y，使得 $xy=0$。

（2）存在 x，对所有的 y 都有 $xy=0$。

（3）对所有的 x，都存在 y，使得 $y=x+1$。

（4）对所有的 x 和 y，都有 $xy=yx$。

（5）存在 x，对所有的 y，使得 $xy=1$。

4. 将下列公式翻译成自然语言，如果个体域是整数集 **Z**，指出各个命题的真值。

（1）$(\forall x)(\forall y)(\exists z)(x-y=z)$。

（2）$(\forall x)(\exists y)(xy=1)$。

（3）$(\exists x)(\forall y)(x+y=0)$。

（4）$(\exists x)(\forall y)(xy=0)$。

5. 指出下列各个公式中的指导变元,约束变元,自由变元,量词的作用域。

(1) $(\forall x)(F(x) \rightarrow G(y,z))$。

(2) $(\forall x)F(x,y) \rightarrow (\exists y)G(y,z)$。

(3) $(\forall x)(F(x,y) \rightarrow (\exists x)G(x,y))$。

(4) $(\exists x)(\forall y)(F(x,y) \rightarrow (\forall x)G(x,y,z))$。

6. 设个体域 $D = \{a,b,c\}$,消去下列公式的量词。

(1) $(\forall x)F(x) \rightarrow (\exists y)G(y)$。

(2) $(\exists x)(\forall y)(F(x) \rightarrow G(y))$。

(3) $(\exists x)(\forall y)F(x,y)$。

7. 判定下列公式的类型。

(1) $F(x,y) \rightarrow (G(x,y) \rightarrow F(x,y))$。

(2) $\neg((\forall x)F(x) \rightarrow (\exists y)G(y)) \wedge (\exists y)G(y)$。

8. 求出下列公式的前束范式。

(1) $(\forall x)F(x) \rightarrow (\forall y)G(x,y)$。

(2) $(\forall x)(F(x,y) \rightarrow (\forall y)G(x,y,z))$。

(3) $(\forall x)(F(x,y) \rightarrow (\exists x)G(x,y))$。

9. 举例说明 $(\forall x)(\exists y)P(x,y)$ 与 $(\exists y)(\forall x)P(x,y)$ 不等价。

10. 证明:(1) $(\forall x)A(x) \rightarrow B \Leftrightarrow (\exists x)(A(x) \rightarrow B)$;

(2) $B \rightarrow (\forall x)A(x) \Leftrightarrow (\forall x)(B \rightarrow A(x))$。

11. 已知论域 $D = \{1,2\}$,且 $P(1,1)=1, P(1,2)=0, P(2,1)=0, P(2,2)=1$,求下列公式的真值。

(1) $(\exists x)(\exists y)P(x,y)$; (2) $(\forall x)(\exists y)P(x,y)$;

(3) $(\exists y)(\forall x)P(x,y)$; (4) $(\forall x)(\forall y)P(x,y)$

12. 构造下列谓词推理。

(1) 前提:$(\forall x)(\neg P(x) \rightarrow Q(x))$,$\neg(\exists x)Q(x)$;

结论:$(\forall x)P(x)$。

(2) 前提:$(\exists x)(P(x) \rightarrow Q(x))$;

结论:$(\forall x)P(x) \rightarrow (\exists x)Q(x)$。

(3) 前提:$(\exists x)P(x) \rightarrow (\forall x)Q(x)$;

结论:$(\forall x)(P(x) \rightarrow Q(x))$。

(4) 前提:$(\exists x)(P(x) \wedge R(x))$;

结论:$(\exists x)P(x) \wedge (\exists x)R(x)$。

(5) 前提:$(\forall x)(P(x) \vee Q(x))$,$(\forall x)(Q(x) \rightarrow \neg R(x))$,$(\forall x)R(x)$;

结论:$(\forall x)P(x)$。

13. 符号化下列命题,判断它们是否有效。

(1) 所有的自然数都是整数,任何一个整数不是奇数就是偶数,并非每个自然数都是偶数。所以,某些自然数是奇数。

（2）任何人如果他喜欢步行,他就不喜欢乘汽车;每个人或者喜欢乘汽车或者喜欢骑自行车。有的人不骑自行车,所以有的人不爱步行。

（3）有理数和无理数都是实数,虚数不是实数。因此,虚数既不是有理数,也不是无理数。

（4）专业委员会成员都是教授,并且是计算机设计师,有些成员是资深专家,所以有的成员是计算机设师,且是资深专家。

数理逻辑小结

这里我们介绍了数理逻辑的两个最基本的也是最重要的部分——命题逻辑和谓词逻辑基础。命题逻辑是研究关于命题如何通过一些逻辑连接词构成更复杂的命题以及逻辑推理的方法。如果把命题看作运算的对象,如同代数中的数字、字母或代数式,而把逻辑连接词看作运算符号,就像代数中的"加、减、乘、除"那样,那么由简单命题组成复合命题的过程,就可以当作逻辑运算的过程,也就是命题的演算。命题逻辑的一个具体模型就是逻辑代数。逻辑代数的运算特点如同电路分析中的开和关、高电位和低电位等现象完全一样,都只有两种不同的状态,因此,它在电路分析中得到广泛的应用。谓词逻辑也叫做命题函数逻辑,它是把命题的内部结构分析成具有主词和谓词的逻辑形式,由命题变元、联结词和量词构成,然后研究它们的逻辑推理关系。数理逻辑和计算机的发展有着密切的联系,它为机器证明、自动程序设计、计算机辅助设计等计算机应用和理论研究提供必要的理论基础。

第二部分 集 合 论

集合论是现代数学的一个独立分支,被视为各个数学分支的共同语言和基础。自康托尔创建集合论以来,随着现代数学的发展,集合论已在计算机科学、人工智能学科、逻辑学、经济学、语言学和心理学等方面起着重要的应用。集合论或集论是研究集合(由一堆抽象物件构成的整体)的数学理论,包含了集合、元素和成员关系等最基本的数学概念。在大多数现代数学的公式化中,集合论提供了要如何描述数学物件的语言。本部分从未定义的"集合"和"元素"两个概念出发,介绍有关集合论的一些基本知识,给出集合运算、关系、函数以及集合的基数等方面的知识,即通常所谓的"朴素的集合论"。这对大部分读者已经是足够的了,那些对集合的理论有进一步需求的读者,建议他们去研读有关公理集合论的专著。集合论在数学中占有一个独特的地位,它的基本概念已渗透到数学的所有领域。

第3章　集　　合

康托尔创建的集合论体系,在上个世纪初被发现存在着种种悖论。其中,罗素给出如下著名的悖论:"M 是由一切不属于自身的集合所构成的集合。"悖论产生的根源在于集合论无法研究"所有的集合组成的集合"。为了解决这类问题,数学家们提出了集合论的公理体系。但这部分内容对许多初学者来说会较为吃力,因此,本章只对集合运算、运算律,以及集合恒等式的证明等相关问题做简单的介绍。

3.1　集合的基本概念

1. 集合的表示

集合论从一个对象和集合之间的二元关系开始:若对象是集合的元素,可表示为对象属于集合。由于集合也是一个对象,因此上述关系也可以用在集合和集合的关系。集合(即通常所谓的"集体")是由它的元素(即通常所谓的"个体")构成的。集合通常用大写的英文字母表示,例如 $\mathbf{Z}$ 表示全体整数构成的集合,称为整数集;$\mathbf{Q}$ 表示全体有理数构成的集合,称为有理数集;$\mathbf{R}$ 表示全体实数构成的集合,称为实数集;$\mathbf{C}$ 表示全体复数构成的集合,称为复数集。常见集合专用字符的约定具体如下所示。

$\mathbf{N}$—自然数集合(非负整数集),　　I(或 $\mathbf{Z}$)—整数集合(I_+,I_-),

$\mathbf{Q}$—有理数集合($\mathbf{Q}_+$,$\mathbf{Q}_-$)[†],　$\mathbf{R}$—实数集合($\mathbf{R}_+$,$\mathbf{R}_-$),

$\mathbf{C}$—复数集合,　　　　　　　　　　F—分数集合(F_+,F_-),

P—素数集合,　　　　　　　　　　　　O—奇数集合,

E—偶数集合。

集合有两种常见的表示法:

(1)列举法:把集合中的元素一一列举出来。例如

$$字母集\ A = \{a,b,c,\cdots,z\},$$
$$整数集\ \mathbf{Z} = \{\cdots,-2,-1,0,1,2,\cdots\}。$$

(2)描述法:用文句来描述一个集合由哪些元素构成。即 $\{x \mid x\ 具有性质\ P\}$,通常也称作谓词法。例如

$$字母集\ A = \{x \mid x\ 是英文字母\},$$

---

† 脚标＋和－是对正、负的区分

集合 $A = \{x \mid x^2 - 1 = 0 \wedge x \in \mathbf{R}\}$。

一般来说,集合的元素可以是任何类型的事物,但集合的元素构成具有以下共性:互异性(即各不相同),无序性(即不考虑顺序),确定性(即元素是明确的,不是模棱两可的)。集合也可以没有元素,例如平方等于 2 的有理数的集合,既大于 1 又小于 2 的整数的集合都没有任何元素。这种没有元素的集合我们称之为空集,记作 $\varnothing$。此外,由一个元素构成的集合,我们常称为单点集。当集合 A 中元素个数有限时,称 A 有限集,否则称为无限集。

2. 常用符号

以下是一些常用的符号:

$\in$ 表示元素与集合的关系,如 $a \in A$,读作 a 属于 A,表示 a 是集合 A 的元素。

$\subseteq$ 表示集合与集合的关系,如 $A \subseteq B$(等价于 $\forall x(x \in A \to x \in B)$),读作 A 包含于 B,表示 A 是 B 的子集。

$\supseteq$ 表示与上述相反的含义。

$=$ 表示两个集合相等,如 $A = B$,(等价于 $A \subseteq B \wedge B \subseteq A$),读作 A 等于 B。

$\subset$ 设 A, B 为集合,$A \subseteq B$,但 $A \neq B$,则 $A \subset B$,读作 A 真包含于 B,表示 A 是 B 的真子集。

$\supset$ 表示与上述相反的含义。

注 (1) $\notin, \nsubseteq, \neq, \not\subset$ 分别读作"不属于","不包含于","不等于","不真包含于"。分别表示与上述对应相反的意思。

(2) 空集是一切集合的子集。

定义 3.1 设 A 为集合,称 A 的全体子集构成的集合称为 A 的幂集,记为 $P(A)$ 或 2^A。即 $P(A) = \{X \mid X \subseteq A\}$。

例 3.1 设 $A = \{1, 2, 3\}$,求 $P(A)$。

解 $P(A) = \{\varnothing, \{1\}, \{2\}, \{3\}, \{1,2\}, \{1,3\}, \{2,3\}, \{1,2,3\}\}$。

定理 3.1 如果有限集 A 有 n 个元素,则其幂集 $P(A)$ 有 2^n 个元素。

证明 A 的所有由 k 个元素组成的子集数为从 n 个元素中取 k 个的组合数

$$\mathrm{C}_n^k = \frac{n(n-1)(n-2)\cdots(n-k+1)}{k!}。$$

另外,因 $\varnothing \subseteq A$,故 $P(A)$ 的元素个数 N 可表示为

$$N = 1 + \mathrm{C}_n^1 + \mathrm{C}_n^2 + \cdots + \mathrm{C}_n^k + \cdots + \mathrm{C}_n^n = \sum_{k=0}^{n} \mathrm{C}_n^k。$$

又因 $(x+y)^n = \sum_{k=0}^{n} \mathrm{C}_n^k x^k y^{n-k}$,令 $x = y = 1$,得 $2^n = \sum_{k=0}^{n} \mathrm{C}_n^k$,故 $P(A)$ 的元素个数是 2^n。

例 3.2 证明:对于"M 是由一切不属于自身的集合所构成的集合",这样的集合 M 不存在。

证明 用反证法证明。假设存在这样的集合,即

$$M = \{x \mid x \text{ 是一个集合} \wedge x \notin x\}.$$

下面考虑集合 M 本身,(1)若集合 $M \in M$,则由集合 M 的定义,有 $M \notin M$,矛盾。(2)若集合 $M \notin M$,则由集合 M 的定义,有 $M \in M$,矛盾。由(1)、(2)可知,集合 M 是不存在的。

为了体系上的严谨性,一般规定:对任何集合 A 都有 $A \notin A$。

定义 3.2 在一个具体问题中,如所涉及的集合都是某个集合的子集,则称这个集合为全集,记作 E。

全集的选择具有相对性,可根据需要选择不同的集合,但在同一系统中前后要保证其统一,不能前后出现两个全集。

3.2 集合的基本运算

1. 集合的二元运算

给定集合 A 和 B,通过在集合之间的下列运算可以生成新的集合。

定义 3.3 设 A, B 为集合,构造下列运算:

A 与 B 的并 $\qquad\qquad A \cup B = \{x \mid x \in A \vee x \in B\};$

A 与 B 的交 $\qquad\qquad A \cap B = \{x \mid x \in A \wedge x \in B\};$

A 与 B 的差 $\qquad\qquad A - B = \{x \mid x \in A \wedge x \notin B\};$

A 与 B 的对称差 $\qquad A \oplus B = (A - B) \cup (B - A).$

说明 (1)两个集合交或并可以推广到 n 个集合、无穷多个集合的交或并。

$A_1 \cup A_2 \cup \cdots \cup A_n = \{x \mid x \in A_1 \vee x \in A_2 \vee \cdots \vee x \in A_n\};$

$A_1 \cap A_2 \cap \cdots \cap A_n = \{x \mid x \in A_1 \wedge x \in A_2 \wedge \cdots \wedge x \in A_n\};$

$A_1 \cup A_2 \cup \cdots \cup A_n \cup \cdots = \{x \mid x \in A_1 \vee x \in A_2 \vee \cdots \vee x \in A_n \vee \cdots\};$

$A_1 \cap A_2 \cap \cdots \cap A_n \cap \cdots = \{x \mid x \in A_1 \wedge x \in A_2 \wedge \cdots \wedge x \in A_n \wedge \cdots\}.$

以上集合可以简单记作 $\displaystyle\bigcup_{i=1}^{n} A_i, \bigcap_{i=1}^{n} A_i, \bigcup_{i=1}^{\infty} A_i, \bigcap_{i=1}^{\infty} A_i$。

(2) A 与 B 的交集为空集,以后常称它们不交或相交为空。空集用 $\varnothing$ 表示。

(3) $A \oplus \varnothing = A, A \oplus A = \varnothing$。

(4) $E - A \xlongequal{\text{def}} \widetilde{A}$,表示集合 A 在集合 E 中的补集。

(5) $A - B = A \cap \widetilde{B}$。

例 3.3 设 $A = \{a, b, c\}, B = \{b, c\}$,求 $A \cup B, A \cap B, A - B, A \oplus B$。

解 $A \bigcup B = \{a,b,c\}$,

　　$A \bigcap B = \{b,c\}$,

　　$A - B = \{a\}$,

　　$A \oplus B = \{a\}$。

2. 文氏图

集合之间的相互关系和有关的运算结果可以用文氏图给予形象的描述。文氏图的构造如下：先画个大矩形表示全集 E，其次在矩形内画些圆，用圆的内部表示某个集合。图 3.1 是集合间的某种关系和运算的具体实例。

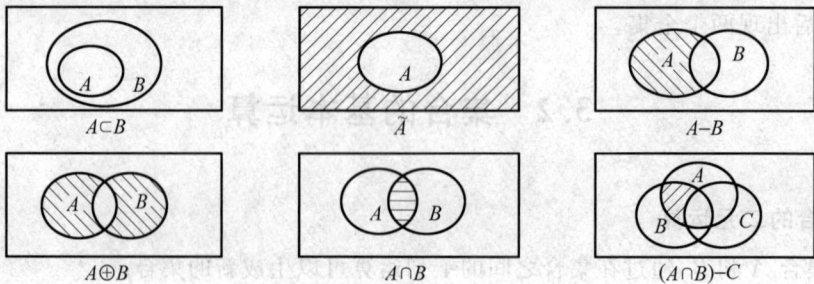

图　3.1

集合的交、并、补等运算大家都比较熟悉，它们的性质这里不再赘述，根据对称差的定义容易推得如下性质：

(1) $A \oplus B = B \oplus A$;

(2) $A \oplus \varnothing = A$;

(3) $A \oplus A = \varnothing$;

(4) $A \oplus B = (A \bigcap \widetilde{B}) \bigcup (\widetilde{A} \bigcap B)$;

(5) $(A \oplus B) \oplus C = A \oplus (B \oplus C)$。

对称差运算的结合性亦可用图 3.2 说明。

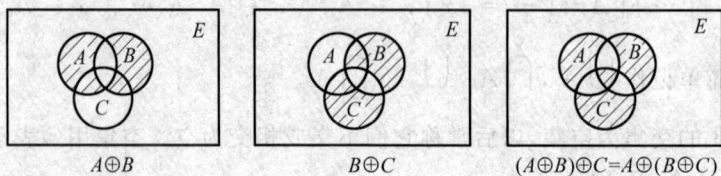

图　3.2

3. 集合的一元运算

以上运算是多个集合间的运算，下面介绍建立在一个集合上的几类运算。

定义 3.4 设 E 为全集，$A \subseteq E$，则称 $\widetilde{A}$ 为 A 的补集，其中

$$\widetilde{A} = \{x \mid x \in E \land x \notin A\} \text{ 或 } \widetilde{A} = \{x \mid x \notin A\}。$$

定义 3.5 设 S 为集合，S 的元素的元素构成的集合称为 S 的广义并，记为 $\bigcup S$，其中

$$\bigcup S = \{x \mid \exists z (z \in S \land x \in z)\}。$$

定义 3.6 设 S 非空集合，S 的元素的公共元素构成的集合称为 S 的广义交，记为 $\bigcap S$，其中

$$\bigcap S = \{x \mid \forall z (z \in S \to x \in z)\}。$$

说明 （1）规定 $\bigcup \varnothing = \varnothing$，$\bigcap \varnothing$ 无意义。

（2）若 $S = \{S_1, S_2, \cdots, S_n\}$，则由定义不难证明

$$\bigcup S = S_1 \cup S_2 \cup \cdots \cup S_n, \quad \bigcap S = S_1 \cap S_2 \cap \cdots \cap S_n。$$

（3）并运算和广义并运算的运算符相同，但前者是二元运算，后者是一元运算，因此在运算过程中不会对运算符 $\cup$ 产生误解。

例 3.4 设集合 $A = \{\{a,b,c\}, \{a,c,d\}, \{a,c,e\}\}$，求 $\bigcup A, \bigcap A, \bigcup \bigcup A, \bigcap \bigcap A, \bigcup \bigcap A, \bigcap \bigcup A$。

解 $\bigcup A = \{a,b,c,d,e\}$，

$\bigcap A = \{a,c\}$，

$\bigcup \bigcup A = a \cup b \cup c \cup d \cup e$，

$\bigcap \bigcap A = a \cap c$，

$\bigcup \bigcap A = a \cup c$，

$\bigcap \bigcup A = a \cap b \cap c \cap d \cap e$。

4. 优先级

为了简单确定的表达各类集合表达式，我们规定集合运算的优先级如下：

一元运算符（补集，幂集，广义并，广义交）优先于二元运算符（差集，并集，交集，对称差，笛卡儿积）；二元运算符优先于集合关系符（$\in$，$\subseteq$，$=$，$\subset$）。

此外，许多集合表达式里还使用到联结词、逻辑关系符以及括号，我们规定：

（1）集合运算优先于逻辑运算。

（2）括号内优先于括号外。

（3）同一括号内，同一优先级按从左至右运算。

3.3 集合恒等式

1. 运算律

任何代数运算都要遵从一定的运算规律，集合间的运算也满足许多运算规律，下面给出

的集合恒等式是集合运算的主要运算律。

　　幂等律：$A\cup A=A,A\cap A=A$；

　　同一律：$A\cup\varnothing=A,A\cap E=A$；

　　零律：$A\cup E=E,A\cap\varnothing=\varnothing$；

　　结合律：$(A\cup B)\cup C=A\cup(B\cup C),(A\cap B)\cap C=A\cap(B\cap C)$；

　　交换律：$A\cup B=B\cup A,A\cap B=B\cap A$；

　　分配律：$A\cup(B\cap C)=(A\cup B)\cap(A\cup C),A\cap(B\cup C)=(A\cap B)\cup(A\cap C)$；

　　排中律：$A\cup\widetilde{A}=E$；

　　矛盾律：$A\cap\widetilde{A}=\varnothing$；

　　吸收律：$A\cap(A\cup B)=A,A\cup(A\cap B)=A$；

　　摩根律：$\widetilde{A\cup B}=\widetilde{A}\cap\widetilde{B},\widetilde{A\cap B}=\widetilde{A}\cup\widetilde{B}$；

双重否定律：$\widetilde{\widetilde{A}}=A$。

2. 集合恒等式的证明

以上恒等式的证明，可采用命题逻辑的等值式证明，其基本思想是：

欲证 $A=B$，即证 $A\subseteq B\wedge B\subseteq A$，即证：$\forall x\in A\Rightarrow x\in B$，且 $\forall x\in B\Rightarrow x\in A$，即证：$\forall x\in A\Leftrightarrow\forall x\in B$。

例 3.5　证明下列集合恒等式。

(1) $A\cup(B\cap C)=(A\cup B)\cap(A\cup C)$；

(2) $A-B=A\cap\widetilde{B}$；

(3) $A-(B\cap C)=(A-B)\cup(A-C)$。

证明　(1) 对任意的 x，

$$x\in A\cup(B\cap C)$$
$$\Leftrightarrow x\in A\vee x\in(B\cap C)$$
$$\Leftrightarrow x\in A\vee(x\in B\wedge x\in C)$$
$$\Leftrightarrow(x\in A\vee x\in B)\wedge(x\in A\vee x\in C)$$
$$\Leftrightarrow x\in A\cup B\wedge x\in A\cup C$$
$$\Leftrightarrow x\in(A\cup B)\cap(A\cup C)。$$

(2) 对任意的 x，

$$x\in A-B\Leftrightarrow x\in A\wedge x\notin B\Leftrightarrow x\in A\wedge x\in\widetilde{B}\Leftrightarrow x\in(A\cap\widetilde{B})。$$

(3) 对任意的 x，

$$x \in A-(B \cap C)$$
$$\Leftrightarrow x \in A \wedge x \notin (B \cap C)$$
$$\Leftrightarrow x \in A \wedge x \in \widetilde{(B \cap C)}$$
$$\Leftrightarrow x \in A \wedge x \in (\widetilde{B} \cup \widetilde{C})$$
$$\Leftrightarrow x \in A \wedge (x \in \widetilde{B} \vee x \in \widetilde{C})$$
$$\Leftrightarrow (x \in A \wedge x \in \widetilde{B}) \vee (x \in A \wedge x \in \widetilde{C})$$
$$\Leftrightarrow x \in (A-B) \vee x \in (A-C)$$
$$\Leftrightarrow x \in (A-B) \cup (A-C)。$$

集合恒等式的证明一般可以采用命题逻辑的等值式的方法,也可以利用以上恒等式直接证明。

例 3.6 证明:$A \oplus B = (A \cup B) - (A \cap B)$。

证明
$$A \oplus B = (A-B) \cup (B-A)$$
$$= (A \cap \widetilde{B}) \cup (B \cap \widetilde{A})$$
$$= (A \cup B) \cap (A \cup \widetilde{A}) \cap (\widetilde{B} \cup B) \cap (\widetilde{B} \cup \widetilde{A})$$
$$= (A \cup B) \cap (\widetilde{A \cap B})$$
$$= (A \cup B) - (A \cap B)。$$

例 3.7 证明:$A \subseteq B \Leftrightarrow P(A) \subseteq P(B)$。

证明 (1) 必要性。对任意的 x,
$$x \in P(A) \Rightarrow x \subseteq A \Rightarrow x \subseteq B \Rightarrow x \in P(B),因此,P(A) \subseteq P(B)。$$
(2) 充分性。对任意的 x,
$$x \in A \Rightarrow \{x\} \subseteq A \Rightarrow \{x\} \in P(A) \Rightarrow \{x\} \in P(B) \Rightarrow \{x\} \subseteq B \Rightarrow x \in B,$$
因此,$A \subseteq B$。结论得证。

例 3.8 证明:对任意的集合 A,有 $\bigcup P(A) = A$。

证明 对任意的 x,
$$x \in \bigcup P(A) \Leftrightarrow \exists y (x \in y \wedge y \in P(A))$$
$$\Leftrightarrow \exists y (x \in y \wedge y \subseteq A)$$
$$\Leftrightarrow x \in A,$$
所以 $\bigcup P(A) = A$ 成立。

除了以上关于集合运算的关系式以外,还有许多集合运算性质的重要结果,以下列出部分表达式,请读者自己完成证明。
$$A-B = A-(A \cap B);$$
$$A \cup B = A \cup (B-A);$$
$$A \oplus (A \oplus B) = B;$$

$(A \subseteq B) \wedge (C \subseteq D) \Rightarrow (A-D) \subseteq (B-C)$；

$A = B \Leftrightarrow P(A) = P(B)$；

$P(A) \cap P(B) = P(A \cap B)$；

$P(A) \cup P(B) \subseteq P(A \cup B)$。

习　题　3

1. 列出下列集合的元素：

(1) 大于 0 小于 10 的全体素数的集合；

(2) $\{\langle x,y \rangle \mid x,y \in \mathbf{N} \wedge 0 \leqslant x \leqslant 2 \wedge 3 \leqslant y \leqslant 5 \wedge x+y=5\}$。

2. 用描述法表示下列集合：

(1) $\{2,4,6,8,10,\cdots\}$；

(2) $\{10,20,30,40,\cdots\}$。

3. 判断下列命题是否为真：

(1) $\varnothing \in \varnothing$；　　　　　　　　　　(2) $\varnothing \subseteq \varnothing$；

(3) $\varnothing \in \{\varnothing\}$；　　　　　　　　　(4) $\varnothing \subseteq \{\varnothing\}$；

(5) $\{a\} \in \{a,\{a\}\}$；　　　　　　　(6) $\{a\} \subseteq \{a,\{a\}\}$。

4. 单项选择题

(1) 若集合 $A=\{a,b\}$，$B=\{a,b,\{a,b\}\}$，则（　　　）。

　　A. $A \subset B$，且 $A \in B$　　　　　　　　B. $A \in B$，但 $A \not\subset B$

　　C. $A \subset B$，但 $A \notin B$　　　　　　　D. $A \not\subset B$，且 $A \notin B$

(2) 若集合 $A=\{2,a,\{a\},4\}$，则下列表述正确的是（　　　）。

　　A. $\{a,\{a\}\} \in A$　　　B. $\{a\} \subseteq A$　　　C. $\{2\} \in A$　　　D. $\varnothing \in A$

(3) 若集合 $A=\{a,\{a\},\{1,2\}\}$，则下列表述正确的是（　　　）。

　　A. $\{a,\{a\}\} \in A$　　　B. $\{2\} \subseteq A$　　　C. $\{a\} \subseteq A$　　　D. $\varnothing \in A$

(4) 若集合 $A=\{a,b,\{1,2\}\}$，$B=\{1,2\}$，则（　　　）。

　　A. $B \subset A$，且 $B \in A$　　　　　　　　B. $B \in A$，但 $B \not\subset A$

　　C. $B \subset A$，但 $B \notin A$　　　　　　　D. $B \not\subset A$，且 $B \notin A$

(5) 设集合 $A = \{1,a\}$，则 $P(A) =$（　　　）。

　　A. $\{\{1\},\{a\}\}$　　　　　　　　　　B. $\{\varnothing,\{1\},\{a\}\}$

　　C. $\{\varnothing,\{1\},\{a\},\{1,a\}\}$　　　　D. $\{\{1\},\{a\},\{1,a\}\}$

(6) 若集合 A 的元素个数为 10，则其幂集的元素个数为（　　　）。

　　A. 1024　　　　　　B. 10　　　　　　C. 100　　　　　　D. 1

5. 求下列集合的幂集。

(1)$\{1,2,3\}$；　　　　(2) $\{\varnothing,\{\varnothing\}\}$；　　　　(3) $\{a,\{a,b\}\}$。

6. 设 $E=\{1,2,3,4,5\}$，$A=\{1,5\}$，$B=\{2,3,5\}$，$C=\{2,4\}$，求下列集合：

(1) $A\cap\widetilde{B}$；   (2) $(A\cup B)-C$；   (3) $P(A)-P(C)$；   (4) $A\oplus\widetilde{C}$。

7. 设 $A=\{\{a\},\{a,b,c\},\{b,d\},\{c,e\}\}$，求下列集合：

(1) $\bigcup A$；   (2) $\bigcap A$；   (3) $\bigcup\bigcup A$；

(4) $\bigcap\bigcap A$；   (5) $\bigcup\bigcap A$；   (6) $\bigcap\bigcup A$。

8. 画出下列集合的文氏图：

(1) $\widetilde{A}\cap\widetilde{B}$；   (2) $(A\cup B)-C$；   (3) $(A\oplus B)\cup C$。

9. 证明下列集合等式：

(1) $(A-B)-C=(A-C)-B$；   (2) $A-(B\cup C)=(A-B)\cap(A-C)$；

(3) $A-C\subseteq(A-B)\cup(B-C)$；   (4) $A\cap(B\cup\widetilde{A})=A\cap B$。

10. 设 A,B,C 为任意集合，已知 $A\oplus B=A\oplus C$，证明：$B=C$。

第4章 二元关系和函数

当康托尔的集合论在数学中占有重要地位以后,函数的定义得以通过集合概念进一步具体化了,且打破了"变量是数"的限制,变量可以是数,也可以是其他对象。在第 3 章集合知识的基础上,本章主要讨论可以以集合形式表示的二元关系,并借助矩阵和图两个重要工具,对关系的运算、性质、闭包以及两种重要的二元关系——等价关系和偏序关系作详尽的分析。进一步在二元关系的基础上建立函数概念,并讨论函数的复合及逆运算,最后对集合的基数作简单的介绍。

4.1 二 元 关 系

1. 笛卡儿积

在日常生活中,有许多事物是成对出现的,而且这种成对出现的事物,具有一定的顺序。例如,$1<2$,重庆地处中国西部,平面上点的坐标等。一般的说,两个具有固定次序的客体组成一个序偶,记作 $\langle x,y \rangle$。上述各例可分别表示为 $\langle 1,2 \rangle$;$\langle$重庆,中国西部$\rangle$;$\langle a,b \rangle$ 等。序偶 $\langle a,b \rangle$ 中两个元素不一定来自同一个集合,它们可以代表不同类型的事物。例如,a 代表操作码,b 代表地址码,则序偶 $\langle a,b \rangle$ 就代表一条单地址指令;当然亦可将 a 代表地址码,b 代表操作码,$\langle a,b \rangle$ 仍代表一条单地址指令。但上述这种约定,一经确定,序偶的次序就不能再予以变化了。在序偶 $\langle a,b \rangle$ 中,a 称为第一元素,b 称为第二元素。

定义 4.1 设 A,B 为集合,用 A 中元素为第一元素,B 元素为第二元素构成有序对,所有这样的有序对组成的集合叫 A 和 B 的笛卡儿积,记作 $A \times B$。笛卡儿积的符合化表示为
$$A \times B = \{\langle x,y \rangle \,|\, x \in A \wedge y \in B\}.$$

说明 (1)区别于第 3 章介绍的集合间的交集、并集、差集运算,A 和 B 的笛卡儿积运算改变了集合元素的形态。

(2)A 与 B 的笛卡儿积的元素要考虑顺序,$\langle x,y \rangle$ 为有序对,通常称为序偶,即只有当 $x=y$ 时,才有 $\langle x,y \rangle = \langle y,x \rangle$ 成立。

(3)笛卡儿积具有如下性质:

① 对任意集合 A,有 $A \times \varnothing = \varnothing$,$\varnothing \times A = \varnothing$。

② 一般地,笛卡儿积运算不满足交换律,即 $A \times B \neq B \times A$。

③ 笛卡儿积运算不满足结合律,即 $(A \times B) \times C \neq A \times (B \times C)$。

④ 笛卡儿积运算对并和交运算满足分配律,即

$$A \times (B \bigcup C) = (A \times B) \bigcup (A \times C);$$
$$(B \bigcup C) \times A = (B \times A) \bigcup (C \times A);$$
$$A \times (B \bigcap C) = (A \times B) \bigcap (A \times C);$$
$$(B \bigcap C) \times A = (B \times A) \bigcap (C \times A)。$$

下面证明第一式,其他留给读者自己证明。

证明 对任意的 $\langle x, y \rangle$,有

$$\langle x, y \rangle \in A \times (B \bigcup C)$$
$$\Leftrightarrow x \in A \wedge y \in (B \bigcup C)$$
$$\Leftrightarrow x \in A \wedge (y \in B \vee y \in C)$$
$$\Leftrightarrow (x \in A \wedge y \in B) \vee (x \in A \wedge y \in C)$$
$$\Leftrightarrow \langle x, y \rangle \in A \times B \vee \langle x, y \rangle \in A \times C$$
$$\Leftrightarrow \langle x, y \rangle \in (A \times B) \bigcup (A \times C)。$$

例 4.1 已知集合 $A = \{0, 1\}$,求 $A \times P(A)$。

解 $A \times P(A) = \{\langle 0, \varnothing \rangle, \langle 0, \{0\} \rangle, \langle 0, \{1\} \rangle, \langle 0, \{0, 1\} \rangle, \langle 1, \varnothing \rangle, \langle 1, \{0\} \rangle, \langle 1, \{1\} \rangle, \langle 1, \{0, 1\} \rangle\}$。

一般地,有序 n 元组定义为 $\langle x_1, x_2, \cdots, x_{n-1}, x_n \rangle = \langle \langle x_1, x_2, \cdots, x_{n-1} \rangle, x_n \rangle$。且 $\langle x_1, x_2, \cdots, x_n \rangle = \langle y_1, y_2, \cdots, y_n \rangle \Leftrightarrow x_1 = y_1 \wedge x_2 = y_2 \wedge \cdots \wedge x_n = y_n$。有序 n 元组 $\langle x_1, x_2, \cdots, x_n \rangle$ 中的 x_i 称作有序 n 元组的第 i 个坐标。如有序三元组也是一个序偶,其第一元素本身也是一个序偶,可形式化表示为 $\langle \langle x, y \rangle, z \rangle$。由序偶相等的定义,可以知道 $\langle \langle x, y \rangle, z \rangle = \langle \langle u, v \rangle, w \rangle$ 当且仅当 $\langle x, y \rangle = \langle u, v \rangle, z = w$,即 $x = u, y = v, z = w$,我们约定有序三元组可记作 $\langle x, y, z \rangle$。注意,$\langle \langle x, y \rangle, z \rangle \neq \langle x, \langle y, z \rangle \rangle$,因为 $\langle x, \langle y, z \rangle \rangle$ 不是有序三元组。

2. 二元关系的概念

给定集合 A,我们可以以集合的形式给出集合 A 上的元素之间的一些关系,而且这些集合都是 $A \times A$ 的子集。

例 4.2 设 $A = \{1, 2, 3, 4\}$,试用列举法表示出下述 A 上元素之间的关系。

(1) y 整除 x;(2) $x \leqslant y$;(3) $x/y \in A$。

解 (1) $\{\langle x, y \rangle | y$ 整除 $x\} = \{\langle 1, 1 \rangle, \langle 2, 1 \rangle, \langle 3, 1 \rangle, \langle 4, 1 \rangle, \langle 2, 2 \rangle, \langle 4, 2 \rangle, \langle 3, 3 \rangle, \langle 4, 4 \rangle\}$;

(2) $\{\langle x, y \rangle | x \leqslant y\} = \{\langle 1, 1 \rangle, \langle 1, 2 \rangle, \langle 1, 3 \rangle, \langle 1, 4 \rangle, \langle 2, 2 \rangle, \langle 2, 3 \rangle, \langle 2, 4 \rangle, \langle 3, 3 \rangle, \langle 3, 4 \rangle, \langle 4, 4 \rangle\}$;

(3) $\{\langle x, y \rangle | x/y \in A\} = \{\langle 1, 1 \rangle, \langle 2, 1 \rangle, \langle 2, 2 \rangle, \langle 3, 1 \rangle, \langle 3, 3 \rangle, \langle 4, 1 \rangle, \langle 4, 2 \rangle, \langle 4, 4 \rangle\}$。

例 4.3 设 A, B 和 C 为三个非空集合,则有 $A \subseteq B \Leftrightarrow A \times C \subseteq B \times C \Leftrightarrow C \times A \subseteq C \times B$。

证明 设 $A\subseteq B$,对任意的 $\langle x,y\rangle$,有

$$\langle x,y\rangle\in A\times C\Rightarrow x\in A\wedge y\in C\Rightarrow x\in B\wedge y\in C\Leftrightarrow\langle x,y\rangle\in B\times C。$$

因此 $A\times C\subseteq B\times C$。

反之,若 $A\times C\subseteq B\times C$,取 $y\in C$,则对 $\forall x$,有

$$x\in A\Leftrightarrow x\in A\wedge y\in C\Leftrightarrow\langle x,y\rangle\in A\times C\Rightarrow\langle x,y\rangle\in B\times C\Rightarrow x\in B\wedge y\in C\Rightarrow x\in B。$$

因此,$A\subseteq B$。

$A\subseteq B\Leftrightarrow C\times A\subseteq C\times B$ 的证明类似,留给读者完成。

例4.4 设 A,B,C 和 D 为四个非空集合,则 $A\times B\subseteq C\times D$ 的充要条件为 $A\subseteq C$ 且 $B\subseteq D$。

证明 若 $A\times B\subseteq C\times D$,对任意的 $x\in A,y\in B$,有

$$(x\in A)\wedge(y\in B)\Leftrightarrow\langle x,y\rangle\in A\times B\Rightarrow\langle x,y\rangle\in C\times D$$
$$\Rightarrow(x\in C)\wedge(y\in D),$$

即 $A\subseteq C,B\subseteq D$。

反之,若 $A\subseteq C$ 且 $B\subseteq D$,对任意 $\langle x,y\rangle\in A\times B$,有

$$\langle x,y\rangle\in A\times B\Leftrightarrow(x\in A)\wedge(y\in B)$$
$$\Rightarrow(x\in C)\wedge(y\in D)$$
$$\Rightarrow\langle x,y\rangle\in C\times D,$$

因此 $A\times B\subseteq C\times D$。

对于有限个集合可以进行多次笛卡儿积运算。为了与有序 n 元组一致,我们约定:

$$A_1\times A_2\times A_3=(A_1\times A_2)\times A_3,$$
$$A_1\times A_2\times A_3\times A_4=(A_1\times A_2\times A_3)\times A_4$$
$$=((A_1\times A_2)\times A_3)\times A_4。$$

一般地,$A_1\times A_2\times\cdots\times A_n=(A_1\times A_2\times\cdots\times A_{n-1})\times A_n$

$$=\{\langle x_1,x_2,\cdots,x_n\rangle\mid x_1\in A_1\wedge x_2\in A_2\wedge\cdots\wedge x_n\in A_n\},$$

故 $A_1\times A_2\times\cdots\times A_n$ 是有序 n 元组构成的集合。

特别地,同一集合的 n 次直积 $\underbrace{A\times A\times\cdots\times A}_{n}$,记为 A^n,这里 $A^n=A^{n-1}\times A$。

在日常生活中我们都熟悉关系这个词的含义,例如,父子关系、上下级关系、同学关系等。序偶可以表达两个客体、三个客体或 n 个客体之间的联系,因此可以用序偶表达关系这个概念。例如,电影票与位置之间有对号关系。设 X 表示电影票的集合,Y 表示位置的集合,则对于任意的 $x\in X$ 和 $y\in Y$,必有 x 与 y 有对号关系和 x 与 y 没有对号关系两种情况的一种。令 R 表示"对号"关系,则上述问题可以表达为 xRy 或 $x\bar{R}y$,亦可记为 $\langle x,y\rangle\in R$ 或 $\langle x,y\rangle\notin R$,因此,我们看到对号关系 R 是序偶的集合。一般地,我们可以考虑集合 A,B 间元素的某种关系,类似于集合 A 上的关系,也可以以集合的形式表示,而且这些集合都是 $A\times B$ 的子集。

定义 4.2 设 X,Y 是任意两个集合,则称笛卡儿积 $X \times Y$ 的任一子集为从 X 到 Y 的一个二元关系。二元关系亦简称关系,记为 $R,R \subseteq X \times Y$。特别当 $X = Y$ 时,则称作 X 上的二元关系,简称关系。

一般把关系记作 R,若 $\langle x,y \rangle \in R$,可记作 xRy,若 $\langle x,y \rangle \notin R$,则记作 $x\cancel{R}y$。

对于任何集合 A,空集 $\varnothing$ 和 $A \times A$ 都是 $A \times A$ 的子集,分别称作集合 A 上空关系 $\varnothing$ 和全域关系。在集合之间,可以根据需要建立起具有相应约束条件的各类关系,常见的如大于关系、整除关系、包含关系等。

例 4.5 设 $A = \{a,b\}$,$B = \{2,5,8\}$,则

$$A \times B = \{\langle a,2 \rangle, \langle a,5 \rangle, \langle a,8 \rangle, \langle b,2 \rangle, \langle b,5 \rangle, \langle b,8 \rangle\}.$$

令

$$R_1 = \{\langle a,2 \rangle, \langle a,8 \rangle, \langle b,2 \rangle\}, R_2 = \{\langle a,5 \rangle, \langle b,2 \rangle, \langle b,5 \rangle\}, R_3 = \{\langle a,2 \rangle\}.$$

因为 $R_1 \subseteq A \times B$,$R_2 \subseteq A \times B$,$R_3 \subseteq A \times B$,所以 R_1,R_2 和 R_3 均是由 A 到 B 的关系。

3. 二元关系的表示

关系除了用集合形式表示外,还可以用关系矩阵和关系图来表示。

(1) 集合表示

由于关系也是一种特殊的集合,所以集合的两种基本的表示法也可以用到关系的表示中,即可用列举法和描述法来表示关系。例如:

① $R = \{\langle 1,1 \rangle, \langle 2,1 \rangle, \langle 3,1 \rangle, \langle 4,1 \rangle, \langle 2,2 \rangle, \langle 4,2 \rangle, \langle 3,3 \rangle, \langle 4,4 \rangle\}$;

② $R = \{\langle x,y \rangle \mid x$ 是 y 的倍数$\}$。

(2) 矩阵表示

用矩阵表示关系,便于用代数方法研究关系的性质,也便于用计算机进行处理。给定集合 $A = \{a_1, a_2, \cdots, a_n\}$,集合 $B = \{b_1, b_2, \cdots, b_m\}$,设 R 为从 A 到 B 的一个二元关系,下面构造一个 $n \times m$ 矩阵,用来表示关系 R。

用集合 A 的元素标注矩阵的行,用集合 B 的元素标注矩阵的列,对于 $a_i \in A$,$b_j \in B$,若 $\langle a_i, b_j \rangle \in R$,则在 i 行和 j 列交叉处标 1,否则标 0。这样得到的矩阵称为 R 的关系矩阵,记做 $\boldsymbol{M}_R$,即 $\boldsymbol{M}_R = (m_{ij})_{n \times m}$,其中

$$m_{ij} = \begin{cases} 1, & \langle a_i, b_j \rangle \in R, \\ 0, & \langle a_i, b_j \rangle \notin R. \end{cases}$$

当 R 为集合 A 上的关系时,$\boldsymbol{M}_R$ 为方阵。

(3) 关系图表示

有限集的二元关系还可以用关系图来表示,设集合 $A = \{a_1, a_2, \cdots, a_n\}$,$B = \{b_1, b_2, \cdots, b_m\}$,$R$ 为从 A 到 B 的一个二元关系,可以采用如下方法表示关系 R:

① 在平面上作出 n 个点,分别记作 $a_1, a_2, \cdots, a_n$。

② 再在平面上作出 m 个点,分别记作 $b_1, b_2, \cdots, b_m$。

③ 如果 $a_i \in A, b_j \in B$ 且 $\langle a_i, b_j \rangle \in R$，则自结点 a_i 到结点 b_j 作出一条有向弧，其箭头指向 b_j。如果 $\langle a_i, b_j \rangle \notin R$，则结点 a_i 和结点 b_j 之间没有线段联结。

用这种方法得到的图称为 R 的关系图，记做 G_R。对于集合 A 上的关系 R，G_R 可以仅以 A 的元素为顶点做出。

例 4.6   设集合 $A = \{1,2,3,4,5\}$，$B = \{a,b,c\}$，R 是 A 到 B 上的关系 $R = \{\langle 1,a \rangle, \langle 2, b \rangle, \langle 3, a \rangle\}$，试以关系矩阵和关系图来表示关系 R。

解 （1）关系矩阵为 $\begin{bmatrix} 1 & 0 & 0 \\ 0 & 1 & 0 \\ 1 & 0 & 0 \\ 0 & 0 & 0 \\ 0 & 0 & 0 \end{bmatrix}$。

（2）关系图见图 4.1。

例 4.7   设集合 $A = \{a,b,c,d\}$，R 是 A 上的关系，$R = \{\langle a,a \rangle, \langle a,b \rangle, \langle a,c \rangle, \langle b,c \rangle, \langle d,c \rangle, \langle d,d \rangle\}$，试以关系矩阵和关系图来表示关系 R。

解 （1）关系矩阵为 $\begin{bmatrix} 1 & 1 & 1 & 0 \\ 0 & 0 & 1 & 0 \\ 0 & 0 & 0 & 0 \\ 0 & 0 & 1 & 1 \end{bmatrix}$。

（2）关系图见图 4.2。

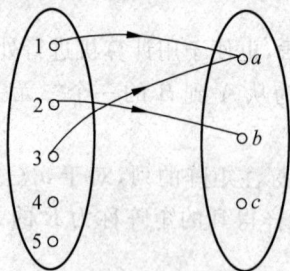

图 4.1

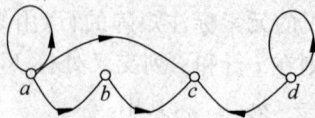

图 4.2

4.2 关系的运算

1. 二元关系的域

关系作为集合，除满足集合的基本运算（交、并、差、补）之外，还可以建立如下几类新的运算。

定义 4.3 设 R 是二元关系。

(1) R 中所有的有序对的第一元素构成的集合称为 R 的定义域,记作 $\text{dom}(R)$,即
$$\text{dom}(R) = \{x \mid \exists y (\langle x, y \rangle \in R)\}。$$

(2) R 中所有的有序对的第二元素构成的集合称为 R 的值域,记作 $\text{ran}(R)$,即
$$\text{ran}(R) = \{y \mid \exists x (\langle x, y \rangle \in R)\}。$$

(3) R 的定义域和值域的并集称为 R 的域,记作 $\text{fld}(R)$,即
$$\text{fld}(R) = \text{dom}(R) \bigcup \text{ran}(R)。$$

例 4.8 设 $R = \{\langle 1,1 \rangle, \langle 1,4 \rangle, \langle 2,2 \rangle, \langle 3,3 \rangle\}$,则
$$\text{dom}(R) = \{1,2,3\}, \text{ran}(R) = \{1,2,3,4\}, \text{fld}(R) = \{1,2,3,4\}。$$

定义 4.4 设 R 为二元关系,A 是集合。

(1) R 在 A 上的限制,记作 $R \upharpoonright A$,其中 $R \upharpoonright A = \{\langle x, y \rangle \mid xRy \wedge x \in A\}$。

(2) A 在 R 下的像,记作 $R[A]$,其中 $R[A] = \text{ran}(R \upharpoonright A)$。

从定义容易得出 $R \upharpoonright A \subseteq R, R[A] \subseteq \text{ran}(R)$。

例 4.9 设集合 $A = \{1,2,3,4\}$,R 是 A 上的关系,$R = \{\langle 1,1 \rangle, \langle 1,3 \rangle, \langle 2,4 \rangle, \langle 3,2 \rangle, \langle 3,4 \rangle, \langle 4,1 \rangle\}$,集合 $B = \{1,2,4\}$,试求 $R \upharpoonright B$ 及 $R[B]$。

解 $R \upharpoonright B = \{\langle 1,1 \rangle, \langle 1,3 \rangle, \langle 2,4 \rangle, \langle 4,1 \rangle\}, R[B] = \{1,3,4\}$。

2. 逆运算

定义 4.5 设 R 为二元关系,称 R^{-1} 为 R 的逆关系,其中
$$R^{-1} = \{\langle x, y \rangle \mid \langle y, x \rangle \in R\}。$$

逆关系的基本性质概括为如下定理。

定理 4.1 设 F 是任意关系,则

(1) $(F^{-1})^{-1} = F$;

(2) $\text{dom}(F^{-1}) = \text{ran}(F), \text{ran}(F^{-1}) = \text{dom}(F)$。

证明 (1) 对任意的 $\langle x, y \rangle$,有
$$\langle x, y \rangle \in (F^{-1})^{-1} \Leftrightarrow \langle y, x \rangle \in F^{-1} \Leftrightarrow \langle x, y \rangle \in F。$$

(2) 对任意的 y,有
$$y \in \text{dom}(F^{-1}) \Leftrightarrow \exists x (\langle y, x \rangle \in F^{-1}) \Leftrightarrow \exists x (\langle x, y \rangle \in F) \Leftrightarrow y \in \text{ran}(F)。$$

对任意的 x,有
$$x \in \text{ran}(F^{-1}) \Leftrightarrow \exists y (\langle y, x \rangle \in F^{-1}) \Leftrightarrow \exists y (\langle x, y \rangle \in F) \Leftrightarrow x \in \text{dom}(F)。$$

3. 复合运算

定义 4.6 设 F, G 为二元关系 G 对 F 的右复合记作 $F \circ G$,其中

$$F \circ G = \{\langle x,y \rangle \mid \exists t(\langle x,t \rangle \in F \land \langle t,y \rangle \in G)\}。$$

说明　(1) 本书采用右复合的规则,而有的教材采用左复合规则,两者都可行,只是需要注意它们的区别,从变换的角度来说,G 对 F 的右复合是先 F 变换后 G 变换,而 G 对 F 的左复合是先 G 变换后 F 变换。

(2) 一般来说,$F \circ G$ 不一定等于 $G \circ F$,请读者仔细注意其区别。

例 4.10　设 $F = \{\langle 3,3 \rangle, \langle 6,2 \rangle\}, G = \{\langle 2,3 \rangle\}$,求 $F \circ F, G \circ G, F \circ G$ 和 $G \circ F$。

解　$F \circ F = \{\langle 3,3 \rangle\}, G \circ G = \varnothing, F \circ G = \{\langle 6,3 \rangle\}, G \circ F = \{\langle 2,3 \rangle\}$。

定理 4.2　设 F, G, H 是任意的关系,则

(1) $(F \circ G) \circ H = F \circ (G \circ H)$;　(2) $(F \circ G)^{-1} = G^{-1} \circ F^{-1}$。

证明　(1) 对任意的 $\langle x,y \rangle$,有

$$\langle x,y \rangle \in (F \circ G) \circ H$$
$$\Leftrightarrow \exists t(\langle x,t \rangle \in F \circ G \land \langle t,y \rangle \in H)$$
$$\Leftrightarrow \exists t(\exists s(\langle x,s \rangle \in F \land \langle s,t \rangle \in G) \land \langle t,y \rangle \in H)$$
$$\Leftrightarrow \exists t \exists s((\langle x,s \rangle \in F \land \langle s,t \rangle \in G) \land \langle t,y \rangle \in H)$$
$$\Leftrightarrow \exists t \exists s(\langle x,s \rangle \in F \land (\langle s,t \rangle \in G \land \langle t,y \rangle \in H))$$
$$\Leftrightarrow \exists s(\langle x,s \rangle \in F \land \exists t(\langle s,t \rangle \in G \land \langle t,y \rangle \in H))$$
$$\Leftrightarrow \exists s(\langle x,s \rangle \in F \land \langle s,y \rangle \in G \circ H)$$
$$\Leftrightarrow \langle x,y \rangle \in F \circ (G \circ H)。$$

(2) 对任意的 $\langle x,y \rangle$,有

$$\langle x,y \rangle \in (F \circ G)^{-1}$$
$$\Leftrightarrow \langle y,x \rangle \in (F \circ G)$$
$$\Leftrightarrow \exists t(\langle y,t \rangle \in F \land \langle t,x \rangle \in G)$$
$$\Leftrightarrow \exists t(\langle t,y \rangle \in F^{-1} \land \langle x,t \rangle \in G^{-1})$$
$$\Leftrightarrow \langle x,y \rangle \in G^{-1} \circ F^{-1}。$$

定理 4.3　设 R 是 A 上的关系,则 $R \circ I_A = I_A \circ R = R$,其中 I_A 表示 A 上的恒等关系。

证明　下面只证明 $R \circ I_A = R$。$I_A \circ R = R$ 留给读者自己完成。对任意的 $\langle x,y \rangle$,有

$$\langle x,y \rangle \in R \circ I_A$$
$$\Leftrightarrow \exists t(\langle x,t \rangle \in R \land \langle t,y \rangle \in I_A)$$
$$\Leftrightarrow \exists t(\langle x,t \rangle \in R \land t = y)$$
$$\Leftrightarrow \langle x,y \rangle \in R。$$

定理 4.4 设 F,G,H 是任意的关系,则

(1) $F \circ (G \cup H) = F \circ G \cup F \circ H$;

(2) $(G \cup H) \circ F = G \circ F \cup H \circ F$;

(3) $F \circ (G \cap H) \subseteq F \circ G \cap F \circ H$;

(4) $(G \cap H) \circ F \subseteq G \circ F \cap H \circ F$.

证明 这里证明其中(1)和(3),其余留做习题。

(1) 对任意的 $\langle x,y \rangle$,有

$$\langle x,y \rangle \in F \circ (G \cup H)$$

$$\Leftrightarrow \exists t (\langle x,t \rangle \in F \wedge \langle t,y \rangle \in G \cup H)$$

$$\Leftrightarrow \exists t (\langle x,t \rangle \in F \wedge (\langle t,y \rangle \in G \vee \langle t,y \rangle \in H))$$

$$\Leftrightarrow \exists t ((\langle x,t \rangle \in F \wedge \langle t,y \rangle \in G) \vee (\langle x,t \rangle \in F \wedge \langle t,y \rangle \in H))$$

$$\Leftrightarrow \exists t (<x,t> \in F \wedge <t,y> \in G) \vee \exists t (<x,t> \in F \wedge <t,y> \in H)$$

$$\Leftrightarrow \langle x,y \rangle \in F \circ G \vee \langle x,y \rangle \in F \circ H$$

$$\Leftrightarrow \langle x,y \rangle \in F \circ G \cup F \circ H.$$

(3) 对任意的 $\langle x,y \rangle$,有

$$\langle x,y \rangle \in F \circ (G \cap H)$$

$$\Leftrightarrow \exists t (\langle x,t \rangle \in F \wedge \langle t,y \rangle \in G \cap H)$$

$$\Leftrightarrow \exists t (\langle x,t \rangle \in F \wedge (\langle t,y \rangle \in G \wedge \langle t,y \rangle \in H))$$

$$\Leftrightarrow \exists t ((\langle x,t \rangle \in F \wedge \langle t,y \rangle \in G) \wedge (\langle x,t \rangle \in F \wedge \langle t,y \rangle \in H))$$

$$\Rightarrow \exists t (\langle x,t \rangle \in F \wedge \langle t,y \rangle \in G) \wedge \exists t (\langle x,t \rangle \in F \wedge \langle t,y \rangle \in H)$$

$$\Leftrightarrow \langle x,y \rangle \in F \circ G \wedge \langle x,y \rangle \in F \circ H$$

$$\Leftrightarrow \langle x,y \rangle \in F \circ G \cap F \circ H.$$

下面介绍几种特殊而又非常重要的关系——空关系、全域关系和恒等关系等。

(1) 空关系:对任意集合 X,Y,$\varnothing \subseteq X \times Y$,$\varnothing \subseteq X \times X$,所以 $\varnothing$ 是由 X 到 Y 的关系,也是 X 上的关系,称为空关系。

(2) 全域关系:因为 $X \times Y \subseteq X \times Y$,$X \times X \subseteq X \times X$,所以 $X \times Y$ 是一个由 X 到 Y 的关系,称为由 X 到 Y 的全域关系。$X \times X$ 是 X 上的一个关系,称为 X 上的全域关系,通常记作 E_X。

(3) 恒等关系:设 I_X 是 X 上的二元关系且满足 $I_X = \{\langle x,x \rangle | x \in X\}$,则称 I_X 是 X 上的恒等关系。

例如,$A = \{1,2,3\}$,则 $I_A = \{\langle 1,1 \rangle, \langle 2,2 \rangle, \langle 3,3 \rangle\}$。

4. 幂运算

定义 4.7 设 R 为 A 上的关系,n 为自然数,则 R 的 n 次幂定义如下:

(1) $R^0 = \{\langle x,x \rangle | x \in A\} = I_A$;

(2) $R^{n+1} = R^n \circ R$.

关系有三种表示方法：集合表示法、关系矩阵表示法、关系图表示法。由这些不同的表示方法可以得到关系的相关运算的三种不同的运算方法：集合法、关系矩阵法、关系图法。

集合法   如已知 R 用集合形式表述，我们可以通过 R 的 $n-1$ 次的右复合得到 R^n。

关系矩阵法   给出 R 的关系矩阵 $\boldsymbol{M}$，其中的元素由 0 和 1 表示，我们在其元素 0 和 1 之间建立一种逻辑加法运算：

$$1+1=1, \quad 1+0=1, \quad 0+1=1, \quad 0+0=0。$$

如果 R 的关系矩阵为 $\boldsymbol{M}$，则 R^n 的关系矩阵为 $\boldsymbol{M}^n$，即 n 个矩阵 $\boldsymbol{M}$ 之积，与普通矩阵乘法规则一致，只是其中的元素之和采用以上的逻辑加。

关系图法   给出 R 的关系图 G，则 R^n 的关系图 G' 可由以下方法得到：以 G 的顶点集为顶点集；若从 x_i 出发经过 n 步到达顶点 x_j，则在 G' 中加一条从 x_i 到 x_j 的边，找遍所有的顶点，就得到图 G'。

例 4.11   已知集合 $A=\{a,b,c,d\}$，A 上的关系 $R=\{\langle a,b\rangle,\langle b,a\rangle,\langle b,c\rangle,\langle c,d\rangle\}$，求 R^2,R^3。

解   **方法一**   由复合定义知

$$R^2 = R\circ R = \{\langle a,a\rangle,\langle a,c\rangle,\langle b,b\rangle,\langle b,d\rangle\},$$

$$R^3 = R^2\circ R = \{\langle a,b\rangle,\langle a,d\rangle,\langle b,a\rangle,\langle b,c\rangle\}。$$

方法二 R 的关系矩阵为 $\boldsymbol{M}=\begin{pmatrix} 0 & 1 & 0 & 0 \\ 1 & 0 & 1 & 0 \\ 0 & 0 & 0 & 1 \\ 0 & 0 & 0 & 0 \end{pmatrix}$，则

$$\boldsymbol{M}^2 = \begin{pmatrix} 0 & 1 & 0 & 0 \\ 1 & 0 & 1 & 0 \\ 0 & 0 & 0 & 1 \\ 0 & 0 & 0 & 0 \end{pmatrix}\begin{pmatrix} 0 & 1 & 0 & 0 \\ 1 & 0 & 1 & 0 \\ 0 & 0 & 0 & 1 \\ 0 & 0 & 0 & 0 \end{pmatrix} = \begin{pmatrix} 1 & 0 & 1 & 0 \\ 0 & 1 & 0 & 1 \\ 0 & 0 & 0 & 0 \\ 0 & 0 & 0 & 0 \end{pmatrix},$$

$$\boldsymbol{M}^3 = \begin{pmatrix} 1 & 0 & 1 & 0 \\ 0 & 1 & 0 & 1 \\ 0 & 0 & 0 & 0 \\ 0 & 0 & 0 & 0 \end{pmatrix}\begin{pmatrix} 0 & 1 & 0 & 0 \\ 1 & 0 & 1 & 0 \\ 0 & 0 & 0 & 1 \\ 0 & 0 & 0 & 0 \end{pmatrix} = \begin{pmatrix} 0 & 1 & 0 & 1 \\ 1 & 0 & 1 & 0 \\ 0 & 0 & 0 & 0 \\ 0 & 0 & 0 & 0 \end{pmatrix}。$$

方法三 R 的关系图如图 4.3 所示。

R^2 的关系图如图 4.4 所示。

R^3 的关系图如图 4.5 所示。

图 4.3

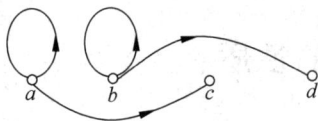

图 4.4

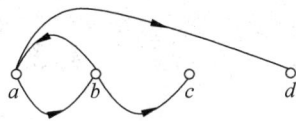

图 4.5

关于幂运算的性质,我们建立如下定理。

定理 4.5 A 为 n 元集,R 为 A 上的关系,则存在自然数 s 和 t,使得 $R^s = R^t$。

证明 因为 A 为 n 元集,所以集合 A 上的关系为有限的 $N = 2^{n^2}$ 个,而关系序列

$$R^0, R^1, R^2, \cdots, R^N, R^{N+1}, \cdots$$

给出无限多个关系形式,故必然存在自然数 s 和 t,在序列中有 $R^s = R^t$。

定理 4.6 R 为 A 上的关系,$m, n \in \mathbf{N}$,则

(1) $R^m \circ R^n = R^{m+n}$;

(2) $(R^m)^n = R^{mn}$。

证明 (1) 对任意 $m \in \mathbf{N}$,对 n 采用数学归纳法证明。

① 当 $n = 0$ 时,$R^m \circ R^0 = R^m \cdot I_A = R^m$,故结论成立。

② 若 $n = k$ 时,$R^m \circ R^k = R^{m+k}$ 成立,则 $n = k+1$ 时,有 $R^m \circ R^{k+1} = (R^m \circ R^k) \circ R^1 = R^{m+k} \cdot R^1 = R^{m+k+1}$,故结论成立。

综合①,②,则对任意 $m, n \in \mathbf{N}$,有 $R^m \circ R^n = R^{m+n}$ 成立。

(2) 留给读者自己完成。

定理 4.7 设 R 为 A 上的关系,若存在自然数 $s, t(s < t)$ 使得 $R^s = R^t$,则

(1) 对任意 $k \in \mathbf{N}$,有 $R^{s+k} = R^{t+k}$。

(2) 对任意 $k, i \in \mathbf{N}$,有 $R^{s+kp+i} = R^{s+i}$,其中 $p = t - s$。

(3) 令 $S = \{R^0, R^1, \cdots, R^{t-1}\}$,则对于任意的 $q \in \mathbf{N}$,有 $R^q \in S$。

证明 (1) 对任意 $k \in \mathbf{N}$,$R^{s+k} = R^s \circ R^k = R^t \cdot R^k = R^{t+k}$。

(2) 对 k 采用数学归纳法证明。

① 当 $k = 0$ 时,结论显然成立。

② 若 $k = n$ 时,对任意 $i \in \mathbf{N}$,有 $R^{s+np+i} = R^{s+i}$ 成立。那么 $k = n+1$ 时,有

$$R^{s+(n+1)p+i} = R^{s+np+i} \circ R^p = R^{s+i} \cdot R^p = R^{s+p+i} = R^{s+t-s+i} = R^{t+i} = R^{s+i},$$

故结论成立。

综合①,②,则有对任意 $k,i \in \mathbf{N}$,有 $R^{s+kp+i}=R^{s+i}$ 成立,其中 $p=t-s$。

(3) ① 当 $q < t$ 时,结论成立。

② 当 $q > t$ 时,不妨设 $q=s+kp+i$,其中 $k,i \in \mathbf{N}$,且 $p=t-s,0 \leqslant i \leqslant p-1$。则 $R^q=R^{s+kp+i}=R^{s+i}$,又 $s+i \leqslant s+p-1=s+t-s-1=t-1$,所以结论成立。

4.3　关系的性质

1. 性质的定义

给定集合 A 上的关系 R,主要考虑其以下性质:自反性、反自反性、对称性、反对称性和传递性。

定义 4.8 设 R 为非空集合 A 上的关系,

(1) 若 $\forall x(x \in A \to \langle x,x \rangle \in R)$,则称 R 在 A 上是自反的;

(2) 若 $\forall x(x \in A \to \langle x,x \rangle \notin R)$,则称 R 在 A 上是反自反的。

例 4.12 设 $A=\{1,2,3\}$,R_1,R_2 和 R_3 是 A 上的关系,其中 $R_1=\{\langle 1,1 \rangle,\langle 2,2 \rangle\}$,$R_2=\{\langle 1,1 \rangle,\langle 2,2 \rangle,\langle 3,3 \rangle,\langle 1,2 \rangle\}$,$R_3=\{\langle 1,3 \rangle\}$,说明 R_1,R_2 和 R_3 是否为 A 上的自反关系和反自反关系。

解 由 $\langle 3,3 \rangle \notin R_1$,故 R_1 不是自反关系,又 $\langle 1,1 \rangle \in R_1$,故 R_1 不是反自反关系。同理,由定义 4.8 可知 R_2 是自反关系,但不是反自反关系;R_3 是反自反关系但不是自反关系。

定义 4.9 设 R 为非空集合 A 上的关系,

(1) 若 $\forall x \forall y(x,y \in A \wedge \langle x,y \rangle \in R \to \langle y,x \rangle \in R)$,则称 R 为 A 上的对称关系;

(2) 若 $\forall x \forall y(x,y \in A \wedge \langle x,y \rangle \in R \wedge \langle y,x \rangle \in R \to x=y)$,则称 R 为 A 上的反对称关系。

例 4.13 设 $A=\{1,2,3\}$,R_1,R_2,R_3 和 R_4 是 A 上的关系,其中 $R_1=\{\langle 1,1 \rangle,\langle 2,2 \rangle\}$,$R_2=\{\langle 1,1 \rangle,\langle 1,2 \rangle,\langle 2,1 \rangle\}$,$R_3=\{\langle 1,2 \rangle,\langle 1,3 \rangle\}$,$R_4=\{\langle 1,2 \rangle,\langle 2,1 \rangle,\langle 1,3 \rangle\}$。试说明 R_1,R_2,R_3 和 R_4 是否为 A 上的对称和反对称关系。

解 由定义 4.9 可知,其中 R_1 既是对称关系,也是反对称关系,R_2 是对称关系但不是反对称关系,R_3 是反对称关系但不是对称关系。R_4 既不是对称关系,也不是反对称关系。

定义 4.10 设 R 为非空集合 A 上的关系。若 $\forall x \forall y \forall z(x,y,z \in A \wedge \langle x,y \rangle \in R \wedge \langle y,z \rangle \in R \to \langle x,z \rangle \in R)$,则称 R 为 A 上的传递关系。

例 4.14 设 $A=\{1,2,3\}$,R_1,R_2 和 R_3 是 A 上的关系,$R_1=\{\langle 1,1 \rangle,\langle 2,2 \rangle\}$,$R_2=\{\langle 2,3 \rangle,\langle 1,2 \rangle\}$,$R_3=\{\langle 1,3 \rangle\}$,试说明 R_1,R_2 和 R_3 是否为 A 上的传递关系。

解 由定义 4.10 可知,其中 R_1,R_3 是传递关系,R_2 不是传递关系,因为在 R_2 中,有 $\langle 1,2 \rangle \in R_2$,$\langle 2,3 \rangle \in R_2$,但 $\langle 1,3 \rangle \notin R_2$。

2. 性质的判定

对于以上五类性质,我们建立如下判定定理:

定理 4.8 设 R 为 A 上的关系,则

(1) R 在 A 上自反当且仅当 $I_A \subseteq R$。

(2) R 在 A 上反自反当且仅当 $R \cap I_A = \varnothing$。

(3) R 在 A 上对称当且仅当 $R = R^{-1}$。

(4) R 在 A 上反对称当且仅当 $R \cap R^{-1} \subseteq I_A$。

(5) R 在 A 上传递当且仅当 $R \circ R \subseteq R$。

证明 (1)① 若 R 在 A 上自反,则 $\forall x \in A$ 有 $\langle x,x \rangle \in R$,所以 $I_A \subseteq R$。

② 若 $I_A \subseteq R$,则 $\forall x \in A$,有 $\langle x,x \rangle \in I_A \subseteq R$,则 R 在 A 上自反。

(2)① 若 R 在 A 上反自反,则 $\forall x \in A$ 有 $\langle x,x \rangle \notin R$,所以 $R \cap I_A = \varnothing$。

② 若 $R \cap I_A = \varnothing$,则 $\forall x \in A$,有 $\langle x,x \rangle \notin R$,否则,不妨设 $y \in A$ 有 $\langle y,y \rangle \in R$,则有 $R \cap I_A \neq \varnothing$,与已知矛盾,所以 R 在 A 上反自反。

(3)① 若 R 在 A 上对称,下证 $R = R^{-1}$。

$\forall x \in A$,$\forall y \in A$,若 $\langle x,y \rangle \in R$,则

$$\langle x,y \rangle \in R \Leftrightarrow \langle y,x \rangle \in R \Leftrightarrow \langle x,y \rangle \in R^{-1}, \quad \text{即 } R = R^{-1} \text{ 成立。}$$

② 若 $R = R^{-1}$,则 $\forall x \in A$,$\forall y \in A$,若 $\langle x,y \rangle \in R$,则 $\langle x,y \rangle \in R^{-1}$,则有 $\langle y,x \rangle \in R$,则 R 在 A 上对称。

(4)① 若 R 在 A 上反对称,任取 $\langle x,y \rangle$,有

$$\langle x,y \rangle \in R \cap R^{-1}$$
$$\Rightarrow \langle x,y \rangle \in R \wedge \langle x,y \rangle \in R^{-1}$$
$$\Rightarrow \langle x,y \rangle \in R \wedge \langle y,x \rangle \in R \quad \text{(又 } R \text{ 在 } A \text{ 上反对称)}$$
$$\Rightarrow x = y$$
$$\Rightarrow \langle x,y \rangle \in I_A。$$

② 若 $R \cap R^{-1} \subseteq I_A$,任取 $\langle x,y \rangle$,有

$$\langle x,y \rangle \in R \wedge \langle y,x \rangle \in R$$
$$\Rightarrow \langle x,y \rangle \in R \wedge \langle x,y \rangle \in R^{-1}$$
$$\Rightarrow \langle x,y \rangle \in R \cap R^{-1} \quad \text{(又 } R \cap R^{-1} \subseteq I_A \text{)}$$
$$\Rightarrow \langle x,y \rangle \in I_A$$
$$\Rightarrow x = y。$$

(5)① 若 R 在 A 上传递,任取 $\langle x,y \rangle$,有

$$\langle x,y \rangle \in R \circ R$$

$$\Rightarrow \exists t (\langle x,t \rangle \in R \wedge \langle t,y \rangle \in R)$$

$$\Rightarrow \langle x,y \rangle \in R \qquad (因为 R 在 A 上传递)$$

所以 $R \circ R \subseteq R$。

② 若 $R \circ R \subseteq R$ 成立,任取 $\langle x,y \rangle \in R, \langle y,z \rangle \in R$,有

$$\langle x,y \rangle \in R \wedge \langle y,z \rangle \in R$$

$$\Rightarrow \langle x,z \rangle \in R \circ R$$

$$\Rightarrow \langle x,z \rangle \in R, \qquad (因为 R \circ R \subseteq R)$$

所以 R 在 A 上是传递的。

类似于关系的幂运算,可以得到关系性质判定的三种不同的方法:集合法、关系矩阵法、关系图法,由表 4-1 给出。

表　4-1

表示	性质				
	自反性	反自反性	对称性	反对称性	传递性
集合表达	$I_A \subseteq R$	$R \cap I_A = \varnothing$	$R = R^{-1}$	$R \cap R^{-1} \subseteq I_A$	$R \circ R \subseteq R$
关系矩阵	主对角元全是 1	主对角元全是 0	对称矩阵	r_{ij} 和 r_{ji} 不同时为 1	
关系图	每个顶点都有环	每个顶点都没有环	无单边	无双边	凡两步能够间接到达,则必能一步直接到达

例 4.15　判断图 4.6 中关系的性质,并说明理由。

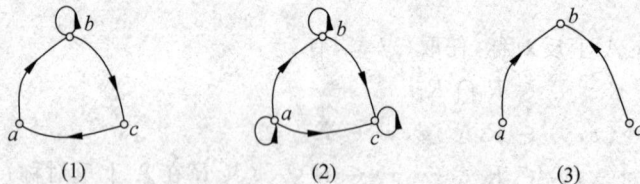

图　4.6

解　(1) 该关系图有的顶点有环,有的顶点没有环,故关系即不是自反关系,也不是反自反关系;关系图中,无双边,故应该是反对称关系;该关系图从顶点 a 到顶点 b 有边,顶点 b 到顶点 c 有边,但从顶点 a 到顶点 c 没有边,故该关系不是传递关系。

(2) 该关系图每个顶点都有环,故关系是自反关系;在关系图中,无双边,故应该是反对称关系;该关系图从顶点 a 到顶点 b,从顶点 b 到顶点 c,从顶点 a 到顶点 c 都有边,故该关系是传递关系。

(3) 该关系图每个顶点都没有环,故关系是反自反关系;在关系图中,无双边,故应该是反对称关系;关系图中没有两步可间接到达的路径,故该关系是传递关系。

例 4.16 设 A 为集合，R_1 和 R_2 是 A 上的关系，说明下面命题是否成立，若成立，则证明之，若不成立，则举例说明。

(1) R_1 和 R_2 是 A 上的自反关系，则 $R_1 \circ R_2$ 也是 A 上的自反关系。

(2) R_1 和 R_2 是 A 上的传递关系，则 $R_1 - R_2$ 也是 A 上的传递关系。

解 (1) 命题成立。因为对任意的 $x \in A$，由 R_1,R_2 自反，则 $\langle x,x \rangle \in R_1$，$\langle x,x \rangle \in R_2$，由复合的定义知道 $\langle x,x \rangle \in R_1 \circ R_2$，所以 $R_1 \circ R_2$ 自反。

(2) 命题不成立。

例如，$A = \{1,2,3\}$，$R_1 = E_A$，$R_2 = I_A$，而 $R_1 - R_2$ 不是 A 上的传递关系。

4.4 关系的闭包

关系作为集合，在其上已经定义了并、交、差、补、复合及逆运算。现在再来考虑一种新的关系运算，即关系的闭包运算，它是由已知关系，通过增加最少的序偶来生成满足某种指定性质的关系的运算。

例如，设 $A = \{a,b,c\}$，A 上的二元关系 $R = \{\langle a,a \rangle, \langle a,b \rangle, \langle b,c \rangle, \langle c,c \rangle\}$，则 A 上含 R 且序偶数最少的自反关系是 $R \cup \{\langle b,b \rangle\}$；$A$ 上含 R 且序偶数最少的对称关系是 $R \cup \{\langle b,a \rangle, \langle c,b \rangle\}$；$A$ 上含 R 且序偶数最少的传递关系是 $R \cup \{\langle a,c \rangle\}$。

1. 闭包的定义

定义 4.11 设 R 是非空集合 A 上的二元关系，R 的自反（对称、传递）闭包是 A 上的关系 R'，且 R' 满足以下条件：

(1) R' 是自反的（对称的、传递的）；

(2) $R \subseteq R'$；

(3) 对 A 上任何包含 R 的自反关系（对称关系、传递关系）R''，有 $R' \subseteq R''$。

一般将 R 的自反闭包记作 $r(R)$，对称闭包记作 $s(R)$，传递闭包记作 $t(R)$。

说明 (1) 对 A 上的关系 R，我们通过添加有序对（序偶），可以构造出我们需要的自反关系、对称关系或传递关系。

(2) R 的自反（对称或传递）闭包是包含 R 的最小自反（对称或传递）关系。

定理 4.9 设 R 是 X 上的二元关系，那么

(1) R 是自反的，当且仅当 $r(R) = R$；

(2) R 是对称的，当且仅当 $s(R) = R$；

(3) R 是传递的，当且仅当 $t(R) = R$。

证明 (1) 若 R 是自反的，$R \supseteq R$，则对任何包含 R 的自反关系 R''，有 $R'' \supseteq R$，故 $r(R) = R$；

若 $r(R)=R$,根据闭包定义,R 必是自反的。

(2)、(3) 的证明完全类似。

定理 4.10　设 R 是集合 X 上的二元关系,则

(1) $r(R)=R\cup I_X$;

(2) $s(R)=R\cup R^{-1}$;

(3) $t(R)=\bigcup_{i=1}^{\infty}R^i,t(R)$ 通常也记作 R^+。

证明　(1) 令 $R'=R\cup I_X$,$\forall x\in X$,因为 $\langle x,x\rangle\in I_X$,故 $\langle x,x\rangle\in R'$,于是 R' 在 X 上是自反的。

又 $R\subseteq R\cup I_X$,即 $R\subseteq R'$。若有自反关系 R'' 且 $R''\supseteq R$,显然有 $R''\supseteq I_X$,于是 $R''\supseteq R\cup I_X=R'$,所以 $r(R)=R\cup I_X$。

(2) 令 $R'=R\cup R^{-1}$,因为

$$(R\cup R^{-1})^{-1}=R^{-1}\cup(R^{-1})^{-1}=R^{-1}\cup R=R\cup R^{-1},$$

所以 R' 是对称的。

若 R'' 是对称的且 $R''\supseteq R$,$\forall\langle x,y\rangle\in R'$,有 $\langle x,y\rangle\in R$ 或 $\langle x,y\rangle\in R^{-1}$,则当 $\langle x,y\rangle\in R$ 时,有 $\langle x,y\rangle\in R''$;当 $\langle x,y\rangle\in R^{-1}$ 时,$\langle y,x\rangle\in R$,$\langle y,x\rangle\in R''$,有 $\langle x,y\rangle\in R''$。
因此 $R'\subseteq R''$,故 $s(R)=R\cup R^{-1}$。

(3) 令 $R'=\bigcup_{i=1}^{\infty}R^i$,先证 R' 是传递的。

$\forall\langle x,y\rangle\in R'$,$\langle y,z\rangle\in R'$,则存在自然数 k,l,有 $\langle x,y\rangle\in R^k$,$\langle y,z\rangle\in R^l$,因此 $\langle x,z\rangle\in R^{k+l}\subseteq\bigcup_{i=1}^{\infty}R^i$,所以 R' 是传递的。

显然,$R'\supseteq R$。若有传递关系 R'' 且 $R''\supseteq R$,$\forall\langle x,y\rangle\in R'$,则存在自然数 m,有 $\langle x,y\rangle\in R^m$,则 $\exists a_i\in X(i=1,2,\cdots,m-1)$,使得 $\langle x,a_1\rangle,\langle a_1,a_2\rangle,\cdots,\langle a_{m-1},y\rangle\in R$,因此 $\langle x,a_1\rangle,\langle a_1,a_2\rangle,\cdots,\langle a_{m-1},y\rangle\in R''$,由于 R'' 是传递关系,则 $\langle x,y\rangle\in R''$,所以 $R''\supseteq R'$。故

$$t(R)=\bigcup_{i=1}^{\infty}R^i。$$

定理 4.11　设 X 是含有 n 个元素的集合,R 是 X 上的二元关系,则存在一个正整数 $k\leqslant n$,使得 $t(R)=\bigcup_{i=1}^{k}R^i$。

证明　设 $x_i,x_j\in X$,记 $t(R)=R^+$。

若 $x_iR^+x_j$,则存在整数 $p>0$,使得 $x_iR^px_j$ 成立,即存在序列 $a_1,a_2,\cdots,a_{p-1}$,有 $\langle x_i,a_1\rangle\in R,\langle a_1,a_2\rangle\in R,\cdots,\langle a_{p-1},x_j\rangle\in R$。

设满足上述条件的最小 p 大于 n,不妨设 $x_i=a_0,x_j=a_p$,则序列中必有 $0\leqslant t<q<s\leqslant$

p，使得 $a_t = a_q$ 或 $a_q = a_s$。不妨设 $a_t = a_q$，此时序列就成为

$$\underbrace{x_i R a_1, a_1 R a_2, \cdots, a_{t-1} R a_t}_{t\uparrow}, \underbrace{a_t R a_{q+1}, \cdots, a_{p-1} R x_j}_{(p-q)\uparrow},$$

这表明 $x_i R^k x_j$ 存在，其中 $k = t + p - q = p - (q - t) < p$，这与 p 是最小的假设矛盾，所以，$p > n$ 不成立，即 $p \leqslant n$。所以

$$t(R) = \bigcup_{i=1}^{k} R^i \quad (k \leqslant n)。$$

一般地，取 $t(R) = \bigcup_{i=1}^{n} R^i$，其中 n 给出了复合次数的上限。

2. 闭包的生成

类似于关系幂的求法，我们可以用集合法、关系矩阵法、关系图法来求关系闭包。

集合法　如已知 R 用集合形式表述，由定理 4.10 和 4.11 可以容易求得

$$r(R) = R \cup R^0,$$
$$s(R) = R \cup R^{-1},$$
$$t(R) = R \cup R^2 \cup R^3 \cup \cdots。$$

关系矩阵法　给出 R 的矩阵形式 $\boldsymbol{M}$，设 $r(R), s(R), t(R)$ 的关系矩阵分别为 $\boldsymbol{M}_r, \boldsymbol{M}_s, \boldsymbol{M}_t$。则

$$\boldsymbol{M}_r = \boldsymbol{M} + \boldsymbol{E},$$
$$\boldsymbol{M}_s = \boldsymbol{M} + \boldsymbol{M}',$$
$$\boldsymbol{M}_t = \boldsymbol{M} + \boldsymbol{M}^2 + \boldsymbol{M}^3 + \cdots。$$

若 $|A| = n$，则集合 A 上的关系 R 的传递闭包 $t(R)$ 的关系矩阵 $\boldsymbol{M}_t$ 可以简单地写成

$$\boldsymbol{M}_t = \boldsymbol{M} + \boldsymbol{M}^2 + \boldsymbol{M}^3 + \cdots + \boldsymbol{M}^n。$$

关系图法　给出 R 的关系图 G，设 $r(R), s(R), t(R)$ 的关系图分别为 G_r, G_s, G_t。则以 G 的顶点集为顶点集，在原图 G 上做以下相应操作，可得闭包图。

G_r：在无环的顶点上加环。

G_s：单边加成双边，方向相反。

G_t：凡在图 G 中，若从 x_i 出发经过若干步到达顶点 x_j，则在 G_t 中加一条从 x_i 到 x_j 的边，找遍所有的顶点，就得到图 G_t。

例 4.17　已知集合 $A = \{a, b, c, d\}$，A 上的关系 $R = \{\langle a,b \rangle, \langle b,a \rangle, \langle b,c \rangle, \langle c,d \rangle\}$，求 $r(R), s(R), t(R)$。

解　方法一　$R^2 = R \circ R = \{\langle a,a \rangle, \langle a,c \rangle, \langle b,b \rangle, \langle b,d \rangle\}$，

$R^3 = R^2 \circ R = \{\langle a,b \rangle, \langle a,d \rangle, \langle b,a \rangle, \langle b,c \rangle\}$，

$R^4 = R^3 \circ R = \{\langle a,a\rangle, \langle a,c\rangle, \langle b,b\rangle, \langle b,d\rangle\} = R^2$,

$R^5 = R^4 \circ R = \{\langle a,b\rangle, \langle a,d\rangle, \langle b,a\rangle, \langle b,c\rangle\} = R^3$。

$r(R) = R \cup R^0 = \{\langle a,b\rangle, \langle b,a\rangle, \langle b,c\rangle, \langle c,d\rangle, \langle a,a\rangle, \langle b,b\rangle, \langle c,c\rangle, \langle d,d\rangle\}$,

$s(R) = R \cup R^{-1} = \{\langle a,b\rangle, \langle b,a\rangle, \langle b,c\rangle, \langle c,d\rangle, \langle c,b\rangle, \langle d,c\rangle\}$,

$t(R) = R \cup R^2 \cup R^3 \cup \cdots = R \cup R^2 \cup R^3 = \{\langle a,b\rangle, \langle b,a\rangle, \langle b,c\rangle, \langle c,d\rangle, \langle a,a\rangle, \langle a,c\rangle, \langle b,b\rangle, \langle b,d\rangle, \langle a,d\rangle\}$。

方法二

$$\boldsymbol{M}_r = \boldsymbol{M} + \boldsymbol{E} = \begin{pmatrix} 1 & 1 & 0 & 0 \\ 1 & 1 & 1 & 0 \\ 0 & 0 & 1 & 1 \\ 0 & 0 & 0 & 1 \end{pmatrix}, \boldsymbol{M}_s = \boldsymbol{M} + \boldsymbol{M}^{\mathrm{T}} = \begin{pmatrix} 0 & 1 & 0 & 0 \\ 1 & 0 & 1 & 0 \\ 0 & 1 & 0 & 1 \\ 0 & 0 & 1 & 0 \end{pmatrix},$$

$$\boldsymbol{M}_t = \boldsymbol{M} + \boldsymbol{M}^2 + \boldsymbol{M}^3 + \boldsymbol{M}^4 = \begin{pmatrix} 1 & 1 & 1 & 1 \\ 1 & 1 & 1 & 1 \\ 0 & 0 & 0 & 1 \\ 0 & 0 & 0 & 0 \end{pmatrix}。$$

方法三 如图 4.7 所示。

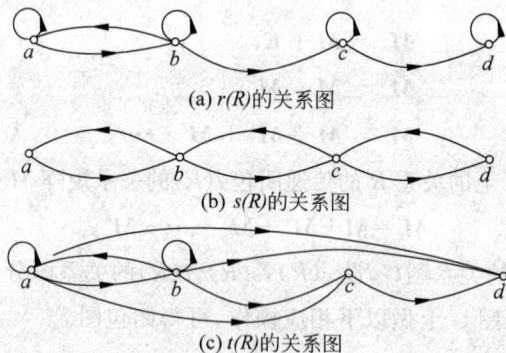

(a) r(R)的关系图

(b) s(R)的关系图

(c) t(R)的关系图

图 4.7

一般来说,关系图作法相对简单,因此,在没有特殊限制的情形下,可以采用第三种方法来求闭包。

例 4.18 设 $A = \{a,b,c,d\}$, $R = \{\langle a,b\rangle, \langle b,a\rangle, \langle b,c\rangle, \langle d,b\rangle\}$,画出 $R, r(R), s(R)$, $t(R)$ 的关系图。

解 如图 4.8 所示。

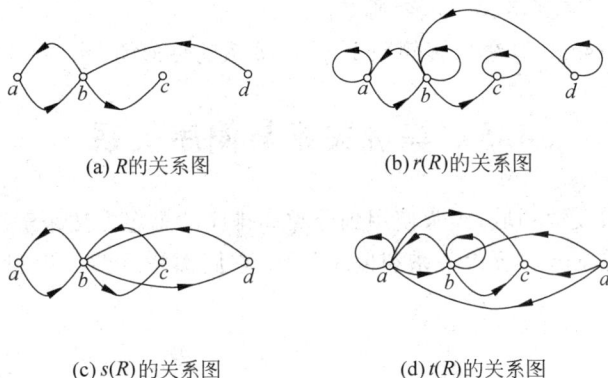

(a) R 的关系图

(b) $r(R)$ 的关系图

(c) $s(R)$ 的关系图

(d) $t(R)$ 的关系图

图 4.8

例 4.19 设 $A = \{a, b, c\}$，给定 A 上的关系 $R = \{\langle a, a\rangle, \langle a, b\rangle, \langle b, c\rangle, \langle c, c\rangle\}$，求 $t(R)$。

解 $t(R) = \bigcup_{i=1}^{3} R^i$，则

$$\boldsymbol{M}_R = \begin{bmatrix} 1 & 1 & 0 \\ 0 & 0 & 1 \\ 0 & 0 & 1 \end{bmatrix},$$

$$\boldsymbol{M}_{R^2} = \begin{bmatrix} 1 & 1 & 0 \\ 0 & 0 & 1 \\ 0 & 0 & 1 \end{bmatrix}^2 = \begin{bmatrix} 1 & 1 & 1 \\ 0 & 0 & 1 \\ 0 & 0 & 1 \end{bmatrix},$$

$$\boldsymbol{M}_{R^3} = \begin{bmatrix} 1 & 1 & 1 \\ 0 & 0 & 1 \\ 0 & 0 & 1 \end{bmatrix}\begin{bmatrix} 1 & 1 & 0 \\ 0 & 0 & 1 \\ 0 & 0 & 1 \end{bmatrix} = \begin{bmatrix} 1 & 1 & 1 \\ 0 & 0 & 1 \\ 0 & 0 & 1 \end{bmatrix}。$$

所以

$$\boldsymbol{M}_{t(R)} = \begin{bmatrix} 1 & 1 & 1 \\ 0 & 0 & 1 \\ 0 & 0 & 1 \end{bmatrix},$$

即 $t(R) = \{\langle a, a\rangle, \langle a, b\rangle, \langle a, c\rangle, \langle b, c\rangle, \langle c, c\rangle\}$。

为计算元素较多的有限集合 X 上二元关系 R 的传递闭包，Warshall 在 1962 年提出了一个有效的算法（假定集合 X 含有 n 个元素）：

(1) 置新矩阵 $\boldsymbol{M} = \boldsymbol{M}_R$；

(2) 置 $i = 1$；

(3) 对 $j = 1, 2, \cdots, n$，若 $r_{ji} = 1(\boldsymbol{M}_R = [r_{ij}]_{m \times n})$，则置 $r_{jk} = r_{jk} \vee r_{ik}, k = 1, 2, \cdots, n$；

(4) 置 $i = i + 1$；

(5) 如果 $i \leqslant n$，则转到步骤(3)，否则停止。

读者可以用 Warshall 算法求解例题 4.19 中关系的传递闭包。

4.5　等价关系与偏序关系

在计算机科学和数学领域，经常使用到分类和排序的思想方法来解决一些问题，本节介绍两类特殊的二元关系——等价关系和偏序关系，它们都是这两类思想方法在离散形式的一个应用。

1. 等价关系

定义 4.12　设 R 是非空集合上的关系，如果 R 是自反的、对称的和传递的，则称 R 是 A 上的等价关系。设 R 是一个等价关系，若 $\langle x, y \rangle \in R$，称 x 等价于 y，记为 $x \sim y$。

例 4.20　设 $A = \{1, 2, \cdots, 8\}$，如下定义 A 上的关系：$R = \{\langle x, y \rangle \mid x, y \in A \wedge x \equiv y \pmod 3\}$，则

$R = \{\langle 1,1 \rangle, \langle 1,4 \rangle, \langle 1,7 \rangle, \langle 2,2 \rangle, \langle 2,5 \rangle, \langle 2,8 \rangle, \langle 3,3 \rangle, \langle 3,6 \rangle, \langle 4,1 \rangle, \langle 4,4 \rangle, \langle 4,7 \rangle,$
$\quad\ \langle 5,2 \rangle, \langle 5,5 \rangle, \langle 5,8 \rangle, \langle 6,3 \rangle, \langle 6,6 \rangle, \langle 7,1 \rangle, \langle 7,4 \rangle, \langle 7,7 \rangle, \langle 8,2 \rangle, \langle 8,5 \rangle, \langle 8,8 \rangle\}$。

对应的关系图如图 4.9 所示。

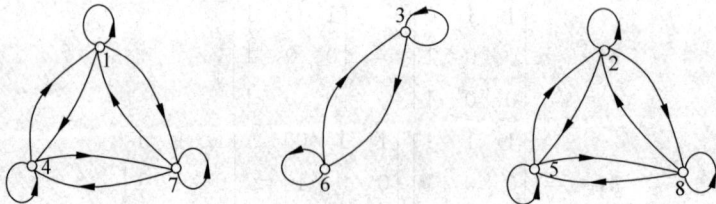

图　4.9

不难验证 R 是 A 上的等价关系。关系图（如图 4.9 所示）被分为三个互不连通的部分，也即 A 中的元素分成三类。每一类元素中两两之间都有关系，不同类元素之间没有关系。

生活中很多关系都是等价关系，例如：

(1) 平面上三角形集合中，三角形之间的相似关系是等价关系；

(2) 数的相等关系是任何数集上的等价关系；

(3) 一群人的集合中姓氏相同的关系也是等价关系；

(4) 设 A 是任意非空集合，则 A 上的恒等关系 I_A 和全域关系 E_A 均是 A 上的等价关系。

因此，我们可以通过建立在集合 A 上的等价关系，给出如下等价类的定义。

2. 等价类

定义 4.13 设 R 是非空集合 A 上的关系，$\forall x \in A$，令 $[x]_R = \{y | y \in A \wedge xRy\}$，称 $[x]_R$ 为 x 关于 R 的等价类。简记为 $[x]_R$，在不引起混淆的情况下，记为 $[x]$。

由定义，例 4.20 中的等价类是

$$[1] = [4] = [7] = \{1, 4, 7\},$$
$$[2] = [5] = [8] = \{2, 5, 8\},$$
$$[3] = [6] = \{3, 6\}.$$

关于等价类，我们得到下面重要的性质。

定理 4.12 设 R 是非空集合 A 上的等价关系，则

(1) $\forall x \in A$，$[x]$ 是 A 的非空子集；

(2) $\forall x, y \in A$，如果 xRy，则 $[x] = [y]$；

(3) $\forall x, y \in A$，如果 $\langle x, y \rangle \notin R$，则 $[x]$ 与 $[y]$ 的交集为空集；

(4) $\bigcup \{[x] | x \in A\} = A$。

证明 (1) 由等价类的定义知道，$\forall x \in A$，$[x] \subseteq A$，又 R 自反，所以 $x \in [x]$，即 $[x]$ 非空。

(2) 任取 z，若 $z \in [x]$，则 $\langle x, z \rangle \in R$，由 R 对称，则 $\langle z, x \rangle \in R$，若 $\langle x, y \rangle \in R$，由 R 传递，则有 $\langle z, y \rangle \in R$，又由 R 对称，则 $\langle y, z \rangle \in R$，所以 $z \in [y]$，这就证明了 $[x] \subseteq [y]$。

同理可证 $[y] \subseteq [x]$，从而 $[x] = [y]$ 成立。

(3) 反证法。若 $[x]$ 与 $[y]$ 相交不空，不妨设 $z \in [x] \cap [y]$，则有 $\langle x, z \rangle \in R$ 且 $\langle y, z \rangle \in R$，由 R 的对称性、传递性，则有 $\langle x, y \rangle \in R$，与已知 $\langle x, y \rangle \notin R$ 矛盾，即假设错误，原命题成立。

(4) 先证 $\bigcup \{[x] | x \in A\} \subseteq A$。任取 y，若 $y \in \bigcup \{[x] | x \in A\}$，则存在 $x \in A$ 且 $y \in [x]$，又 $[x] \subseteq A$，则有 $y \in A$，从而 $\bigcup \{[x] | x \in A\} \subseteq A$ 成立。

再证 $A \subseteq \bigcup \{[x] | x \in A\}$，任取 $z \in A$，则 $z \in [z]$，于是 $z \in \bigcup \{[x] | x \in A\}$，从而 $A \subseteq \bigcup \{[x] | x \in A\}$ 成立。综合上述，有 $\bigcup \{[x] | x \in A\} = A$ 成立。

由非空集合 A 和 A 上的等价关系 R，可以构造出下面一个新的集合。

定义 4.14 设 R 为非空集合 A 上的等价关系，以 R 的所有等价类作为元素的集合称为 A 关于 R 的商集，记作 A/R，其中 $A/R = \{[x]_R | x \in A\}$。

例 4.20 中的商集是 $A/R = \{[1], [2], [3]\} = \{\{1, 4, 7\}, \{2, 5, 8\}, \{3, 6\}\}$。

实际上我们可以得到更加推广的结论，设 R 为整数集上模 n 同余的等价关系，则可以得到其 n 个等价类：$[i] = \{nz + i | z \in \mathbf{Z}\}$，$i = 0, 1, \cdots, n-1$。相应的商集为 $\{\{nz + i | z \in \mathbf{Z}\} | i = 0, 1, \cdots, n-1\}$。

3. 划分

为了更好地说明等价关系和集合元素分类之间的关系,我们引入集合划分的概念。

定义 4.15 设 A 为非空集合,若 A 的子集族 $\pi(\pi \subseteq P(A))$ 满足下面条件:

(1) $\varnothing \notin \pi$;

(2) $\forall x \forall y(x,y \in \pi \wedge x \neq y \rightarrow x \bigcap y = \varnothing)$;

(3) $\bigcup \pi = A$,

则称 π 是 A 上的一个划分,称 π 中元素为 A 上的划分块。

例 4.21 设 $A = \{1,2,3,4,5\}$,给定 $\pi_1,\pi_2,\pi_3,\pi_4,\pi_5$ 如下:

$$\pi_1 = \{\{1,2,3\},\{3,4,5\}\},$$
$$\pi_2 = \{\{1\},\{2,3\},\{4,5\}\},$$
$$\pi_3 = \{\varnothing,\{1,2,3\},\{4,5\}\},$$
$$\pi_4 = \{\{1,2,3\},\{5\}\},$$
$$\pi_5 = \{\{1\},\{2\},\{3\},\{4\},\{5\}\},$$

则由以上定义不难知道,π_2,π_5 是 A 的划分,其他都不是。

由等价类的定义,商集 A/R 构成 A 的划分,且不同的等价关系,给出 A 上不同的划分。反之,我们给出如下的定理。

定理 4.13 设 π 是 A 上的一个划分,定义 A 上的一个关系

$$R = \{\langle x,y \rangle \mid x,y \in A \wedge x \text{ 与 } y \text{ 在 } \pi \text{ 的同一分块中}\},$$

则 R 是 A 上的等价关系。

证明 (1) 自反性,任取 $x \in A$,显然 $\langle x,x \rangle \in R$,即 R 自反。

(2) 对称性,任取 $x,y \in A$,若 $\langle x,y \rangle \in R$,则 x 与 y 在 π 的同一分块中,则必有 y 与 x 在 π 的同一分块中,显然 $\langle y,x \rangle \in R$,即 R 对称。

(3) 传递性,任取 $x,y,z \in A$,若 $\langle x,y \rangle \in R$ 且 $\langle y,z \rangle \in R$,则 x 与 y 在 π 的同一分块中,且 y 与 z 在 π 的同一分块中,则必有 x 与 z 在 π 的同一分块中,显然 $\langle x,z \rangle \in R$,即 R 传递。

综合(1),(2),(3),则得证 R 是 A 上的等价关系。

例 4.22 设 $A = \{a,b,c,d,e\}$,π 是 A 上的一个划分,$\pi = \{\{a\},\{b,c\},\{d,e\}\}$,求出 A 上的等价关系 R,使得 $A/R = \pi$。

解 由定理 4.13,有 $R = \{\langle b,c \rangle, \langle c,b \rangle, \langle d,e \rangle, \langle e,d \rangle\} \bigcup I_A$。

实际上,只要给出非空集合 A 的一个划分 $\pi = \{A_1,A_2,\cdots,A_m\}$,则对应的等价关系是

$$R = (A_1 \times A_1) \bigcup (A_2 \times A_2) \bigcup \cdots \bigcup (A_m \times A_m)。$$

一个集合上的等价关系与集合上的划分是一一对应的关系,即给出一个等价关系,唯一对应一个划分(就是商集);给出一个划分,也唯一对应一个等价关系。

4. 相容关系

定义 4.16 给定集合 A 上的关系 R，若 R 是自反的、对称的，则称 R 是 A 上的相容关系。

相容关系 R 只要求满足自反性与对称性，因此，等价关系必定是相容关系，但反之不真。

定义 4.17 设 R 是集合 A 上的相容关系，$C \subseteq A$，如果对于 C 中任意两个元素 a_1, a_2 都有 $a_1 R a_2$，就称 C 是由相容关系 R 产生的相容类。

设 A 是由下列英文单词组成的集合：

$$A = \{cat, teacher, cold, desk, knife, by\},$$

定义关系

$$R = \{\langle x, y \rangle \mid x, y \in A, \text{且 } x \text{ 和 } y \text{ 有相同的字母}\},$$

显然，R 是一个相容关系。

令 $x_1 = cat, x_2 = teacher, x_3 = cold, x_4 = desk, x_5 = knife, x_6 = by$，则相容关系 R 可以产生相容类 $\{x_1, x_2\}, \{x_1, x_3\}, \{x_2, x_3\}, \{x_6\}, \{x_2, x_4, x_5\}$。

对于前三个相容类，都能加进新的元素组成新的相容类，而后两个相容类，加入任一新元素，就不再组成相容类，称它们为最大相容类。

所有相容类构成集合的一个覆盖，关于覆盖和相容关系的相关性质读者可以自己查阅相关资料，这里不作介绍。

5. 偏序关系

下面介绍另外一种重要的二元关系——偏序关系。

定义 4.18 设 R 为非空集合 A 上的关系，如果 R 是自反的、反对称的和传递的，则称 R 是 A 上的偏序关系，记为"$\leqslant$"。集合 A 和 A 上的偏序关系"$\leqslant$"一起称作偏序集，记作 $\langle A, \leqslant \rangle$。

设 R 是一个偏序关系，若 $\langle x, y \rangle \in R$，读作 x 小于或等于 y，记为 $x \leqslant y$。若 $x \leqslant y$ 且 $x \neq y$，则记作 $x < y$，称 x 小于 y。

注 此处 $x \leqslant y$ 不是比较数的大小，而是指按照定义的某种偏序关系，x 排在 y 前面。

例 4.23 设 $A = \{a, b, c\}$，证明集合 $P(A)$ 上的"$\subseteq$"关系为偏序关系。

证明 (1) 自反性，任取 $X \in P(A)$，则有 $X \subseteq X$，故关系"$\subseteq$"是自反的。

(2) 反对称性，任取 $X, Y \in P(A)$，若 $X \subseteq Y$ 且 $Y \subseteq X$，则有 $X = Y$，故关系"$\subseteq$"是反对称的。

(3) 传递性，任取 $X, Y, Z \in P(A)$，若 $X \subseteq Y$ 且 $Y \subseteq Z$，则有 $X \subseteq Z$，故关系"$\subseteq$"是传递的。

综合(1),(2),(3),则得证 R 是 A 上的偏序关系。

定义 4.19　设 R 为非空集合 A 上的偏序关系,对任意的 $x,y \in A$,都有 $x \leqslant y$ 或 $y \leqslant x$ 成立,则称 x 与 y 可比。

定义 4.20　设 R 为非空集合 A 上的偏序关系,如果 $\forall x,y \in A$,x 与 y 都是可比的,则称 R 为 A 上的全序关系。

6. 哈斯图

偏序关系的关系图可以表述元素之间的次序关系,但当集合 A 上的元素较多时,由于偏序关系的自反性和传递性,图形往往比较复杂,下面介绍一种很简洁的方法,可以更明确、更清楚地表述元素之间的次序关系。为了说明这种做法,我们首先给出元素之间盖住的定义。

定义 4.21　设 $\langle A, \leqslant \rangle$ 为偏序集,$\forall x,y \in A$,如果 $x \prec y$,且不存在 $z \in A$ 使得 $x \prec z \prec y$,则称 y 盖住 x。

有了元素之间盖住的定义,下面给出用简洁方法描述偏序关系的具体步骤:

(1) 描点:对于偏序集 $\langle A, \prec \rangle$,以 A 中的每个元素为顶点,顶点的位置按它们的次序由小到大自下向上排列(也就是说,若 $x \prec y$,结点 x 位于结点 y 的下方)。

(2) 画边:若 y 盖住 x,则在 x,y 之间画一条无向边。

用上述方法做出的图形,称为哈斯(Hasse)图。

注　(1) 在哈斯图中,必须是有盖住关系的两个元素之间才能有边。

(2) 哈斯图中无环,无方向。

例 4.24　画出偏序集 $\langle \{1,2,3,4,5,6,7,8,9,10,11,12,24\}, R_{整除} \rangle$ 的哈斯图。

解　哈斯图如图 4.10 所示。

7. 特殊元

下面考虑偏序集中的一些特殊元素。

定义 4.22　设 $\langle A, \leqslant \rangle$ 为偏序集,$B \subseteq A$,$y \in B$,

(1) 若 $\forall x(x \in B \rightarrow y \leqslant x)$ 成立,则称 y 为 B 的最小元。

(2) 若 $\forall x(x \in B \rightarrow x \leqslant y)$ 成立,则称 y 为 B 的最大元。

(3) 若 $\forall x(x \in B \land x \leqslant y \rightarrow x = y)$ 成立,则称 y 为 B 的极小元。

(4) 若 $\forall x(x \in B \land y \leqslant x \rightarrow x = y)$ 成立,则称 y 为 B 的极大元。

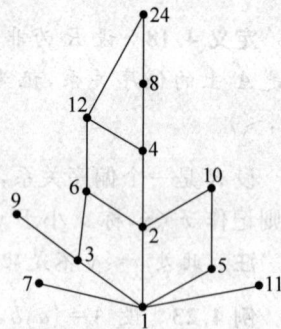

图　4.10

说明　(1) 有限集合 B 的最小元(最大元)不一定存在,但极小元(极大元)一定存在。

(2) 集合 B 的最小元(最大元)与 B 中的元素都可比,但极小元(极大元)不一定与 B 中的元素都可比。

(3) 集合 B 的最小元(最大元)如果存在,则一定唯一,但极小元(极大元)可能有多个。

定义 4.23 设 $\langle A,\leqslant\rangle$ 为偏序集,$B\subseteq A,y\in A$。

(1) 若 $\forall x(x\in B\rightarrow x\leqslant y)$ 成立,则称 y 为 B 的上界。

(2) 若 $\forall x(x\in B\rightarrow y\leqslant x)$ 成立,则称 y 为 B 的下界。

(3) 令 $C=\{y\mid y$ 为 B 的上界$\}$,则称 C 的最小元为 B 的上确界。

(4) 令 $C=\{y\mid y$ 为 B 的下界$\}$,则称 C 的最大元为 B 的下确界。

说明 (1) 集合 B 的上界、下界、上确界、下确界都不一定存在。

(2) 集合 B 的最小元(最大元)一定是 B 的下界(上界),而且是下确界(上确界),但 B 的下确界(上确界)不一定是 B 中的最小元(最大元)。

(3) 集合 B 的下确界(上确界)如果存在,则一定唯一,但下界(上界)可能有多个。

例 4.25 设偏序集 $\langle A,$整除$\rangle$,其中 $A=\{1,2,3,4,5,6,7,8,9,10,11,12,24\}$,令 $B=\{2,4,6,11,12\}$,问:

(1) 在偏序集 $\langle A,$整除$\rangle$ 中 B 是否存在极大元、极小元? 若存在,则给出。

(2) 在偏序集 $\langle A,$整除$\rangle$ 中 B 是否存在最大元、最小元? 若存在,则给出。

(3) 在偏序集 $\langle A,$整除$\rangle$ 中 B 是否存在上、下界? 若存在,则给出。

解 (1) 极大元集为 $\{11,12\}$,极小元集为 $\{2,11\}$。

(2) 不存在最大元和最小元。

(3) 不存在上界,下界为 1。

4.6 函 数

函数是一个基本的数学概念,也是数学中经常使用的工具。通常情况下,函数是在数集上讨论,本节对函数的概念进行推广,将其看成是一种特殊的关系。

1. 函数概念

定义 4.24 设 A,B 是两个集合,F 是一个从 A 到 B 的关系。如果对于每一个 $x\in A$,都有唯一的 $y\in B$,使得 $\langle x,y\rangle\in F$,则称关系 F 为 A 到 B 的函数,记作 $F:A\rightarrow B$。若 $\langle x,y\rangle\in F$,则记作 $y=F(x)$。

说明 (1) F 的定义域 $\text{dom}(F)=A$,F 的值域 $\text{ran}(F)\subseteq B$。若 $\text{ran}(F)=B$,则称关系 F 为 A 到 B 上的函数;若 $F:A\rightarrow A$,则称 F 为 A 上的函数。

(2) 函数一般用大写或小写的英文字母表示如函数 F 或函数 f,但是需要提醒的是,F 表示的是一个集合,而 $F(x)$ 代表的是一个值。

（3）从集合的角度来看,函数 $F=G \Leftrightarrow F \subseteq G \wedge G \subseteq F$。

以定义来分析,如果两个函数 F 和 G 相等,需要满足如下两个条件:

（1）$\mathrm{dom}(F)=\mathrm{dom}(G)$。

（2）$\forall x \in \mathrm{dom}(F)= \mathrm{dom}(G)$,都有 $F(x)=G(x)$。

例 4.26 设 $A=\{1,2,3,4\}$,$B=\{0,1\}$,判别下列 A 到 B 的关系中哪些能构成函数。

（1）$R_1=\{\langle 1,1 \rangle,\langle 2,0 \rangle,\langle 3,1 \rangle\}$;

（2）$R_2=\{\langle 1,1 \rangle,\langle 2,0 \rangle,\langle 3,0 \rangle,\langle 4,0 \rangle\}$;

（3）对于 A 中的元素 x 为偶数时,$\langle x,0 \rangle \in R_3$,否则 $\langle x,1 \rangle \in R_3$;

（4）当 $x \in A$,$y \in B$,且 $x>y$ 时,有 $\langle x,y \rangle \in R_4$。

解 （1）R_1 不是函数,因为对于 A 中的元素 4,在 B 中元素没有元素对应,所以 R_1 不是 A 到 B 的函数。

（2）R_2 能构成函数,因为对于每一个 $x \in A$,都有唯一 $y \in B$ 与它对应。

（3）R_3 能构成函数,因为对于每一个 $x \in A$,都有唯一 $y \in B$ 与它对应。

（4）R_4 不能构成函数,因为存在 $x \in A$,有多个 $y \in B$ 与它对应。如 $\langle 2,0 \rangle \in R_4$,$\langle 2,1 \rangle \in R_4$。

定义 4.25 所有从 A 到 B 的函数的集合,记作 B^A,读作"B 上 A",符号化为

$$B^A=\{f \mid f:A \rightarrow B\}。$$

例 4.27 设 $A=\{a,b,c\}$,$B=\{0,1\}$,求 B^A。

$F_0=\{\langle a,0 \rangle,\langle b,0 \rangle,\langle c,0 \rangle\}$,$F_1=\{\langle a,0 \rangle,\langle b,0 \rangle,\langle c,1 \rangle\}$,

$F_2=\{\langle a,0 \rangle,\langle b,1 \rangle,\langle c,0 \rangle\}$,$F_3=\{\langle a,0 \rangle,\langle b,1 \rangle,\langle c,1 \rangle\}$,

$F_4=\{\langle a,1 \rangle,\langle b,0 \rangle,\langle c,0 \rangle\}$,$F_5=\{\langle a,1 \rangle,\langle b,0 \rangle,\langle c,1 \rangle\}$,

$F_6=\{\langle a,1 \rangle,\langle b,1 \rangle,\langle c,0 \rangle\}$,$F_7=\{\langle a,1 \rangle,\langle b,1 \rangle,\langle c,1 \rangle\}$。

2. 单射、满射和双射函数

定义 4.26 设函数 $F:A \rightarrow B$。

（1）若 $\mathrm{ran}(F)=B$,则称 F 为 A 到 B 的满射函数。

（2）若 $\forall y \in \mathrm{ran}(F)$,都存在唯一的 $x \in A$,使得 $y=F(x)$,则称 F 为 A 到 B 的单射函数。

（3）若 $F:A \rightarrow B$ 既是满射函数又是单射函数,则称这个函数为双射函数。

例 4.28 以下都是实数集上的函数,判断它们是否为单射、满射或双射函数,并说明理由。

（1）$f(x)=x-1$;（2）$f(x)=x^2-x$;（3）$f(x)=\begin{cases} 0, & x=1, \\ x-3, & x \neq 1。 \end{cases}$

解 （1）是双射函数,因为它是单调函数,而且 $\mathrm{ran}(f)=R$。

(2) 不是单射,因为 $f(0)=f(1)=0$;也不是满射,因为函数的最小值为 $-\frac{1}{4}$,$\mathrm{ran}(f)\neq R$。

(3) 不是单射,因为 $f(1)=f(3)=0$;也不是满射,因为 $-2\notin\mathrm{ran}(f)$。

实际问题中,一些常见的函数非常重要,这里简单介绍。

(1) 常函数　设 $F：A\rightarrow B$,如果存在 $c\in B$,对于 $\forall x\in A$,都有 $F(x)=c$,则称 $F：A\rightarrow B$ 为常函数。

(2) 恒等函数　集合 A 上的恒等关系是集合 A 上的函数,对于 $\forall x\in A$,都有 $I_A(x)=x$,则称 I_A 为集合 A 上的恒等函数。

(3) 特征函数　设 A 为集合,对于任意的 $A'\subseteq A$,令

$$\chi_{A'}(a)=\begin{cases}1, & a\in A',\\ 0, & a\in A-A',\end{cases}$$

称 $\chi_{A'}：A\rightarrow[0,1]$ 为 A' 的特征函数。

自然映射:设 R 是 A 上的等价关系,令 $g(a)=[a]$,则称 $g：A\rightarrow A/R$ 为从 A 到商集 A/R 的自然映射。

3. 函数复合

类似于关系的右复合,以下的函数复合都采用右复合的规则。

定理 4.14　设 F,G 是函数,则 $F\circ G$ 满足

(1) $F\circ G$ 是函数;

(2) $\mathrm{dom}(F\circ G)=\{x|x\in\mathrm{dom}(F)\wedge F(x)\in\mathrm{dom}(G)\}$;

(3) $\forall x\in\mathrm{dom}(F\circ G)$,有 $F\circ G(x)=G(F(x))$。

证明　(1) 由 F,G 都是关系,则 $F\circ G$ 是关系(要证 $F\circ G$ 为函数,依定义只需证明对 $\forall x\in\mathrm{dom}(F\circ G)$,有唯一 y 与之对应),不妨设对某个 $x\in\mathrm{dom}(F\circ G)$,有 $xF\circ Gy_1$,$xF\circ Gy_2$,则

$$xF\circ Gy_1\wedge xF\circ Gy_2$$
$$\Rightarrow\exists t_1(\langle x,t_1\rangle\in F\wedge\langle t_1,y_1\rangle\in G)\wedge\exists t_2(\langle x,t_2\rangle\in F\wedge\langle t_2,y_2\rangle\in G)$$
$$\Rightarrow\exists t_1\exists t_2(\langle t_1=t_2\rangle\wedge\langle t_1,y_1\rangle\in G\wedge\langle t_2,y_2\rangle\in G)$$
$$\Rightarrow y_1=y_2,$$

所以,$F\circ G$ 也是函数。

(2) 先证 $\mathrm{dom}(F\circ G)\subseteq\{x|x\in\mathrm{dom}(F)\wedge F(x)\in\mathrm{dom}(G)\}$,任取 x,有

$$x\in\mathrm{dom}(F\circ G)$$
$$\Rightarrow\exists t\exists y(\langle x,t\rangle\in F\wedge\langle t,y\rangle\in G)$$
$$\Rightarrow\exists t(x\in\mathrm{dom}(F)\wedge t=F(x)\wedge t\in\mathrm{dom}(G))$$

$$\Rightarrow x \in \{x \mid x \in \mathrm{dom}(F) \land F(x) \in \mathrm{dom}(G)\}。$$

再证$\{x \mid x \in \mathrm{dom}(F) \land F(x) \in \mathrm{dom}(G)\} \subseteq \mathrm{dom}(F \circ G)$,任取 x,有

$$x \in \{x \mid x \in \mathrm{dom}(F) \land F(x) \in \mathrm{dom}(G)\}$$
$$\Rightarrow x \in \mathrm{dom}(F) \land F(x) \in \mathrm{dom}(G)$$
$$\Rightarrow \langle x, F(x) \rangle \in F \land \langle F(x), G(F(x)) \rangle \in G$$
$$\Rightarrow \langle x, G(F(x)) \rangle \in F \circ G$$
$$\Rightarrow x \in \mathrm{dom}(F \circ G)。$$

综合上述,则 $\mathrm{dom}(F \circ G) = \{x \mid x \in \mathrm{dom}(F) \land F(x) \in \mathrm{dom}(G)\}$。

(3) $\forall x \in \mathrm{dom}(F \circ G)$,由(2)可知$\langle x, G(F(x)) \rangle \in F \circ G \Rightarrow F \circ G(x) = G(F(x))$。一般地,设函数 $f: A \to B$,$g: B \to C$,则 $f \circ g: A \to C$,且对 $\forall x \in A$,都有 $f \circ g(x) = g(f(x))$。

例 4.29　设 f,g 为实数集上的函数,且

$$f(x) = \begin{cases} 0, & x > 1, \\ x^2, & x \leqslant 1, \end{cases} \qquad g(x) = x - 2,$$

求 $f \circ g$,$g \circ f$。

解　$f \circ g(x) = \begin{cases} -2, & x > 1, \\ x^2 - 2, & x \leqslant 1; \end{cases}$　$g \circ f(x) = \begin{cases} 0, & x > 3, \\ (x-2)^2, & x \leqslant 3。 \end{cases}$

4. 反函数

下面考虑函数的逆运算。

定义 4.27　设函数 F,若其逆关系 F^{-1} 也构成函数,则称 F 是可逆函数。F^{-1} 读作“F 的反函数”。

说明　(1) 关系 F 一定可逆,但函数 F 不一定可逆。

(2) 若 $F: A \to B$ 为单射函数,则 F 一定可逆,但 F^{-1} 不一定是 $B \to A$ 上的单射函数。

定理 4.15　设 $F: A \to B$ 是双射函数,则 $F^{-1}: B \to A$ 也是双射函数。

证明　(1) 先证 F^{-1} 是函数。

因为 F 是函数,则 F^{-1} 是关系。于是有 $\mathrm{dom}(F^{-1}) = \mathrm{ran}(F) = B$,$\mathrm{ran}(F^{-1}) = \mathrm{dom}(F) = A$。对于 $\forall x \in B = \mathrm{dom}(F^{-1})$,若有 $y_1, y_2 \in A$,使得 $\langle x, y_1 \rangle \in F^{-1}$,$\langle x, y_2 \rangle \in F^{-1}$ 成立,则 $\langle y_1, x \rangle \in F$,$\langle y_2, x \rangle \in F$。由 F 是单射,则有 $y_1 = y_2$,故 F^{-1} 是函数。

(2) 再证 F^{-1} 是满射。

对 $\forall x \in A = \mathrm{ran}(F^{-1})$,由 F 是函数,则存在唯一 $y \in B = \mathrm{dom}(F^{-1})$,有 $\langle x, y \rangle \in F$,则 $\langle y, x \rangle \in F^{-1}$,即证明 F^{-1} 是满射。

(3) 最后证 F^{-1} 是单射。

若存在 $x_1, x_2 \in B$,使得 $F^{-1}(x_1) = F^{-1}(x_2) = y$,则有

$$\langle x_1, y \rangle \in F^{-1} \land \langle x_2, y \rangle \in F^{-1}$$

$$\Rightarrow \langle y, x_1 \rangle \in F \wedge \langle y, x_2 \rangle \in F$$
$$\Rightarrow x_1 = x_2, (F \text{ 是函数})$$

所以 F^{-1} 是单射。

综合上述,结论得证。

4.7 集合的基数

所谓集合 A 的基数,当 A 有限集时,就以其元素的个数为集合 A 基数;当 A 为无限集时,通常也看成是元素个数的一种推广。集合的基数通常记作 $|A|$,或 $\text{card}A$。对集合基数的讨论是集合论的一个重要组成部分。

1. 可数集合

定义 4.28 如果存在一个从集合 A 到自然数集 N 的单射,则称集合 A 是一个可数集合,不是可数集合的集合称作不可数集合。

说明 (1) 有限集合必为可数集合,但可数集合不一定有限。

(2) 任何可数集合都可以按照自然数顺序排序。因此,可数集合的等价定义为:A 是一个可数集合当且仅当 A 可以按照自然数顺序排序。

例 4.30 试判断下列集合是否为可数集合。

(1) $2\mathbf{N}$;   (2) $\mathbf{Z}$;   (3) $\mathbf{Q}$;   (4) $\mathbf{N} \times \mathbf{N}$。

解 (1) 方法一 令 $F: 2\mathbf{N} \to \mathbf{N}$,其中 $F(2n) = n, n \in \mathbf{N}$,易知 $F: 2\mathbf{N} \to \mathbf{N}$ 是从 $2\mathbf{N}$ 到 $\mathbf{N}$ 的一个单射函数,故 $2\mathbf{N}$ 为可数集合。

方法二 如图 4.11 所示,$2\mathbf{N}$ 可以按照自然数顺序排序,故为可数集合。

(2) 方法一 令 $F: \mathbf{Z} \to \mathbf{N}$,其中 $F(x) = \begin{cases} 2x, & x \geqslant 0, \\ -2x-1, & x < 0, \end{cases}$ 易知 $F: \mathbf{Z} \to \mathbf{N}$ 是从 $\mathbf{Z}$ 到 $\mathbf{N}$ 的一个单射函数,故 $\mathbf{Z}$ 为可数集合。

方法二 如图 4.12 所示,$\mathbf{Z}$ 可以按照自然数顺序排序,故为可数集合。

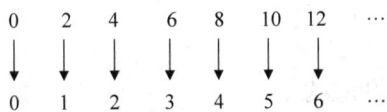

图 4.11

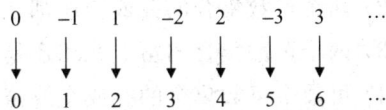

图 4.12

(3) 如图 4.13 所示,$\mathbf{Q}$ 可以按照自然数顺序排序,故为可数集合。为把所有有理数按照自然数顺序排序,先把所有有理数如图 4.13 给出,然后以 0/1 作为第一个数,按照箭头规定的顺序可以排列图表中所有有理数,其中,遇到重复出现的数,则跳过。

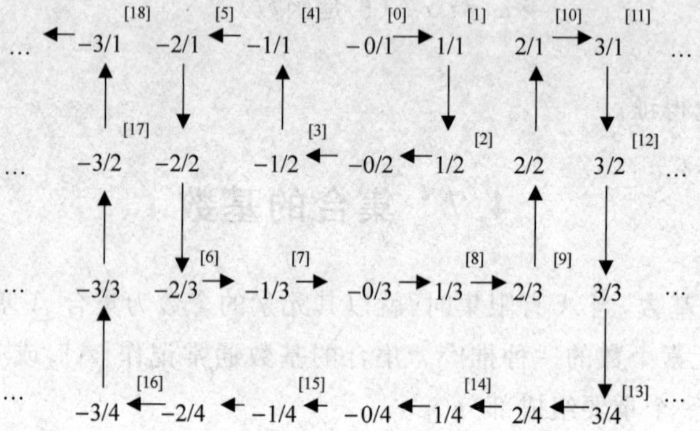

图　4.13

(4) 如图 4.14 所示,**N×N** 可以按照自然数顺序排序,故为可数集合。

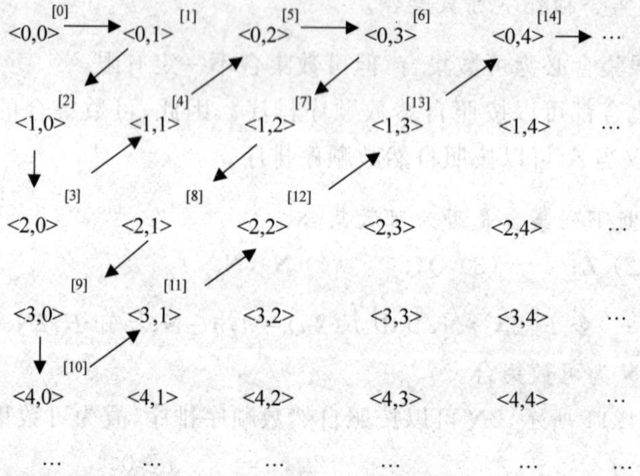

图　4.14

关于可数集合,有下列命题成立。

(1) 可数集合的任何子集都是可数集。

(2) 两个可数集合的并或交还都是可数集。

(3) 两个可数集合的笛卡儿积还是可数集。

(4) 可数个可数集合的并或交或笛卡儿积还都是可数集。

对于无限集合,我们习惯于选择一些标准集合,以这些标准集合的基数,作为衡量无限集合基数的工具。通常选自然数集和实数集为标准集,把自然数集的基数记作 $\aleph_0$,读作"阿列夫零"。实数集的基数记作 $\aleph$,读作"阿列夫"。

2. 集合的势

定义 4.29 设 A,B 是集合。

(1) 如果存在从集合 A 到 B 的单射函数,则 B 称优势于 A,记作 $A \preccurlyeq B$;

(2) 如果存在从集合 A 到 B 的双射函数,则称 A 和 B 是等势的,记作 $A \approx B$。

说明 (1) 如果 A 和 B 是等势,则 A 和 B 的基数相同,即 $|A| = |B|$。

(2) 若 $A \preccurlyeq B$,且 $A \napprox B$,则称 B 真优势于 A,记作 $A \prec B$。

定理 4.16 设 A,B,C 是任意集合。

(1) $A \approx A$;

(2) 若 $A \approx B$,则 $B \approx A$;

(3) 若 $A \approx B, B \approx C$,则 $A \approx C$。

例 4.31 试判断下列集合间是否等势。

(1) $[36,100]$ 与 $[60,100]$; (2) $(0,1)$ 与 $\mathbf{R}$; (3) $(0,1)$ 与 $[0,1]$。

解 (1) 要证明有限区间 $[a,b]$ 与 $[c,d]$ 等势,只需找到过点 $(a,c),(b,d)$ 的一个单调函数即可。

方法一 令 $F:[36,100] \to [60,100]$,其中 $F(x) = 10\sqrt{x}, x \in [36,100]$,易知 $F:[36,100] \to [60,100]$ 是从 $[36,100]$ 到 $[60,100]$ 的一个双射函数,故 $[36,100] \approx [60,100]$。

方法二 同理,令 $F:[36,100] \to [60,100]$,其中 $F(x) = \frac{5}{8}(x-36)+60, x \in [36,100]$,易知 $F:[36,100] \to [60,100]$ 是从 $[36,100]$ 到 $[60,100]$ 的一个双射函数,故 $[36,100] \approx [60,100]$。

(2) 令 $F:(0,1) \to R, F(x) = \tan\frac{2x-1}{2}\pi, x \in (0,1)$,易知函数 F 为一个双射函数,则 $(0,1) \approx \mathbf{R}$。

(3) 构造序列

$$\frac{1}{2} \quad \frac{1}{2^2} \quad \frac{1}{2^3} \quad \frac{1}{2^4} \quad \cdots \quad \frac{1}{2^n} \quad \cdots$$

再构造如下一一对应:

$$
\begin{array}{ccccccc}
0 & 1 & \frac{1}{2} & \frac{1}{2^2} & \cdots & \frac{1}{2^n} & \cdots \\
\downarrow & \downarrow & \downarrow & \downarrow & & \downarrow & \\
\frac{1}{2} & \frac{1}{2^2} & \frac{1}{2^3} & \frac{1}{2^4} & \cdots & \frac{1}{2^{n+2}} & \cdots
\end{array}
$$

显然上述对应是双射的,再把区间[0,1]上的其他数对应自身,则得到双射函数

$$f(x)=\begin{cases}\dfrac{1}{2}, & x=0,\\[2mm]\dfrac{1}{2^2}, & x=1,\\[2mm]\dfrac{1}{2^{n+2}}, & x=\dfrac{1}{2^n},\\[2mm]x, & \text{其他}。\end{cases}$$

于是结论得证,即$(0,1)\approx[0,1]$。

定理 4.17(Cantor 定理) (1) $\mathbf{N}\not\approx\mathbf{R}$;

(2) 对于任何集合,都有 $A\not\approx P(A)$(其中 $P(A)=\{X\mid X\subseteq A\}$)。

证明 (1)由定理 4.15 和例 2(2)、(3)可知,如果能证明 $\mathbf{N}\not\approx[0,1]$,则结论得证。为此,下面证明不存在 $\mathbf{N}$ 到区间[0,1]的双射函数。实际上,只需证明对任何 $\mathbf{N}$ 到区间[0,1]的函数都不是满射即可。

设 $f:\mathbf{N}\to[0,1]$ 为从 $\mathbf{N}$ 到区间[0,1]的任一函数,如下列出函数的所有值:

$$f(0)=0.a_1^{(1)}a_2^{(1)}\cdots,$$
$$f(0)=0.a_1^{(2)}a_2^{(2)}\cdots,$$
$$\vdots$$
$$f(n-1)=0.a_1^{(n)}a_2^{(n)}\cdots,$$
$$\vdots$$

这里需要规定无限小数表示方法的唯一性,如 $0.199\cdots=0.200\cdots$,为了保证上述函数值的唯一性,如遇到上述情形时,统一取后者表示。

设 y 是区间[0,1]上的一个数,可表示为

$$y=0.b_1b_2\cdots,(b_i\neq a_i^{(i)})$$

显然 y 可以构造出来,且 y 与上面的任何一个函数值都不相等,所以有 $y\notin\text{ran}(f)$,即 f 不是满射。

(2)和(1)的证明类似,下面证明任何从 A 到 $P(A)$ 的函数都不是满射。

设 $g:A\to P(A)$ 为从 A 到 $P(A)$ 的任一函数,构造集合

$$B=\{x\mid x\in A\wedge x\notin g(x)\},$$

则 $B\in P(A)$,但对任意 $x\in A$,都有 $B\neq g(x)$,所以有 $B\notin\text{ran}(f)$,即 g 不是满射。

上述定理说明不存在最大的基数,将已知的基数按从小到大的顺序排列就得到

$$0,1,2,\cdots,n,\cdots,\aleph_0,\aleph,\cdots,$$

其中 $0,1,2,\cdots,n,\cdots$,恰好是全体自然数,称为有穷基数,而 $\aleph_0,\aleph,\cdots$ 称为无穷基数。

习 题 4

1. 已知 $A=\{1,\{\varnothing\}\}$，求 $A\times P(A)$。

2. 设 $A=\{1,2,3,4\}$，试用列元素法表示出下述 A 上元素之间的关系。

(1) x^2 是 y 的倍数；(2) $(x-y)^2$ 是 A 中的元素；(3) $x\neq y$。

3. 已知集合 $A=\{0,1\}$，$B=\{1\}$，试写出集合 A 到 B 上的所有关系。

4. 试用关系矩阵和关系图来表示下列从集合 A 到 B 上的关系。其中 $A=\{1,2,3,4\}$，$B=\{0,1,2\}$。

(1) $R_1=\{\langle 1,1\rangle,\langle 2,0\rangle\}$；

(2) $R_2=\{\langle 1,1\rangle,\langle 2,0\rangle,\langle 3,0\rangle,\langle 4,2\rangle\}$；

(3) $R_3=\{\langle 1,0\rangle,\langle 1,1\rangle,\langle 2,0\rangle,\langle 3,1\rangle,\langle 4,0\rangle,\langle 4,1\rangle,\langle 4,2\rangle\}$。

5. 已知关系 $R_1=\{\langle 1,1\rangle,\langle 2,0\rangle\}$，$R_2=\{\langle 1,1\rangle,\langle 2,0\rangle,\langle 3,0\rangle,\langle 4,2\rangle\}$，求：$R_1-R_2$，$R_1\cap R_2$，$\mathrm{dom}(R_1)$，$\mathrm{ran}(R_2)$，$\mathrm{fld}(R_1\cap R_2)$。

6. 已知关系 $R=\{\langle 1,1\rangle,\langle 1,0\rangle,\langle 2,4\rangle,\langle 3,2\rangle,\langle 4,3\rangle\}$，求：$R\circ R$，$R^{-1}$，$R\!\upharpoonright\!\{1,2\}$，$R[\{2,3\}]$。

7. 已知关系 $R=\{\langle a,a\rangle,\langle a,b\rangle,\langle b,c\rangle,\langle c,d\rangle\}$，试用三种方法求出 R^3。

8. 设 R_1,R_2 为集合 A 上的关系，证明：

(1) $(R_1\cup R_2)^{-1}=R_1^{-1}\cup R_2^{-1}$；

(2) $(R_1\cap R_2)^{-1}=R_1^{-1}\cap R_2^{-1}$。

9. 设 $A=\{1,2,3\}$，R_1,R_2 和 R_3 是 A 上的关系，$R_1=\{\langle 1,2\rangle,\langle 2,3\rangle\}$，$R_2=\{\langle 1,1\rangle,\langle 1,2\rangle,\langle 2,2\rangle,\langle 2,3\rangle,\langle 3,1\rangle,\langle 3,3\rangle\}$，$R_3=\{\langle 1,3\rangle\}$，试说明 R_1,R_2 和 R_3 具有何种性质并说明理由。

10. 设 $A=\{0,1,2,3,4\}$，$R=\{\langle x,y\rangle\mid x\in A,y\in A$ 且 $x+y<0\}$，$S=\{\langle x,y\rangle\mid x\in A,y\in A$ 且 $x+y\leqslant 3\}$，试求 $R,S,R\circ S,R^{-1},S^{-1}$。

11. 判断习图 4.1 中关系的性质，并说明理由。

12. 设 R_1,R_2 为集合 A 上的任意两个关系，判断下列结论是否成立，若成立，请证明之；若不成立，则举反例说明。

(1) 若 R_1,R_2 自反，则 $R_1\cap R_2$ 也自反。

(2) 若 R_1,R_2 反自反，则 $R_1\cup R_2$ 也反自反。

(3) 若 R_1,R_2 对称，则 R_1-R_2 也对称。

(4) 若 R_1,R_2 反对称，则 $R_1\circ R_2$ 也反对称。

(5) 若 R_1,R_2 传递，则 $R_1\circ R_2$ 也传递。

13. 设 $A=\{1,2,3,4,5,6,7,8\}$，问在 A 上的下列关系是否满足自反性，反自反性，对称性，反对称性，传递性？将结果填入下页表中。

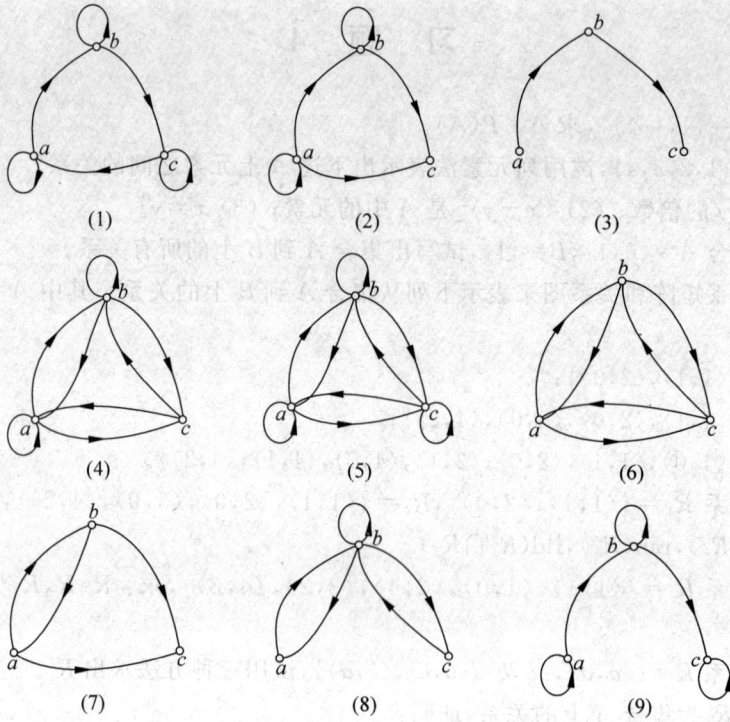

习图 4.1

	整除	$\neq$		$<$	I_A	$\varnothing$	E_A
自反性							
反自反性							
对称性							
反对称性							
传递性							

14. 设 $A=\{a,b,c,d\}$，在 A 上的关系 $R=\{\langle a,b\rangle,\langle b,a\rangle,\langle c,b\rangle,\langle c,c\rangle,\langle d,c\rangle\}$，画出 R，$r(R),s(R),t(R)$ 的关系图。

15. 设 R_1,R_2 为集合 A 上的两个关系，且 $R_1\subseteq R_2$，试证：

(1) $r(R_1)\subseteq r(R_2)$;

(2) $s(R_1)\subseteq s(R_2)$;

(3) $t(R_1)\subseteq t(R_2)$。

16. 设 $A=\{a,b,c,d\}$，在 A 上给定关系 $R=\{\langle a,b\rangle,\langle b,c\rangle,\langle c,b\rangle,\langle c,c\rangle,\langle d,c\rangle\}$，求 R 的自反闭包，对称闭包，传递闭包以及 $t(s(r(R)))$。

17. 设 $A=\{1,2,3,4\}$，R 是 A 上的等价关系，且 R 在 A 上构成的等价类是 $\{1,2\}$，$\{3,$

4},求:

(1) R;

(2) $r(R),s(R),t(R)$。

18. 证明:定义在实数集 R 上的关系 $S=\{\langle x,y\rangle\mid x,y\in R,(x-y)/3$ 是整数$\}$是一个等价关系。

19. 设 $R=\{\langle a,b\rangle\mid a,b\in \mathbf{N}$ 且 $a+b$ 为偶数$\}$,则 R 为 $\mathbf{N}$(自然集)上的等价关系。

20. 设集合 $A=\{1,2,3,4\}$,在 $A\times A$ 上定义二元关系

$$R=\{\langle\langle u,v\rangle,\langle x,y\rangle\rangle\mid\langle u,v\rangle\in A\times A\wedge\langle x,y\rangle\in A\times A\wedge u+y=x+v\}。$$

(1) 证明 R 为 $A\times A$ 上的等价关系。

(2) 求商集 $A\times A/R$。

21. 已知集合 $A=\{1,2,3\}$,试给出 A 上的所有等价关系。

22. 画出$\langle P(\{a,b,c\}),\subseteq\rangle$的哈斯图。

23. $G=\{1,2,3,4,6,8,9,12,18,24\}$,$\leqslant$ 为整除关系,作出偏序集$\langle G,\leqslant\rangle$的哈斯图,令 $A=\{2,3,4,6\}$,在$\langle G,\leqslant\rangle$中求出 A 的上界,最大元,极大元,极小元。

24. 画出下列偏序集$\langle A,R_{\leqslant}\rangle$的哈斯图,并找出 A 的极大元、极小元、最大元和最小元,其中 $A=\{a,b,c,d,e\},R_{\leqslant}=\{\langle a,d\rangle,\langle a,c\rangle,\langle a,b\rangle,\langle a,e\rangle,\langle b,e\rangle,\langle c,e\rangle,\langle d,e\rangle\}\bigcup I_A$。

25. 已知习图 4.2 为哈斯图,分别写出对应集合以及偏序关系。

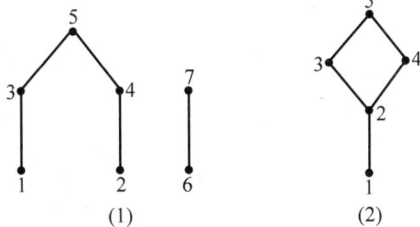

习图 4.2

26. 下列关系中哪些是函数?

(1) $R_1=\{\langle x,y\rangle\mid x\in \mathbf{N}\wedge y\in \mathbf{N}\wedge x+y<5\}$。

(2) $R_2=\{\langle x,y\rangle\mid x\in \mathbf{Z}\wedge y\in \mathbf{Z}\wedge x=y-5\}$。

(3) $R_3=\{\langle x,y\rangle\mid x\in \mathbf{R}\wedge y\in \mathbf{R}\wedge x=y^2\}$。

27. 设 $A=\{a,b\},B=\{0,1,2\}$,求 B^A。

28. 判断下列函数是否为单射,满射或双射函数,为什么?

(1) $f:\mathbf{N}\rightarrow\{0,1\}$,当 x 为偶数时,$f(x)=0$;当 x 为奇数时,$f(x)=1$。

(2) $f:\mathbf{R}\rightarrow\mathbf{R},f(x)=3^x$。

(3) $f:\mathbf{R}\rightarrow\mathbf{R},f(x)=2x-15$。

(4) $f:\mathbf{R}\times\mathbf{R}\rightarrow\mathbf{R}\times\mathbf{R},f(\langle x,y\rangle)=\langle x-1,y+1\rangle$。

29. 设 f,g 为整数集上的函数，$f(x)=x^2+3$，$g(x)=x-1$，求 $f\circ g,g\circ f$。

30. 设 f 为集合 A 上的函数，证明：$f\circ I_A=I_A\circ f=f$。

31. 设 f 为集合 A 上的函数，证明：

(1) f 单射当且仅当存在函数 g，且 $g\circ f=I_A$。

(2) f 满射当且仅当存在函数 g，且 $f\circ g=I_A$。

(3) f 双射当且仅当存在函数 g，且 $f\circ g=g\circ f=I_A$。

32. 设区间 $[0,1]$ 和区间 $[2,5]$ 是实数区间，证明：$[0,1]\approx[2,5]$。

33. 设 A,B 都是可数集合，证明：(1) $A\cup B$ 是可数集合；(2) $A\oplus B$ 是可数集合。

集合论小结

集合论是研究集合的一般性质的数学分支,它研究集合不依赖于其组成元素的特性的性质。集合论的特点是研究对象的广泛性,集合是各种不同对象的抽象,这些对象可以是数或图形,也可以是任意其他事物。集合论总结出由各种对象构成的集合的共同性质,并用统一的方法来处理。由于集合论的语言适合于描述和研究离散对象及其关系,所以它也是计算机科学与工程的理论基础,它在程序设计、形式语言、关系数据库、操作系统等计算机科学中都有重要的应用。在现代数学中,每个对象(如函数、数等)本质上都是集合,都可以用某种集合来定义,数学的各个分支,本质上都是在研究这种或那种对象的集合的性质。正因为如此,集合论被广泛地应用于各种科学和技术领域,集合论已经成为全部现代数学的理论基础。

第三部分 代 数 结 构

　　代数结构又称为代数系统,简称代数,是抽象代数的主要研究对象。抽象代数是数学的一个分支,它用代数的方法从不同的研究对象中概括出一般的数学模型并研究其规律、性质和结构。代数系统的种类很多,它们在计算机科学的自动机理论、编码理论、形式语言、时序线路、开关线路计数问题以及计算机网络纠错码的纠错能力判断、密码学、计算机理论科学等方面有着非常广泛的应用。本部分首先介绍二元运算及其性质,然后介绍代数系统的相关概念,最后对代数系统中的半群、群、环、域、格和布尔代数等作简要介绍。

第5章 代数系统

代数的概念与方法是研究计算机科学和工程的重要数学工具。本章主要介绍二元运算及其性质,对二元运算中的特殊元素(如幺元、零元、逆元等)作以介绍,最后介绍代数系统的定义及其性质。

5.1 二元运算及其性质

在介绍代数系统之前,先引进在一个集合 A 上的运算概念。例如,将实数集合 $\mathbf{R}$ 上的每一个数 $a \neq 0$ 映射成它的倒数 $\frac{1}{a}$,或者将 $\mathbf{R}$ 上的每一个数 y 映射成$[y]$(对 y 进行取整),就可以将这些映射称为在集合 $\mathbf{R}$ 上的一元运算;而在集合 $\mathbf{R}$ 上,对任意两个实数所进行的普通加法和乘法,就是集合 $\mathbf{R}$ 上的二元运算,也可以看作是将 $\mathbf{R}$ 上的任意两个实数映射成 $\mathbf{R}$ 中的一个实数。上述例子,都有一个共同的特征,那就是其运算结果都是在原来的集合 $\mathbf{R}$ 中,我们称具有这种特征的运算是封闭的,简称闭运算。相反地,没有这种特征的运算就是不封闭的。

二元运算是最常见的代数运算。

定义 5.1 设 S 为集合,函数 $f:S \times S \rightarrow S$ 称为 S 上的二元运算,简称为二元运算。

在整数集合 $\mathbf{Z}$ 上,对任意两个整数所进行的普通加法和乘法,都是集合 $\mathbf{Z}$ 上的二元运算。因为显然任意两个整数相加和相乘的结果都是整数。但是对任意两个整数的除法就不是集合 $\mathbf{Z}$ 上的二元运算,因为两个整数相除,可能不是整数。如何判断一个运算是否为集合 S 上的二元运算主要考虑以下两点:唯一性和封闭性。

1. 集合 S 中任意的两个元素都能进行这种运算,并且结果要是唯一的。

2. 集合 S 中任意的两个元素运算的结果都是属于 S 的,即该运算对 S 是封闭的。

例 5.1 设 $A = \{x \mid x = 2^n, n \in \mathbf{N}\}$,问在集合 A 上通常的乘法运算是否封闭,对加法运算呢?

解 对于任意的 $2^r, 2^s \in A, r, s \in \mathbf{N}$,从因为 $2^r 2^s = 2^{r+s} \in A$,所以乘法运算是封闭的。而对于加法运算是不封闭的,因为至少有 $2 + 2^2 = 6 \notin A$。

定义 5.2 设 $*$ 是定义在集合 A 上的二元运算,如果对于任意的 $x, y \in A$,都有 $x * y = y * x$,则称该二元运算 $*$ 是可交换的。

例 5.2 设 Q 是有理数集合，$*$ 是 Q 上的二元运算，对任意的 $a,b \in Q,a*b=a+b-ab$，问运算 $*$ 是否可交换。

解 因为 $a*b=a+b-ab=b+a-ba=b*a$，所以运算 $*$ 是可交换的。

定义 5.3 设 $*$ 是定义在集合 A 上的二元运算，如果对于任意的 $x,y,z \in A$，都有 $(x*y)*z=x*(y*z)$，则称该二元运算 $*$ 是可结合的，或者说运算 $*$ 在 A 上满足结合律。

例 5.3 设 $\mathbf{Z}$ 表示整数集。(1)令"$+$"是整数中的加法，任取 $r,s,t \in \mathbf{Z},(r+s)+t=r+(s+t)$，故"$+$"在 $\mathbf{Z}$ 中适合结合律。(2)令"$-$"是整数中的减法，若取 $2,5,3 \in \mathbf{Z},(2-5)-3=-6$，而 $2-(5-3)=0$，则 $(2-5)-3 \neq 2-(5-3)$，故运算"$-$"不满足结合律。

由上例可以看出不是所有的二元运算都是满足结合律的。对于适合结合律的二元运算，在一个只由该运算的算符连接起来的表达式中，可以把所有表示运算顺序的括号去掉。例如加法在实数集上是可结合的，对于任意实数 x,y,z 和 u，可以写成
$$(x+y)+(z+u)=x+y+z+u.$$

定义 5.4 设 $*$ 是定义在集合 A 上的一个二元运算，如果对于任意的 $x \in A$，都有 $x*x=x$，则称运算 $*$ 是幂等的。

例 5.4 设 $P(S)$ 是集合 S 的幂集，在 $P(S)$ 上定义的两个二元运算，集合的"并"运算 $\bigcup$ 和集合的"交"运算 $\bigcap$，验证 $\bigcup,\bigcap$ 是幂等的。

解 对于任意的 $A \in P(S)$，有 $A \bigcup A=A$ 和 $A \bigcap A=A$，因此运算 $\bigcup$ 和 $\bigcap$ 都满足幂等律。

定义 5.5 设 $\circ$ 和 $*$ 是 S 上的两个二元运算，如果对任意的 $x,y,z \in S$，有
$$x*(y \circ z)=(x*y) \circ (x*z), \quad (y \circ z)*x=(y*x) \circ (z*x),$$
则称运算 $*$ 对 $\circ$ 是可分配的。

例 5.5 在实数集 $\mathbf{R}$ 上，$\forall x,y,z \in \mathbf{R}$，对于普通的乘法和加法，有
$$x(y+z)=xy+xz, \quad (y+z)x=yx+zx,$$
即乘法对加法是可分配的。但是加法对乘法不满足可分配性。

定义 5.6 设 $\circ$ 和 $*$ 是定义在集合 A 上的两个可交换二元运算，如果对于任意的 $x,y \in A$，都有
$$x*(x \circ y)=x, \quad \text{且} x \circ (x*y)=x,$$
则称运算 $\circ$ 与 $*$ 相互满足吸收律。

例 5.6 设集合 $\mathbf{N}$ 为自然数全体，在 $\mathbf{N}$ 上定义两个二元运算 $*$ 和 $\bigstar$，对于任意 $x,y \in \mathbf{N}$，有 $x*y=\max\{x,y\},x \bigstar y=\min\{x,y\}$，验证运算 $*$ 和 $\bigstar$ 满足吸收律。

解 对于任意 $a,b \in \mathbf{N}$，有
$$a*(a \bigstar b)=\max\{a,\min\{a,b\}\}=a,$$

$$a \bigstar (a * b) = \min\{a, \max\{a, b\}\} = a。$$

因此，* 和★满足吸收律。

5.2　二元运算中的特殊元素

1. 幺元(单位元)

定义 5.7　设 * 是 S 上的二元运算，$e_l, e_r, e \in S$。

(1) 如果对于任意元素 $x \in S$，都有 $e_l * x = x$，则称 e_l 是 S 中(关于运算 *)的左幺元；

(2) 如果对于任意元素 $x \in S$，都有 $x * e_r = x$，则称 e_r 是 S 中(关于运算 *)的右幺元；

(3) 如果 e 既是 S 中(关于运算 *)的左幺元，又是右幺元，则称 e 是 S 中(关于运算 *)的幺元。

在自然数集 $\mathbf{N}$ 上，加法的幺元是 0，乘法的幺元是 1。对于给定的集合和运算有的存在幺元，有的不存在幺元。

例 5.7　设 $S = \{a, b, c\}$，S 上的两个二元运算 * 和 ∘ 由表 5-1 定义，则

表 5-1　二元运算 * 和 ∘ 的定义

*	a	b	c	∘	a	b	c
a	a	b	c	a	a	b	c
b	b	a	c	b	b	c	a
c	a	b	c	c	c	a	b

(1) a 和 c 是关于 * 的左幺元，关于 * 的右幺元不存在；

(2) 对于运算 ∘，a 既是左幺元又是右幺元，从而是幺元。

定理 5.1　设 * 是 S 上的二元运算，如果 S 中存在(关于运算 * 的)幺元，则必是唯一的。

证明　设 e_1 和 e_2 是 S 中关于运算 * 的幺元，则

$$
\begin{aligned}
e_1 &= e_1 * e_2 & (e_2 \text{ 是幺元}) \\
&= e_2, & (e_1 \text{ 是幺元})
\end{aligned}
$$

所以幺元是唯一的。

定理 5.2　设 * 是 S 上的二元运算，如果 S 中既存在关于运算 * 的左幺元 e_l，又存在关于运算 * 的右幺元 e_r，则 S 中必存在关于运算 * 的幺元 e 并且

$$e_l = e_r = e。$$

证明　因为 e_l 和 e_r 分别是 S 中关于运算 * 的左幺元和右幺元，所以

$$e_l = e_l * e_r \qquad (e_r \text{ 是右幺元})$$
$$= e_r, \qquad (e_l \text{ 是左幺元})$$

从而 e_l 和 e_r 是幺元,由定理 5.1 得

$$e_l = e_r = e。$$

2. 零元

定义 5.8 设 $*$ 是 S 上的二元运算,$\theta_l, \theta_r, \theta \in S$。

(1) 如果对于任意的 $x \in S$,都有

$$\theta_l * x = \theta_l,$$

则称 θ_l 是 S 中(关于运算 $*$)的左零元;

(2) 如果对于任意的 $x \in S$,都有

$$x * \theta_r = \theta_r,$$

则称 θ_r 是 S 中(关于运算 $*$)的右零元;

(3) 如果 θ 既是(关于运算 $*$)的左零元,又是右零元,则称 θ 是 S 中(关于运算 $*$)的零元。

在自然数集 $\mathbf{N}$ 上,普通乘法的零元是 0,而加法没有零元。在 $\mathbf{R}^*$ 上如果定义运算 $\circ$,使得对任意 $a, b \in \mathbf{R}^*$,满足

$$a \circ b = a,$$

那么 $\mathbf{R}^*$ 的任何元素都是关于运算 $\circ$ 的左零元,$\mathbf{R}^*$ 中没有右零元,也没有零元。

定理 5.3 设 $*$ 是 S 上的二元运算,如果 S 中存在(关于运算 $*$ 的)零元,则必是唯一的。

证明 设 θ_1 和 θ_2 是 S 中关于运算 $*$ 的零元,则

$$\theta_1 = \theta_1 * \theta_2 \qquad (\theta_1 \text{ 是零元})$$
$$= \theta_2, \qquad (\theta_2 \text{ 是零元})$$

所以零元是唯一的。

定理 5.4 设 $*$ 是 S 上的二元运算,如果 S 中既存在关于运算 $*$ 的左零元 θ_l,又存在关于运算 $*$ 的右零元 θ_r,则 S 中必存在关于运算 $*$ 的零元 θ,并且 $\theta_l = \theta_r = \theta$。

证明 因为 θ_l 和 θ_r 分别是 S 中关于运算 $*$ 的左零元和右零元,所以

$$\theta_l = \theta_l * \theta_r \qquad (\theta_l \text{ 是左零元})$$
$$= \theta_r, \qquad (\theta_r \text{ 是右零元})$$

从而 θ_l 和 θ_r 是零元,由定理 5.3 得

$$\theta_l = \theta_r = \theta。$$

3. 逆元

定义 5.9 设 $*$ 是 S 上的二元运算,e 是 S 中关于 $*$ 的幺元。对于 $x \in S$,

　　(1) 如果存在 $y_l \in S$,使得 $y_l * x = e$,则称 y_l 是 x(关于运算 $*$)的左逆元;

　　(2) 如果存在 $y_r \in S$,使得 $x * y_r = e$,则称 y_r 是 x(关于运算 $*$)的右逆元;

　　(3) 如果 y 既是 x(关于运算 $*$)的左逆元,又是 x 的右逆元,则称 y 是 x(关于运算 $*$)的逆元。

　　例 5.8　整数集 **Z** 上关于加法的幺元是 0,对任意的整数 m,它关于加法的逆元是 $-m$,因为

$$-m + m = m + (-m) = 0。$$

　　自然数集 **N** 关于加法运算只有 $0 \in \mathbf{N}$ 有逆元 0,其他的自然数都没有加法逆元。

　　由以上例子可以看出,对于给定的集合和二元运算来说,逆元和幺元、零元不同。如果幺元或零元存在,一定是唯一的,而逆元是与集合中的某个元素相关的,有的元素有逆元,有的元素没有逆元,不同的元素则对应着不同的逆元。如果运算是可结合的,那么对集合中给定的元素来说,逆元若存在,则是唯一的。

　　定理 5.5　设 $*$ 是 S 上可结合的二元运算,e 为幺元,如果 S 中元素 x 存在(关于运算 $*$ 的)逆元,则必是唯一的。

　　证明　设 y_1, y_2 是 S 中元素 x 关于运算 $*$ 的逆元,则

$$
\begin{aligned}
y_1 &= y_1 * e & (e \text{ 是幺元})\\
&= y_1 * (x * y_2) & (y_2 \text{ 是 } x \text{ 的逆元})\\
&= (y_1 * x) * y_2 & (* \text{ 是可结合的})\\
&= e * y_2 & (y_1 \text{ 是 } x \text{ 的逆元})\\
&= y_2, & (e \text{ 是幺元})
\end{aligned}
$$

所以对于可结合的二元运算,逆元是唯一的。

　　由这个定理可知,对于可结合的二元运算来说,元素 x 的逆元如果存在则是唯一的。通常把这个唯一的逆元记作 x^{-1}。由定义可得 $(x^{-1})^{-1} = x$。

　　定理 5.6　设 $*$ 是 S 上可结合的二元运算,e 为幺元,如果 S 中元素 x 既存在关于运算 $*$ 的左逆元 y_l,又存在关于运算 $*$ 的右逆元 y_r,则 S 中必存在 x 关于运算 $*$ 的逆元,并且

$$y_l = y_r = x^{-1}。$$

　　证明　因为 y_l 和 y_r 分别是 x 关于运算 $*$ 的左逆元和右逆元,所以

$$
\begin{aligned}
y_l &= y_l * e & (e \text{ 是幺元})\\
&= y_l * (x * y_r) & (y_r \text{ 是 } x \text{ 的右逆元})\\
&= (y_l * x) * y_r & (* \text{ 是可结合的})\\
&= e * y_r & (y_l \text{ 是 } x \text{ 的左逆元})\\
&= y_r, & (e \text{ 是幺元})
\end{aligned}
$$

从而 y_l 和 y_r 都是 x 的逆元,故 $y_l = y_r = x^{-1}$。

例 5.9　设 $S=\{a,b,c\}$，S 上的二元运算 $*$，$\circ$，$\bullet$ 由表 5-2 定义，判断这三个运算的性质，幺元、零元和逆元。

表 5-2　二元运算 $*$，$\circ$，$\bullet$ 的定义

$*$	a	b	c	$\circ$	a	b	c	$\bullet$	a	b	c
a	a	b	c	a	a	b	c	a	a	b	c
b	b	c	a	b	b	b	b	b	a	b	c
c	c	a	b	c	c	b	c	c	a	b	c

解　$*$ 运算适合交换律、结合律，不适合幂等律。单位元是 a，没有零元，且 $a^{-1}=a$，$b^{-1}=c$，$c^{-1}=b$。

$\circ$ 运算适合交换律、结合律和幂等律。单位元是 a，零元是 b，只有 a 有逆元，$a^{-1}=a$。

$\bullet$ 运算不适合交换律，适合结合律和幂等律。没有单位元，没有零元，没有可逆元素。

5.3　代数系统的概念

定义 5.10　设 S 是非空集合，由 S 和 S 上若干个运算 $f_1,f_2,\cdots,f_k$ 构成的系统称为代数系统，记作 $\langle S,f_1,f_2,\cdots,f_k\rangle$。代数系统也简称为代数。

例如，$\mathbf{R}$ 是实数集，对于普通的加法和乘法运算，$\langle \mathbf{R},+\rangle$，$\langle \mathbf{R},\times\rangle$，$\langle \mathbf{R},+,\times\rangle$ 都是代数系统。M 是 n 阶方阵构成的集合，对于矩阵的加法和乘法运算，$\langle M,+\rangle$，$\langle M,\times\rangle$，$\langle M,+,\times\rangle$ 都是代数系统。

在某些代数系统中存在着一些特定的元素，它对该系统的运算起着重要的作用，称之为该系统的特异元素或代数常数。为了强调这些特异元素的存在，有时把它们列到有关的代数系统的表达式中。例如，$\langle \mathbf{Z},+\rangle$ 的幺元是 0，也可记为 $\langle \mathbf{Z},+,0\rangle$。

定义 5.11　设 $V=\langle S,f_1,f_2,\cdots,f_k\rangle$ 是代数系统，$B\subseteq S$ 且 $B\neq\varnothing$，如果 B 对 $f_1,f_2,\cdots,f_k$ 都是封闭的，且 B 和 S 含有相同的代数常数，则称 $\langle B,f_1,f_2,\cdots,f_k\rangle$ 是 V 的子代数系统，简称子代数。

从子代数的定义不难看出，子代数和原代数不仅仅是同类型的代数系统，而且对应的运算的功能都是相同的，所不同的是在子代数中运算的作用范围一般会小一些。

例 5.10　设 $S=\langle \mathbf{Z},+\rangle$，对于自然数 n，令 $n\mathbf{Z}=\{n\cdot i|i\in\mathbf{Z}\}$，则 $\langle n\mathbf{Z},+\rangle$ 是 S 的子代数。

解　任取 $n\mathbf{Z}$ 中的两个元素 $n\cdot i$ 和 $n\cdot j(i,j\in\mathbf{Z})$，有

$$n\cdot i+n\cdot j=n\cdot(i+j)\in n\mathbf{Z},$$

即运算 $+$ 在 $n\mathbf{Z}$ 上是封闭的，所以 $\langle n\mathbf{Z},+\rangle$ 是 S 的子代数。

定义 5.12　设 $V_1=\langle S_1,\circ\rangle$，$V_2=\langle S_2,*\rangle$ 是代数系统，$\circ$ 和 $*$ 是二元运算。如果存在映

射 $\varphi: S_1 \to S_2$,满足对任意的 $x, y \in S_1$,有

$$\varphi(x \circ y) = \varphi(x) * \varphi(y),$$

则称 φ 是 V_1 到 V_2 的同态映射,简称同态。

例 5.11 设 $\varphi: \mathbf{R} \to \mathbf{R}$ 定义如下:对任意 $x \in \mathbf{R}, \varphi(x) = 3^x$,则 φ 是 $\langle \mathbf{R}, + \rangle$ 到 $\langle \mathbf{R}, \cdot \rangle$ 的同态,因为对于任意 $x, y \in \mathbf{R}$,成立

$$\varphi(x + y) = 3^{x+y} = 3^x \cdot 3^y = \varphi(x) \cdot \varphi(y)。$$

定义 5.13 设 φ 是 $V_1 = \langle S_1, \circ \rangle$ 到 $V_2 = \langle S_2, * \rangle$ 的同态,则称 $\langle \varphi(S_1), * \rangle$ 是 V_1 在 φ 下的同态像。

定义 5.14 设 φ 是 $V_1 = \langle S_1, \circ \rangle$ 到 $V_2 = \langle S_2, * \rangle$ 的同态,如果 φ 是满射的,则称 φ 为 V_1 到 V_2 的满同态,记作 $V_1 \overset{\varphi}{\sim} V_2$。如果 φ 是单射的,则称 φ 为 V_1 到 V_2 的单同态。如果 φ 是双射的,则称 φ 为 V_1 到 V_2 的同构,记作 $V_1 \overset{\varphi}{\cong} V_2$。

例 5.12 $V = \langle Z, + \rangle$,给定 $a \in Z$,令

$$\phi_a : \mathbf{Z} \to \mathbf{Z}, \phi_a(x) = ax, \forall x \in \mathbf{Z},$$

判断 φ_a 是否为 V 到 V 的同态。

解 任取 $z_1, z_2 \in \mathbf{Z}$,有

$$\varphi_a(z_1 + z_2) = a(z_1 + z_2) = az_1 + az_2 = \varphi_a(z_1) + \varphi_a(z_2),$$

所以 φ_a 是 V 到自身的同态,这时也称 φ_a 为 V 的自同态。

当 $a = 0$ 时,有 $\forall z \in \mathbf{Z}, \varphi_0(z) = 0$,称 φ_0 为零同态,其同态像为 $\langle \{0\}, + \rangle$。

当 $a = 1$ 时,有 $\forall z \in \mathbf{Z}, \varphi_1(z) = z$,$\varphi_1$ 为 $\mathbf{Z}$ 的恒等映射,显然是双射,其同态像就是 $\langle \mathbf{Z}, + \rangle$。这时 φ_1 为 V 的自同构。

当 $a \neq \pm 1$ 且 $a \neq 0$ 时,$\forall z \in \mathbf{Z}$,有 $\varphi_a(z) = az$,易证 φ_a 是单射的,这时 φ_a 为 V 的单自同态,其同态像 $\langle a\mathbf{Z}, + \rangle$ 是 $\langle \mathbf{Z}, + \rangle$ 的真子集。

例 5.13 设 $\mathbf{Z}^+ = \{x \mid x \in \mathbf{Z} \wedge x > 0\}$,$*$ 表示求两个数的最小公倍数的运算。则 $4 * 6 = $ _____,对于 $*$ 运算的幺元是 _____,零元是 _____。

解 $4 * 6 = 12$,幺元是 1,零元是不存在的。

例 5.14 在有理数集 $\mathbf{Q}$ 上定义二元运算 $*$,$\forall x, y \in \mathbf{Q}$,有 $x * y = x + y - xy$,则 $2 * (-5) = $ _____,$7 * \dfrac{1}{2} = $ _____,关于 $*$ 运算的幺元是 _____,$\forall x \in \mathbf{Q}, x \neq 1$ 时有逆元 $x^{-1} = $ _____。

解 $2 * (-5) = 2 + (-5) - 2 \times (-5) = 7$,$7 * \dfrac{1}{2} = 7 + \dfrac{1}{2} - 7 \times \dfrac{1}{2} = 4$。

对任意的 $x \in \mathbf{Q}$,有 $x * 0 = x + 0 - x \cdot 0 = x$,且 $0 * x = 0 + x - 0 \cdot x = x$,所以 0 是幺元。

对任意的 $x \in Q$，假设 x^{-1} 是 x 的逆元，则有
$$x + x^{-1} - x \cdot x^{-1} = 0,$$
解得
$$x^{-1} = \frac{x}{x-1} \quad (x \neq 1).$$

例 5.15　设有集合 $S_1 = \{0,1\}, S_2 = \{1,2\}, S_3 = \{2x \mid x \in \mathbf{Z}^+\}, S_4 = \{2x-1 \mid x \in \mathbf{Z}^+\}$，$S_5 = \{x \mid x = 2^n, n \in \mathbf{Z}^+\}$，讨论这 5 个集合对普通的乘法和加法运算是否封闭。

解　S_1 在普通乘法下封闭，在普通加法下不封闭；
　　　　S_2 在普通乘法和加法下都不封闭；
　　　　S_3 在普通乘法和加法下都封闭；
　　　　S_4 在普通乘法下封闭，在普通加法下不封闭；
　　　　S_5 在普通乘法下封闭，在普通加法下不封闭。

例 5.16　设 $V_1 = \langle S_1, \circ \rangle; V_2 = \langle S_2, * \rangle$，其中 $S_1 = \{a,b,c,d\}, S_2 = \{0,1,2,3\}$。运算"$\circ$"，"$*$"由表 5-3 定义。
　　　　定义同态 $\varphi: S_1 \to S_2$，且
$$\varphi(a) = 0, \varphi(b) = 1, \varphi(c) = 0, \varphi(d) = 1,$$
问 V_1 和 V_2 中的运算 $\circ$ 和 $*$ 是否满足交换律，V_1 的幺元是什么？φ 是单同态还是满同态？

表 5-3　二元运算 $\circ, *$ 的定义

$\circ$	a	b	c	d	$*$	0	1	2	3
a	a	b	c	d	0	0	1	1	0
b	b	b	d	d	1	1	1	2	1
c	c	d	c	d	2	1	2	3	2
d	d	d	d	d	3	0	1	2	3

解　V_1 中的运算 $\circ$ 满足交换律，V_2 中的运算 $*$ 满足交换律，V_1 的幺元是 a，φ 既不是单同态也不是满同态。

例 5.17　设 $\langle X, * \rangle$ 和 $\langle Y, \oplus \rangle$ 是两个代数系统，$*$ 和 $\oplus$ 分别是 X 和 Y 上的二元运算，且满足交换律、结合律。f 和 g 都是从 $\langle X, * \rangle$ 到 $\langle Y, \oplus \rangle$ 的同态映射。令 $h: X \to Y, h(x) = f(x) \oplus g(x)$，证明 h 是从 $\langle X, * \rangle$ 到 $\langle Y, \oplus \rangle$ 的同态映射。

证明　对于任意 $a, b \in X$，有
$$\begin{aligned}
h(a * b) &= f(a * b) \oplus g(a * b) && (h \text{ 的定义})\\
&= (f(a) \oplus f(b)) \oplus (g(a) \oplus g(b)) && (f \text{ 和 } g \text{ 是同态映射})\\
&= f(a) \oplus g(a) \oplus f(b) \oplus g(b) && (\oplus \text{ 的交换律})\\
&= (f(a) \oplus g(a)) \oplus (f(b) \oplus g(b)) && (\oplus \text{ 的结合律})\\
&= h(a) \oplus h(b). && (h \text{ 的定义})
\end{aligned}$$

习 题 5

1. 设 $S=\{a,b\}$，则在 S 上可定义多个二元运算，其中有 4 个运算 f_1,f_2,f_3,f_4 如下表所示：

f_1	a	b	f_2	a	b	f_3	a	b	f_4	a	b
a	a	a	a	a	b	a	b	a	a	a	b
b	a	a	b	b	b	b	a	a	b	a	b

问 4 个运算中哪些满足交换律，哪些满足幂等律，哪些有幺元，哪些有零元？

2. 设集合 $S=\{1,2,3,4\}$，$*$ 是 S 上的二元运算，其定义为 $x*y=\max\{x,y\}$，请写出 $*$ 的运算表。

3. 设集合 $S=\{1,2,3,4\}$，$*$ 是 S 上的二元运算，其定义为 $x*y=\min\{x,y\}$，请写出 $*$ 的运算表。

4. 设 $\langle z,*\rangle$ 是代数系统，$*$ 的定义分别为

(1) $x*y=|x+y|$；

(2) $x*y=x+y-1$；

(3) $x*y=x+2y$；

(4) $x*y=2xy$。

在以上 4 个运算中，哪些运算对 $\mathbf{Z}$ 是封闭的？哪些运算是可交换的？哪些运算是可结合的，说明理由。

5. 设 $S=\{0,1,2\}$，定义 S 上的二元运算 $*$ 如下：
$$x*y=(x+y)\bmod 3 \quad \forall x,y\in S,$$
问运算 $*$ 在集合 S 上是否适合结合律？

6. 设 $\langle X,*\rangle$ 是代数系统，$*$ 是 X 上的二元运算。$\forall x,y\in X$，有 $x*y=x$。问 $*$ 是否满足结合律，是否满足交换律，是否有幺元，是否有零元，每个元素是否有逆元？

7. 设 $\langle \mathbf{N},*\rangle$ 是代数系统，$*$ 是 $\mathbf{N}$ 上的二元运算，$\forall x,y\in\mathbf{N}$，$x*y=\mathrm{lcm}(x,y)$。问 $*$ 是否满足结合律，是否满足交换律，是否有幺元，是否有零元，每个元素是否有逆元？（$\mathrm{lcm}(x,y)$ 表示 x 和 y 的最小公倍数。）

8. 设集合 $S=\{2,4,6,8,10\}$，$*$ 是 S 上的二元运算，其定义分别为

(1) $x*y=\min\{x,y\}$；

(2) $x*y=x$；

(3) $x*y=xy+x$；

(4) $x*y=\gcd(x,y)$；

(5) $x*y=\mathrm{lcm}(x,y)$。

其中 $\gcd(x,y)$ 表示 x 和 y 的最大公约数,$\mathrm{lcm}(x,y)$ 表示 x 和 y 的最小公倍数。在以上运算中,哪些运算是幂等运算?

9. 设 $V=\langle \mathbf{R}^*,\circ\rangle$ 是代数系统,其中 $\mathbf{R}^*$ 为非零实数集合。分别对下述各小题讨论。运算是否可交换、可结合,并求幺元和所有可逆元素的逆元。

(1) $\forall a,b\in \mathbf{R}^*,a\circ b=\dfrac{1}{2}(a+b)$;

(2) $\forall a,b\in \mathbf{R}^*,a\circ b=\dfrac{a}{b}$;

(3) $\forall a,b\in \mathbf{R}^*,a\circ b=ab$。

10. 设 $V=\langle S,*\rangle$ 是代数系统,其中 $S=\{0,1,2,3,4\}$。$\forall a,b\in S,a*b=(ab)\bmod 5$。

(1) 列出 $*$ 的运算表。

(2) $*$ 是否有零元和幺元? 若有幺元,请求出所有可逆元素的逆元。

第6章 几个典型的代数系统

本章讨论几类重要的代数结构：半群、群、环、域、格与布尔代数等。

6.1 半 群 与 群

定义 6.1 设 $\langle S, \circ \rangle$ 是代数系统，$\circ$ 为二元运算。如果 $\circ$ 是可结合的，即

$$\forall a, b, c \in S, (a \circ b) \circ c = a \circ (b \circ c),$$

则称 $\langle S, \circ \rangle$ 为半群。如果半群 $\langle S, \circ \rangle$ 中的二元运算含有幺元，则称 $\langle S, \circ \rangle$ 为幺半群，也称为独异点。

定义 6.2 若半群 $\langle S, \circ \rangle$ 的运算 $\circ$ 满足交换律，则称 $\langle S, \circ \rangle$ 是可交换半群。

例 6.1 （1）普通加法是 $\mathbf{N}, \mathbf{Z}, \mathbf{Q}$ 和 $\mathbf{R}$ 上的二元运算，满足结合律且有幺元 0，所以 $\langle \mathbf{N}, + \rangle, \langle \mathbf{Z}, + \rangle, \langle \mathbf{Q}, + \rangle, \langle \mathbf{R}, + \rangle$ 都是幺半群。

（2）普通乘法是 $\mathbf{N}, \mathbf{Z}, \mathbf{Q}$ 和 $\mathbf{R}$ 上的二元运算，满足结合律且有幺元 1，所以 $\langle \mathbf{N}, \times \rangle$, $\langle \mathbf{Z}, \times \rangle, \langle \mathbf{Q}, \times \rangle, \langle \mathbf{R}, \times \rangle$ 都是幺半群。

（3）矩阵加法是 n 阶实矩阵集合 $M_n(\mathbf{R})$ 上的二元运算，满足结合律，n 阶零矩阵为其单位元，所以 $\langle M_n(\mathbf{R}), + \rangle$ 是幺半群。

（4）集合并运算是 $P(A)$ 上的二元运算，满足结合律，空集 $\varnothing$ 为其幺元，所以 $\langle P(A), \bigcup \rangle$ 是幺半群。

定义 6.3 设 $\langle A, \circ \rangle$ 是半群，B 是 A 的子集，且 $\langle B, \circ \rangle$ 也是半群，则称 $\langle B, \circ \rangle$ 为 $\langle A, \circ \rangle$ 子半群。

例 6.2 $\langle \mathbf{Z}, + \rangle$ 和 $\langle \mathbf{N}, + \rangle$ 都是 $\langle \mathbf{R}, + \rangle$ 的子半群。

定义 6.4 设 $V_1 = \langle S_1, \circ \rangle, V_2 = \langle S_2, * \rangle$ 是两个半群，则 $V_1 \times V_2 = \langle S_1 \times S_2, \cdot \rangle$ 也是半群，且对于 $\forall \langle x_1, y_1 \rangle, \langle x_2, y_2 \rangle \in S_1 \times S_2$，有

$$\langle x_1, y_1 \rangle \cdot \langle x_2, y_2 \rangle = \langle x_1 \circ x_2, y_1 * y_2 \rangle,$$

称 $V_1 \times V_2$ 为 V_1 和 V_2 的积半群。

定义 6.5 设 $V_1 = \langle S_1, \circ \rangle$ 和 $V_2 = \langle S_2, * \rangle$ 是半群，如果 φ 是 $V_1 \to V_2$ 的同态映射，则称 φ 为半群 V_1 到 V_2 的同态。

定义 6.6 设 $\langle G, \circ \rangle$ 是半群，若 G 含有幺元 e，且对 G 中每一个元素 x，都有 $x^{-1} \in G$，则

称 $\langle G, \circ \rangle$ 是群。

例 6.3 设 $G = \left\{ \begin{pmatrix} 1 & 0 \\ 0 & 1 \end{pmatrix}, \begin{pmatrix} 1 & 0 \\ 0 & -1 \end{pmatrix}, \begin{pmatrix} -1 & 0 \\ 0 & 1 \end{pmatrix}, \begin{pmatrix} -1 & 0 \\ 0 & -1 \end{pmatrix} \right\}$，则 G 关于矩阵乘法构成一个群。

证明 $\forall x, y \in G$，易知 $xy \in G$，故 G 关于矩阵乘法是 Z 上的代数运算。矩阵乘法满足结合律，故 G 关于矩阵乘法构成半群，$\begin{pmatrix} 1 & 0 \\ 0 & 1 \end{pmatrix}$ 是幺元，在 G 中每个矩阵的逆元都是自己，所以 G 关于矩阵乘法构成一个群。

定义 6.7 若群 $\langle G, \circ \rangle$ 中的二元运算 $\circ$ 是可交换的，则称 $\langle G, \circ \rangle$ 为可交换群或阿贝尔（Abel）群。

例 6.4 （1）在 $\langle \mathbf{N}, + \rangle$ 中除 0 之外都没有逆元，所以它仅是幺半群而不是群。在 $\langle \mathbf{Z}, + \rangle$，$\langle \mathbf{Q}, + \rangle$，$\langle \mathbf{R}, + \rangle$ 中每个元素都有逆元即它的相反数，且运算满足交换律，所以它们是交换群。

（2）在 $\langle \mathbf{Q}, \times \rangle$，$\langle \mathbf{R}, \times \rangle$ 中，0 没有逆元，所以它们仅是幺半群而不是群。但如果用非零有理数集合 $\mathbf{Q}^*$ 和非零实数集合 $\mathbf{R}^*$，则 $\langle \mathbf{Q}^*, \times \rangle$ 和 $\langle \mathbf{R}^*, \times \rangle$ 都是交换群。

（3）在 $\langle M_n(\mathbf{R}), + \rangle$ 中，由于每个元素都有逆元即它的负矩阵，且运算满足交换律，所以 $\langle M_n(\mathbf{R}), + \rangle$ 是一个交换群。

（4）在 $\langle M_n(\mathbf{R}), \times \rangle$ 中，奇异矩阵没有逆元，所以 $\langle M_n(\mathbf{R}), \times \rangle$ 仅是幺半群而不是群。

例 6.5 设 $G = \{e, a, b, c\}$，$\circ$ 为 G 上的二元运算，它由运算表 6-1 给出。不难证明 G 是一个群，称该群为克莱因（Klein）四元群。

表 6-1　"∘"运算表

$\circ$	e	a	b	c
e	e	a	b	c
a	a	e	c	b
b	b	c	e	a
c	c	b	a	e

定义 6.8 设 $\langle G, \circ \rangle$ 是半群，$x \in G$，n 为正整数，即 $n \in \mathbf{Z}^+$，则 x 的 n 次幂定义如下：

$$x^n = \begin{cases} x, & n = 1, \\ x^{n-1} \circ x, & n \geq 2. \end{cases}$$

若 $\langle G, \circ \rangle$ 是幺半群，e 为其幺元，则还可以定义零次幂，即对于 $x \in G$，$n \in \mathbf{N}$，有 x 的 n 次幂定义如下：

$$x^n = \begin{cases} e, & n = 0, \\ x^{n-1} \circ x, & n \geqslant 1。 \end{cases}$$

设 $\langle G, \circ \rangle$ 是群，$x \in G$，x 的自然数幂的定义同幺半群中的一样，x 的负整数次幂定义如下：

$$x^{-n} = (x^{-1})^n, \quad n \in \mathbf{Z}^+。$$

例 6.6 在群 $\langle \mathbf{R}^*, \times \rangle$ 和群 $\langle \mathbf{R}, + \rangle$ 中分别求出 $0.5^{-1}, 0.5^{-2}, 0.5^{-3}$。

解 在群 $\langle \mathbf{R}^*, \times \rangle$ 中，有

$$0.5^{-1} = 2，\quad 0.5^{-2} = 4，\quad 0.5^{-3} = 8。$$

在群 $\langle \mathbf{R}, + \rangle$ 中，有

$$0.5^{-1} = -0.5，\quad 0.5^{-2} = -1，\quad 0.5^{-3} = -1.5。$$

群是重要的代数系统，它有许多有用的性质如下面的定理。

定理 6.1 设 $\langle G, \circ \rangle$ 是群，则

(1) $\forall x \in G, (x^{-1})^{-1} = x$；

(2) $\forall x, y \in G, (x \circ y)^{-1} = y^{-1} \circ x^{-1}$；

(3) $\forall m, n \in \mathbf{Z}, \forall x \in G, x^m \circ x^n = x^{m+n}, (x^m)^n = x^{mn}$。

证明 (1) 设 e 为单位元，因为

$$x^{-1} \circ x = e，\quad x \circ x^{-1} = e，$$

所以 x 是 x^{-1} 的逆元，即 $(x^{-1})^{-1} = x$。

(2) 同样，因为

$$(y^{-1} \circ x^{-1}) \circ (x \circ y) = y^{-1} \circ (x^{-1} \circ x) \circ y = y^{-1} \circ e \circ y = y^{-1} \circ y = e，$$
$$(x \circ y) \circ (y^{-1} \circ x^{-1}) = x \circ (y \circ y^{-1}) \circ x^{-1} = x \circ e \circ x^{-1} = x \circ x^{-1} = e，$$

所以 $x \circ y$ 的逆元是 $y^{-1} \circ x^{-1}$，即 $(x \circ y)^{-1} = y^{-1} \circ x^{-1}$。

(3) 先考虑 n, m 都是自然数的情况。任意给定 n，对 m 进行归纳。

① 当 $m = 0$ 时，有 $x^n \circ x^0 = x^n \circ e = x^n = x^{n+0}$ 成立。

② 假设对一切 $m \in \mathbf{N}$，有 $x^n \circ x^m = x^{n+m}$ 成立，则有

$$x^n \circ x^{m+1} = x^n \circ (x^m \circ x) = (x^n \circ x^m) \circ x = x^{n+m} \circ x = x^{n+m+1}。$$

由归纳法，等式得证。

下面讨论存在负整数次幂的情况。设 $n < 0, m \geqslant 0$，令 $n = -t, t \in \mathbf{Z}^+$，则

$$x^n \circ x^m = x^{-t} \circ x^m = (x^{-1})^t \circ x^m = \begin{cases} x^{-(t-m)} = x^{m-t} = x^{n+m}, & t \geqslant m, \\ x^{m-t} = x^{n+m}, & t < m。 \end{cases}$$

对于 $n \geqslant 0, m < 0$，以及 $n < 0, m < 0$ 的情况同理可证。

用数学归纳法同理可证 $(x^m)^n = x^{mn}$。

定义 6.9 设 $\langle G, \circ \rangle$ 是群，如果 G 是有限集，则称 $\langle G, \circ \rangle$ 为有限群，G 中元素的个数称为

该有限群的阶数,记为 $|G|$ 。阶数为 1 的群称为平凡群,它只含一个单位元。如果 G 是无限集,则称 $\langle G, \circ \rangle$ 为无限群。

例如,$\langle \mathbf{Z}, + \rangle$,$\langle \mathbf{R}, + \rangle$ 都是无限群。Klein 群是有限群,其阶数为 4。

定义 6.10　设 $\langle G, \circ \rangle$ 是群,e 为其幺元,$x \in G$,使得 $x^k = e$ 成立的最小正整数 k 称作 x 的阶(或周期),记作 $|x| = k$ 。如果不存在这样的正整数 k,则称 x 为无限阶的。

在群 $\langle \mathbf{N}, + \rangle$ 中,0 的阶是 1,其余元素都是无限阶的。不难看出,在任何群 G 中幺元 e 的阶都是 1。

例 6.7　对于集合 $\mathbf{Z}_6 = \{0, 1, 2, 3, 4, 5\}$ 上的二元运算"模 6 加法 $+_6$":
$$i +_6 j = (i + j)(\mathrm{mod}\ 6),$$
列出其运算表,如表 6-2 所示。

表 6-2　$\langle \mathbf{Z}_6, +_6 \rangle$ 的运算表

$+_6$	0	1	2	3	4	5
0	0	1	2	3	4	5
1	1	2	3	4	5	0
2	2	3	4	5	0	1
3	3	4	5	0	1	2
4	4	5	0	1	2	3
5	5	0	1	2	3	4

从表 6-2 中可以看出,运算满足封闭性,满足结合律和交换律,0 是单位元,每个元素都有逆元,因而 $\langle \mathbf{Z}_6, +_6 \rangle$ 构成交换群。这个群的阶数是 6,元素 0,1,2,3,4,5 的阶数分别为 1,6,3,2,3,6。

定理 6.2　设 $\langle G, \circ \rangle$ 为群,$\forall a, b \in G$,方程 $a \circ x = b$ 和 $y \circ a = b$ 在 G 中有解,且有唯一解。

证明　设 $\langle G, \circ \rangle$ 是群,e 为其单位元。因为
$$a \circ (a^{-1} \circ b) = (a \circ a^{-1}) \circ b = e \circ b = b,$$
$$(b \circ a^{-1}) \circ a = b \circ (a^{-1} \circ a) = b \circ e = b,$$
所以 $x = a^{-1} \circ b$ 是方程 $a \circ x = b$ 的解。同理 $y = b \circ a^{-1}$ 是方程 $y \circ a = b$ 的解。

下面证明唯一性。

因为 $a^{-1} \circ b$ 是方程 $a \circ x = b$ 的一个解,设 c 是方程 $a \circ x = b$ 的另一个不等于 $a^{-1} \circ b$ 的解,即 $a \circ c = b$,则
$$c = e \circ c = (a^{-1} \circ a) \circ c = a^{-1} \circ (a \circ c) = a^{-1} \circ b,$$
从而唯一性得证。

例 6.8　设 $\langle G, \circ \rangle$ 是群,e 为其单位元,证明若 $|G| > 1$,则 $\langle G, \circ \rangle$ 中没有零元。

证明 用反证法。设$\langle G,\circ\rangle$中有零元θ,则$\theta\neq e$,否则对任意的$x\in G$,有

$$x = x\circ e = x\circ\theta = \theta,$$

与$|G|>1$矛盾。

又因为$\theta\neq e$,所以对任意的$x\in G$,有

$$x\circ\theta = \theta\circ x = \theta\neq e,$$

这表明元素θ不存在逆元,与$\langle G,*\rangle$是群矛盾。

所以阶数大于1的群没有零元。

定理6.3 $\langle G,\circ\rangle$为群,则G中适合消去律,即对任意$a,b,c\in G$,有

(1) 若$a\circ b = a\circ c$,则$b=c$;

(2) 若$b\circ a = c\circ a$,则$b=c$。

证明 设e为单位元,则有

$$b = e\circ b = (a^{-1}\circ a)\circ b = a^{-1}\circ(a\circ b) = a^{-1}\circ(a\circ c) = (a^{-1}\circ a)\circ c = c,$$

故(1)成立。

同理可证(2)。

定理6.4 设$\langle G,\circ\rangle$是群,e为其单位元,$a\in G$,且$|a|=r$,设k是整数,则

(1) $a^k = e$当且仅当$r|k$;

(2) $|a^{-1}| = |a|$。

证明 (1) 必要性。根据除法,存在整数m和i,使得

$$k = mr + i, 0\leqslant i\leqslant r-1,$$

则

$$e = a^k = a^{mr+i} = (a^r)^m\circ a^i = e\circ a^i = a^i。$$

因为$|a|=r$,必有$i=0$,即$r|k$。

充分性。由于$r|k$,必存在整数m使得$k=mr$,所以有

$$a^k = a^{mr} = (a^r)^m = e^m = e。$$

(2) 因为

$$(a^{-1})^r = (a^r)^{-1} = e^{-1} = e,$$

所以a^{-1}的阶是存在的,设$|a^{-1}|=t$,则根据(1)知$t|r$。又因为

$$a^t = ((a^{-1})^t)^{-1} = e^{-1} = e,$$

所以根据(1)知$r|t$,故$r=t$,即$|a|=|a^{-1}|$。

定理6.5 G为有限群,则G的运算表中的每一行(每一列)都是G中元素的一个置换(即,一个不同的排列),且不同的行(或列)的置换都不相同。

在有限群G的运算表里的每一行,G的每个元素都只出现一次,在不同的行里面元素的排列顺序是不同的。使用该定理可以通过运算表很快地判断出那些代数系统不是群。例

如，设 $G=\{e,a,b,c\}$，$\circ$ 为 G 上的二元运算，它由表 6-3 给出。由定理 6.5 不难看出 G 不是群，在运算表的第一行没有出现元素 c。

表 6-3 $\circ$ 运算表

$\circ$	e	a	b	c
e	e	a	b	b
a	a	e	c	b
b	b	c	e	a
c	b	b	a	e

定义 6.11   设 $\langle G,\circ\rangle$ 是群，H 是 G 的非空子集，若 $\langle H,\circ\rangle$ 也是群，则称 $\langle H,\circ\rangle$ 是 $\langle G,\circ\rangle$ 的子群，记作 $H\leqslant G$。若 H 是 G 的非空真子集，则称 $\langle H,\circ\rangle$ 是 $\langle G,\circ\rangle$ 的真子群，记作 $H<G$。

任何群 $\langle G,\circ\rangle$ 都存在子群。G 和 $\{e\}$ 都是 G 的子群，称为 G 的平凡子群。其他的子群称为非平凡子群。

例 6.9   显然，$\langle \mathbf{Z},+\rangle \leqslant \langle \mathbf{Q},+\rangle \leqslant \langle \mathbf{R},+\rangle$。

例 6.10   群 $\langle \mathbf{Z}_6,+_6\rangle$ 的非平凡子群是 $\{0,3\}$，两个平凡子群是 $\mathbf{Z}_6$ 和 $\{0\}$。

在 Klein 四元群 $G=\{e,a,b,c\}$ 中，有 5 个子群，分别如下：
$$\{e\},\{e,a\},\{e,b\},\{e,c\},G。$$
其中平凡子群是 $\{e\}$ 和 G，余下 3 个子群都是 G 的真子群。

下面我们介绍子群的判定定理。

定理 6.6（子群判定定理 1）   设 H 是群 $\langle G,\circ\rangle$ 的非空子集，则 $H\leqslant G$ 当且仅当
(1) $\forall a\in H,a^{-1}\in H$；
(2) $\forall a,b\in H,$ 有 $a\circ b\in H$。

证明   必要性是显然的。
为证明充分性，只需证明 G 的单位元 $e\in H$。
因为 H 非空，必存在 $a\in H$。由条件(1)可知 $a^{-1}\in H$，再使用条件(2)有 $a\circ a^{-1}\in H$，即 $e\in H$。

定理 6.7（子群判定定理 2）   设 H 是群 $\langle G,\circ\rangle$ 的非空子集，则 $H\leqslant G$ 当且仅当 $\forall a,b\in H,a\circ b^{-1}\in H$。

证明   必要性。$\forall a,b\in H$，由于 H 为 G 的子群，必有 $b^{-1}\in H$，从而 $a\circ b^{-1}\in H$。
充分性。因为 H 非空，必存在 $d\in H$。根据给定条件知 $d\circ d^{-1}\in H$，即 G 的单位元 $e\in H$。
对于 $\forall a\in H$，由 $e,a\in H$，根据给定条件知 $e\circ a^{-1}\in H$，即 $a^{-1}\in H$。$\forall a,b\in H$，由刚才

的证明知 $b^{-1} \in H$,再根据给定条件得 $a \circ (b^{-1})^{-1} \in H$,即 $a \circ b \in H$。

综合上述,根据子群的定义可知 H 为 G 的子群。

定理 6.8(子群判定定理 3) 设 H 是群 $\langle G, \circ \rangle$ 的非空有限子集,则 $H \leqslant G$ 当且仅当 $\forall a$, $b \in H$,有 $a \circ b \in H$。

证明 必要性是显然的。为证明充分性,先证明 $\forall a \in H$,必有 $a^{-1} \in H$。

对于 $\forall a \in H$,根据条件知 a 的任何非负整数幂都属于 H。因 H 是有限集,所以 a 的阶数必为有限正整数,设为 m,如果 $m = 1$,则说明 a 是单位元,$a^{-1} = a \in H$;如果 $m > 1$,则 $a^{m-1} \circ a = a \circ a^{m-1} = a^m = e$,从而 $a^{-1} = a^{m-1} \in H$,这里 e 为 G 的单位元。因为 H 非空,所以存在元素 a,使得 $e = a \circ a^{-1} \in H$。根据子群的定义可知 $H \leqslant G$。

例 6.11 设 $\langle G, \circ \rangle$ 是群,$\forall a \in G$,则 $H = \langle a \rangle = \{a^k \mid k \in \mathbf{Z}\}$ 是 G 的子群,称为由 a 生成的子群。

证明 $\forall a^m, a^l \in H$,有
$$a^m \circ (a^l)^{-1} = a^m \circ a^{-l} = a^{m-l} \in H,$$
根据定理 6.7 可知,H 是 G 的子群。

例 6.12 设 $\langle H_1, * \rangle$ 和 $\langle H_2, * \rangle$ 是群 $\langle G, * \rangle$ 的子群。证明:$\langle H_1 \bigcap H_2, * \rangle$ 是 $\langle G, * \rangle$ 的子群。

证明 显然 $H_1 \bigcap H_2$ 是 G 的子集。又因为 $e \in H_1$ 且 $e \in H_2$,故 $e \in H_1 \bigcap H_2$,从而 $H_1 \bigcap H_2$ 非空。

对于任意的 $a, b \in H_1 \bigcap H_2$,则有 $a, b \in H_1$,且 $a, b \in H_2$,由于 $\langle H_1, * \rangle$ 和 $\langle H_2, * \rangle$ 都是 $\langle G, * \rangle$ 的子群,所以 $a * b^{-1} \in H_1$ 且 $a * b^{-1} \in H_2$,因此 $a * b^{-1} \in H_1 \bigcap H_2$,根据定理 6.7 可知,$\langle H_1 \bigcap H_2, * \rangle$ 是群 $\langle G, * \rangle$ 的子群。

6.2 陪集与拉格朗日定理

定义 6.12 设 $\langle G, \circ \rangle$ 是群,H 是 G 的子群,$a \in G$,称集合 $aH = \{a \circ h \mid h \in H\}$ 为子群 H 相应于元素 a 的左陪集,称集合 $Ha = \{h \circ a \mid h \in H\}$ 为子群 H 相应于元素 a 的右陪集。在不引起混淆的情况下,aH 和 Ha 可以分别记为 $a \circ H$ 和 $H \circ a$。

例 6.13 设 $G = \{e, a, b, c\}$ 是 Klein 四元群,$H = \{e, a\}$ 是 G 的子群,写出 H 的右陪集。

解 H 的右陪集为
$$He = \{e, a\} = H, \quad Ha = \{a, e\} = H, \quad Hb = \{b, c\}, \quad Hc = \{c, b\}.$$
可以看出不同的右陪集有 H 和 $\{b, c\}$。

定理 6.9 设 H 是群 $\langle G, \circ \rangle$ 的子群,则

(1) $H \circ e = H$;

(2) $\forall a \in G$, 有 $a \in H \circ a$。

证明 (1) $H \circ e = \{h \circ e \mid h \in H\} = \{h \mid h \in H\} = H$。

(2) $\forall a \in G$, 由 $a = e \circ a$ 和 $e \circ a \in H \circ a$, 得 $a \in H \circ a$。

定理 6.10 设 $\langle G, \circ \rangle$ 是群, $H \leqslant G$, 则 $\forall a, b \in G$, 有

$$a \in H \circ b \Leftrightarrow a \circ b^{-1} \in H \Leftrightarrow H \circ a = H \circ b。$$

证明 先证 $a \in H \circ b \Leftrightarrow a \circ b^{-1} \in H$。我们有

$$a \in H \circ b \Leftrightarrow \exists h(h \in H \wedge a = h \circ b)$$
$$\Leftrightarrow \exists h(h \in H \wedge a \circ b^{-1} = h)$$
$$\Leftrightarrow a \circ b^{-1} \in H。$$

再证 $a \in H \circ b \Leftrightarrow H \circ a = H \circ b$。

充分性。若 $H \circ a = H \circ b$, 由 $a \in H \circ a$, 可知必有 $a \in H \circ b$。

必要性。由 $a \in H \circ b$ 可知存在 $h \in H$ 使得 $a = h \circ b$, 即 $b = h^{-1} \circ a$。

任取 $h_1 \circ a \in H \circ a$, 则有

$$h_1 \circ a \in h_1 \circ (h \circ b) = (h_1 \circ h) \circ b \in H \circ b,$$

从而得到 $H \circ a \subseteq H \circ b$。

反之, 任取 $h_1 \circ b \in H \circ b$, 则有

$$h_1 \circ b \in h_1 \circ (h^{-1} \circ a) = (h_1 \circ h^{-1}) \circ a \in H \circ a,$$

从而得到 $H \circ b \subseteq H \circ a$。

综上所述, $H \circ a = H \circ b$。

定理 6.11 设 $\langle G, \circ \rangle$ 是群, H 为 G 的子群, 在集合 G 上定义二元关系

$$R = \{\langle a, b \rangle \mid a \in G \wedge b \in G \wedge b^{-1} \circ a \in H\},$$

则 R 是 G 上的等价关系, 且其等价类与相应的左陪集相等, 即 $[a]_R = a \circ H$。

证明 设 e 为 G 的单位元。下面先证明二元关系 R 是 G 上的等价关系。

$\forall a \in G$, 由 $a^{-1} \circ a = e \in H \Rightarrow \langle a, a \rangle \in R$, 可知 R 在 G 上是自反的。

$\forall a, b \in G$, 由

$$\langle a, b \rangle \in R \Rightarrow b^{-1} \circ a \in H \Rightarrow (b^{-1} \circ a)^{-1} \in H$$
$$\Rightarrow (a^{-1} \circ b) \in H \Rightarrow \langle b, a \rangle \in R,$$

可知 R 在 G 上是对称的。

$\forall a, b, c \in G$, 由

$$\langle a, b \rangle \in R \wedge \langle b, c \rangle \in R \Rightarrow b^{-1} \circ a \in H \wedge c^{-1} \circ b \in H$$
$$\Rightarrow ((c^{-1} \circ b) \circ (b^{-1} \circ a)) \in H \Rightarrow (c^{-1} \circ a) \in H$$
$$\Rightarrow \langle a, c \rangle \in R,$$

可知 R 在 G 上是传递的。

综上所述,R 是 G 上的等价关系。又因为

$$x \in [a]_R \Leftrightarrow \langle x,a \rangle \in R \Leftrightarrow a^{-1} \circ x \in H$$
$$\Leftrightarrow \exists h(h \in H \wedge a^{-1} \circ x = h)$$
$$\Leftrightarrow \exists h(h \in H \wedge x = a \circ h)$$
$$\Leftrightarrow x \in a \circ H,$$

所以 $\forall a \in G, [a]_R = a \circ H$。

如果在定理 6.11 中,将集合 G 上二元关系 R 的定义改为

$$R = \{\langle a,b \rangle \mid a \in G \wedge b \in G \wedge a \circ b^{-1} \in H\},$$

则 R 仍然是 G 上的等价关系,不过此时的等价类与相应的右陪集相等,即 $[a]_R = H \circ a$。

推论 设 $\langle G, \circ \rangle$ 是群,H 为其子群,则 H 的所有左陪集构成 G 的一个划分,即

(1) $\forall a,b \in G, a \circ H = b \circ H$ 或 $a \circ H \bigcap b \circ H = \varnothing$;

(2) $\bigcup \{a \circ H \mid a \in G\} = G$。

对右陪集,相应的推论也成立。

定理 6.12 设 $\langle G, \circ \rangle$ 是群,H 为其子群,则 $\forall a \in G$,集合 H 与左陪集 $a \circ H$ 和右陪集 $H \circ a$ 等势,即 $H \approx aH, H \approx Ha$。

证明 构造一个 $H \to a \circ H$ 的双射函数。定义函数 g:$\forall h \in H, g(h) = a \circ h$。显然 g 是满射函数。如果 $h_1, h_2 \in H$,且 $a \circ h_1 = a \circ h_2$,则

$$h_1 = (a^{-1} \circ a) \circ h_1 = a^{-1} \circ (a \circ h_1) = a^{-1} \circ (a \circ h_2) = (a^{-1} \circ a) \circ h_2 = h_2。$$

故 g 还是单射函数,从而是双射函数,即 $H \approx aH$,同理可证 $H \approx Ha$。

定理 6.13 设 $\langle G, \circ \rangle$ 是群,H 为其子群,则 H 的所有左陪集组成的集合 $S = \{aH \mid a \in G\}$ 和所有右陪集组成的集合 $T = \{Ha \mid a \in G\}$ 等势,即 $S \approx T$。

证明 构造一个 $S \to T$ 的双射函数。定义 g:$\forall a \circ H \in S, g(a \circ H) = H \circ a^{-1}$。$g$ 是 $S \to T$ 的函数。由于

$$a \circ H = b \circ H \Leftrightarrow b^{-1} \circ a \in H \Leftrightarrow b^{-1} \circ (a^{-1})^{-1} \in H \Leftrightarrow H \circ b^{-1} = H \circ a^{-1},$$

所以 g 是单值的,单射的,故 g 是 $S \to T$ 的单射函数。又

$$\forall H \circ a \in S, g(a^{-1} \circ H) = H \circ (a^{-1})^{-1} = H \circ a。$$

所以 g 是 $S \to T$ 的双射函数,所以 $S \approx T$。

定义 6.13 群 $\langle G, \circ \rangle$ 的子群 H 的左(右)陪集组成的集合的基数称为 H 在 G 中的指数,记作 $[G:H]$。

对于有限群 $\langle G, \circ \rangle$,H 在 G 中的指数 $[G:H]$ 和群 G 的阶数 $|G|$ 及子群 H 的阶数 $|H|$ 有着密切关系,这就是著名的拉格朗日定理。

定理 6.14(拉格朗日定理) 设 $\langle G, \circ \rangle$ 是有限群,H 是 $\langle G, \circ \rangle$ 的子群,则

$$|G|=|H| \cdot [G:H],$$

即子群的阶数一定是群的阶数的因子。

证明　设$[G:H]=r,a_1H,a_2H,\cdots,a_rH$分别是$H$的$r$个不同的左陪集,根据定理6.11的推论,有

$$G=a_1H \bigcup a_2H \bigcup \cdots \bigcup a_rH,$$

且这r个左陪集是两两不相交的,所以有

$$|G|=|a_1H|+|a_2H|+\cdots+|a_rH|.$$

由定理6.12可知,$|a_iH|=|H|,i=1,2,\cdots,r$,所以

$$|G|=r \cdot |H|=[G:H] \cdot |H|.$$

推论 6.1　设$\langle G,\circ\rangle$是n阶群,$\forall a\in G$,则$|a|$是n的因子,且有$a^n=e$。

证明　令$H=\langle a\rangle$,从而根据拉格朗日定理知$|H|$是n的因子。

因为$\langle G,\circ\rangle$是有限群,所以a是有限次元,设$|a|=r$,则$H=\{a^0=e,a,a^2,\cdots,a^{r-1}\}$,即$|H|=r=|a|$。所以$|a|$是$n$的因子。

既然$|a|$是n的因子,显然有$a^n=e$。

推论 6.2　设$\langle G,\circ\rangle$是n阶群,n为质数,则存在$a\in G$,使得$G=\langle a\rangle$,即质数阶群都是循环群。

证明　$|G|=n$,不妨设$n\geqslant 2$,任取不是单位元e的元素$a\in G$,显然有$\langle a\rangle\subseteq G$。根据推论6.1知$a$的阶数是$n$的因子,因$n$只有因子1和$n$,而$a\neq e$,所以$a$的阶数等于$n$,所以$G=\langle a\rangle$。

根据推论6.1,有限群的元素阶数一定是群的阶数的因子,但反之不一定成立,即有限群阶的因子不一定就是某个元素的阶数。同样地,根据拉格朗日定理,有限群子群的阶数一定是群的阶数的因子,但反之也不一定成立,即有限群阶数的因子不一定就是某个子群的阶数。

定义 6.14　设$\langle G,\circ\rangle$是群,H是其子群,如果$\forall a\in G$都有$a\circ H=H\circ a$,则称H是G的正规子群。

任何群G都有正规子群,因为G的两个平凡子群,即G和$\{e\}$都是G的正规子群。如果G是阿贝尔群,G的所有子群都是正规子群。

下面给出有关正规子群的判定定理。

定理 6.15　设$\langle G,\circ\rangle$是群,H是其子群,则

(1) H是正规子群当且仅当对任意的$a\in G,h\in H$,都有$a\circ h\circ a^{-1}\in H$。

(2) H是正规子群当且仅当对任意的$a\in G$,都有$a\circ H\circ a^{-1}=H$。

证明　(1) 必要性。任取$a\in G,h\in H$,由$a\circ H=H\circ a$可知存在$h_1\in H$使得$a\circ h=h_1\circ a$,从而有

$$a\circ h\circ a^{-1}=h_1\circ a\circ a^{-1}=h_1\in H.$$

充分性。即证明 $\forall a \in G$ 有 $a \circ H = H \circ a$。任取 $a \circ h \in a \circ H$，由 $a \circ h \circ a^{-1} \in H$ 可知存在 $h_1 \in H$ 使得 $a \circ h \circ a^{-1} = h_1$，从而得 $a \circ h = h_1 \circ a \in H \circ a$，这就推出了 $a \circ H \subseteq H \circ a$。

反之，任取 $h \circ a \in H \circ a$，由于 $a^{-1} \in G$ 所以也有 $a^{-1} \circ h \circ (a^{-1})^{-1} \in H$，故存在 $h_1 \in H$ 使得 $a^{-1} \circ h \circ a = h_1$，从而得 $h \circ a = a \circ h_1 \in aH$，这就推出了 $H \circ a \subseteq a \circ H$。

综上所述，$\forall a \in G$ 有 $a \circ H = H \circ a$。

(2) 证明略。

例 6.14 设 $\langle \mathbf{Z}, + \rangle$ 是整数加群，令 $5\mathbf{Z} = \{5z \mid z \in \mathbf{Z}\}$，则 $5\mathbf{Z}$ 是 $\mathbf{Z}$ 的正规子群。

证明 显然 $5\mathbf{Z}$ 是 $\mathbf{Z}$ 的子群，任取 $a \in \mathbf{Z}, h \in 5\mathbf{Z}$，有
$$aha^{-1} = a + h + a^{-1} = h \in 5\mathbf{Z},$$
故 $5\mathbf{Z}$ 是 $\mathbf{Z}$ 的正规子群。

例 6.15 设 $\langle G, \circ \rangle$ 是群，H 是其子群，若 H 在 G 中的指数 $[G : H] = 2$，则 H 是正规子群。

证明 任取 $a \in G$，若 $a \in H$，则 $H \bigcap a \circ H \neq \varnothing$，$H \bigcap H \circ a \neq \varnothing$，根据陪集的性质有
$$a \circ H = H = H \circ a.$$
若 $a \notin H$，则 $H \neq aH$，$H \neq Ha$，根据陪集的性质有
$$H \bigcap a \circ H = \varnothing, \quad H \bigcap H \circ a = \varnothing.$$
由 $[G : H] = 2$ 可知
$$G = H \bigcup a \circ H, \quad G = H \bigcup H \circ a,$$
从而 $a \circ H = G - H = H \circ a$。从而证明了 H 是群 G 的正规子群。

定理 6.16 设 $\langle G, * \rangle$ 是群，H 是其正规子群，令 G/H 是 H 在 G 中的全体左陪集（或右陪集）构成的集合，即
$$G/H = \{aH \mid a \in G\}.$$
在 G/H 上定义 $\otimes$ 如下：
$$\forall aH, \quad bH \in G/H, \quad aH \otimes bH = (a * b)H,$$
则 $\langle G/H, \otimes \rangle$ 构成群，称为 G 关于 H 的商群。

证明略。

6.3 群的同态与同构

定义 6.15 设 $\langle G, * \rangle$ 和 $\langle H, \cdot \rangle$ 是群，ϕ 是从 G 到 H 的映射，若 $\forall a, b \in G$，都有 $\phi(a * b) = \phi(a) \cdot \phi(b)$，则称 ϕ 是从 G 到 H 的同态映射，简称同态。

例 6.16 设 $\langle G, * \rangle$ 和 $\langle H, \cdot \rangle$ 是群，定义从 G 到 H 的映射 ϕ 如下：

$$\phi(x) = e_H, \quad \forall x \in G,$$

则 ϕ 是从 G 到 H 的同态映射,这里 e_H 是 H 的单位元。

定义 6.16　设 ϕ 是从群 $\langle G, * \rangle$ 到群 $\langle H, \cdot \rangle$ 的同态映射。

(1) 若 $\phi: G \to H$ 是满射,则称 ϕ 为满同态;

(2) 若 $\phi: G \to H$ 是单射,则称 ϕ 为单同态;

(3) 若 $\phi: G \to H$ 是双射,则称 ϕ 为同构。

若 $G = H$,则定义 6.15 和定义 6.16 中的 ϕ 分别称为自同态、满自同态、单自同态和自同构。

定理 6.17　设 ϕ 是群 $\langle G, * \rangle$ 到群 $\langle H, \cdot \rangle$ 的同态映射,N 是 G 的子群,则

(1) $\phi(N)$ 是 H 的子群。

(2) 若 N 是 G 的正规子群,且 ϕ 是满同态,则 $\phi(N)$ 是 H 的正规子群。

证明　(1) 设 e 是 G 的单位元,则 $\phi(e) \in \phi(N)$ 是 $\phi(G)$ 的单位元,当然也是 $\phi(N)$ 的单位元;另外,$\forall \phi(a), \phi(b) \in \phi(N)$,有 $\phi(a) \cdot \phi(b) = \phi(a * b) \in \phi(N)$,即满足封闭性;$\forall \phi(a) \in \phi(N)$,有逆元 $\phi(a^{-1}) \in \phi(N)$。所以 $\phi(N)$ 是 H 的子群。

(2) $\forall x \in \phi(N)$,存在 $a \in N$,使得 $\phi(a) = x$,$\forall y \in H$,因为 ϕ 是满同态,所以也存在 $b \in G$,使得 $\phi(b) = y$,所以

$$y \cdot x \cdot y^{-1} = \phi(b) \cdot \phi(a) \cdot \phi(b)^{-1} = \phi(b) \cdot \phi(a) \cdot \phi(b^{-1}) = \phi(b * a * b^{-1})。$$

因为 N 是正规子群,所以 $b * a * b^{-1} \in N$,因此 $y \cdot x \cdot y^{-1} \in \phi(N)$,根据正规子群的判定定理知 $\phi(N)$ 是 H 的正规子群。

定义 6.17　设 ϕ 是从群 $\langle G, * \rangle$ 到群 $\langle H, \cdot \rangle$ 的同态映射,e_H 是 H 的单位元,称

$$\ker(\phi) = \{x \mid x \in G \land \phi(x) = e_H\}$$

为同态核。

定理 6.18(群同态基本定理)　设 $\langle G, * \rangle$ 是群。

(1) 若 N 是 G 的正规子群,则商群 $\langle G/N, \otimes \rangle$ 是 $\langle G, * \rangle$ 的同态像。

(2) 若群 $\langle H, \cdot \rangle$ 是 $\langle G, * \rangle$ 的同态像,ϕ 是相应的从 G 到 H 的满同态映射,则商群 $\langle G/\ker(\phi), \otimes \rangle$ 同构于 $\langle H, \cdot \rangle$。

证明　(1) 定义自然映射 $\phi: G \to G/N$ 如下:

$$\phi(a) = aN, \quad \forall a \in G,$$

易知它是从群 G 到商群 G/N 的同态,称为自然同态。且 ϕ 是满同态映射,即 G/N 是 G 的同态像。

(2) 记 $K = \ker(\phi)$，e_H 为 H 的单位元，定义 $g: G/K \to H$ 如下：

$$g(aK) = \phi(a), \quad \forall aK \in G/K。$$

因为

$$aK = bK \Leftrightarrow b^{-1} * a \in K \Leftrightarrow \phi(b^{-1} * a) = e_H \Leftrightarrow \phi(b)^{-1} \cdot \phi(a) = e_H$$

$$\Leftrightarrow \phi(a) = \phi(b) \Leftrightarrow \phi(aK) = \phi(bK),$$

所以 g 是单值的，即 g 是一个映射，同时证明了 g 是单射。根据 ϕ 的满同态特性，不难证明 g 也是满同态映射，加上上面证明的单射性知 g 是同构映射，即商群 $G/\ker(\phi)$ 同构于 H。

6.4 循环群与置换群

1. 循环群

定义 6.18 设 $\langle G, \circ \rangle$ 是群，若 $\exists a \in G$，使得 $G = \{a^k \mid k \in \mathbf{Z}\}$，则称 $\langle G, \circ \rangle$ 是循环群，称 a 为 $\langle G, \circ \rangle$ 的生成元，并记为 $G = \langle a \rangle$。

例如整数加群，由 3 生成的子群是 $\langle 3 \rangle = \{3k \mid k \in \mathbf{Z}\} = 3\mathbf{Z}$。

对于 Klein 四元群 $G = \{e, a, b, c\}$，由它的每个元素生成的子群是

$$\langle e \rangle = \{e\}, \langle a \rangle = \{e, a\}, \langle b \rangle = \{e, b\}, \langle c \rangle = \{e, c\}。$$

循环群一定是交换群。循环群 $G = \langle a \rangle$ 按生成元的次数可以分为两类：n 阶循环群和无限循环群。

若 a 是 n 次元，则 $G = \langle a \rangle$ 是 n 阶循环群，此时

$$G = \langle a \rangle = \{a^0 = e, a^1, a^2, \cdots, a^{n-1}\};$$

若 a 是无限次元，则 $G = \langle a \rangle$ 是无限循环群，此时

$$G = \langle a \rangle = \{a^0 = e, a^{\pm 1}, a^{\pm 2}, \cdots\}。$$

定理 6.19 设 $G = \langle a \rangle$ 是循环群，$a^0 = e$ 为单位元。

(1) 若 a 是无限次元，即 $G = \{e, a^{\pm 1}, a^{\pm 2}, \cdots\}$，则 G 中只有两个生成元，a 和 a^{-1}。

(2) 若 a 是 n 次元，即 $G = \{a^0 = e, a^1, a^2, \cdots, a^{n-1}\}$，则 $a^k (1 \leqslant k \leqslant n, a^n = e)$ 是生成元的充分必要条件是 k 与 n 互质。即 G 中只有 $\varphi(n)$ 个生成元，这里 $\varphi(n)$ 是欧拉函数，它是小于或等于 n 且与 n 互质的正整数的个数。

例 6.17 $\langle \mathbf{Q}, + \rangle$，$\langle \mathbf{R}, + \rangle$ 都是交换群但都不是循环群，$\langle \mathbf{Z}, + \rangle$ 是无限循环群，1 和 -1 是其生成元，$\langle \mathbf{N}, + \rangle$ 是无限循环群，1 是其生成元。

例 6.18 设 $G = 2\mathbf{Z} = \{2 \times n \mid n \in \mathbf{Z}\}$，$G$ 上的运算是普通加法，则 G 是无限阶循环群，2 和 -2 是其生成元。

每个循环群是可交换群，但是可交换群不一定是循环群。

2. 置换群

定义 6.19 设 $S=\{1,2,\cdots,n\}$ 为 n 个元素的集合，S 上的任何双射函数 $\sigma: S \to S$ 构成 S 上 n 个元素的置换，称为 n 元置换，一般记为

$$\sigma = \begin{pmatrix} 1 & 2 & \cdots & n \\ \sigma(1) & \sigma(2) & \cdots & \sigma(n) \end{pmatrix}.$$

例 6.19 设 $S=\{1,2\}$，则 S 上的 2 元置换共有 2 个，如下所示：

$$\sigma_1 = \begin{pmatrix} 1 & 2 \\ 1 & 2 \end{pmatrix}, \quad \sigma_2 = \begin{pmatrix} 1 & 2 \\ 2 & 1 \end{pmatrix}.$$

由排列组合的知识可以知道，n 个不同元素有 $n!$ 种排列的方法。所以 $S=\{1,2,\cdots,n\}$ 上有 $n!$ 个置换。例如 $S=\{1,2,3\}$，则 S 上的 3 元置换共有 $3!=6$ 个，如下所示：

$$\sigma_1 = \begin{pmatrix} 1 & 2 & 3 \\ 1 & 2 & 3 \end{pmatrix}, \quad \sigma_2 = \begin{pmatrix} 1 & 2 & 3 \\ 2 & 1 & 3 \end{pmatrix}, \quad \sigma_3 = \begin{pmatrix} 1 & 2 & 3 \\ 3 & 2 & 1 \end{pmatrix},$$

$$\sigma_4 = \begin{pmatrix} 1 & 2 & 3 \\ 1 & 3 & 2 \end{pmatrix}, \quad \sigma_5 = \begin{pmatrix} 1 & 2 & 3 \\ 2 & 3 & 1 \end{pmatrix}, \quad \sigma_6 = \begin{pmatrix} 1 & 2 & 3 \\ 3 & 1 & 2 \end{pmatrix}.$$

定义 6.20 设 σ 和 τ 是 $S=\{1,2,\cdots,n\}$ 上的 n 元置换，则 σ 和 τ 的复合 $\sigma \circ \tau$ 也是 S 上的 n 元置换，称为 σ 与 τ 的乘积，记作 $\sigma\tau$。

例 6.20 4 元置换

$$\sigma = \begin{pmatrix} 1 & 2 & 3 & 4 \\ 4 & 1 & 2 & 3 \end{pmatrix}, \quad \tau = \begin{pmatrix} 1 & 2 & 3 & 4 \\ 2 & 4 & 3 & 1 \end{pmatrix}$$

的乘积为

$$\sigma\tau = \begin{pmatrix} 1 & 2 & 3 & 4 \\ 1 & 2 & 4 & 3 \end{pmatrix}, \quad \tau\sigma = \begin{pmatrix} 1 & 2 & 3 & 4 \\ 1 & 3 & 2 & 4 \end{pmatrix}.$$

定义 6.21 设 σ 是 $S=\{1,2,\cdots,n\}$ 上的 n 元置换，若

$$\sigma(i_1) = i_2, \sigma(i_2) = i_3, \cdots, \sigma(i_{k-1}) = i_k, \sigma(i_k) = i_1,$$

且保持 S 中的其他元素不变，则称 σ 为 S 上的 k 阶轮换，记作 $(i_1 i_2 \cdots i_k)$。

定理 6.20 S_n 是 $S=\{1,2,\cdots,n\}$ 上 $n!$ 个置换构成的集合，S_n 关于置换的乘法构成群，称为 n 元对称群。

证明 置换就是双射函数，置换的乘法就是函数的复合运算，S_n 对置换乘法是封闭的，即置换乘法是 S_n 上的运算，从而 S_n 关于置换的乘法构成代数系统。

又因为置换乘法(即函数的复合运算)满足结合律，S_n 的单位元是恒等置换，每个元都有逆元，所以 $\langle S_n, \circ \rangle$ 构成群。

定义 6.22 n 元对称群的任何子群称为 n 元置换群。

例 6.21 如图 6.1 所示,一个 2×2 的方格棋盘可以围绕它的中心进行旋转,也可以围绕它的对称轴进行翻转,但经过旋转或翻转后仍要与原来的方格重合(方格中的数字可以改变)。如果把每种旋转或翻转看作是作用在 $\{1,2,3,4\}$ 上的置换,求所有这样的置换构成的群 D_4。

解 所有的这样的置换如下:

$\sigma_1 = (1)$;(恒等置换)

$\sigma_2 = (1\ 2\ 3\ 4)$;(逆时针旋转 $90°$)

$\sigma_3 = (1\ 3)(2\ 4)$;(逆时针旋转 $180°$)

$\sigma_4 = (1\ 4\ 3\ 2)$;(逆时针旋转 $270°$)

$\sigma_5 = (1\ 2)(3\ 4)$;(围绕垂直轴翻转 $180°$)

$\sigma_6 = (1\ 4)(2\ 3)$;(围绕水平轴翻转 $180°$)

$\sigma_7 = (2\ 4)$;(围绕对角线轴翻转 $180°$)

$\sigma_8 = (1\ 3)$。(围绕另一个对角线轴翻转 $180°$)

图 6.1

这 8 个置换构成一个置换群 D_4,它的运算表如表 6-4 所示。

表 6-4

$\circ$	σ_1	σ_2	σ_3	σ_4	σ_5	σ_6	σ_7	σ_8
σ_1	σ_1	σ_2	σ_3	σ_4	σ_5	σ_6	σ_7	σ_8
σ_2	σ_2	σ_3	σ_4	σ_1	σ_7	σ_8	σ_6	σ_5
σ_3	σ_3	σ_4	σ_1	σ_2	σ_6	σ_5	σ_8	σ_7
σ_4	σ_4	σ_1	σ_2	σ_3	σ_8	σ_7	σ_5	σ_6
σ_5	σ_5	σ_8	σ_6	σ_7	σ_1	σ_3	σ_4	σ_2
σ_6	σ_6	σ_7	σ_5	σ_8	σ_3	σ_1	σ_2	σ_4
σ_7	σ_7	σ_5	σ_8	σ_6	σ_2	σ_4	σ_1	σ_3
σ_8	σ_8	σ_6	σ_7	σ_5	σ_4	σ_2	σ_3	σ_1

从表 6-4 中可以看出,运算满足封闭性,σ_1 是幺元,且

$$\sigma_1^{-1} = \sigma_1, \sigma_2^{-1} = \sigma_4, \sigma_3^{-1} = \sigma_3, \sigma_4^{-1} = \sigma_2,$$

$$\sigma_5^{-1} = \sigma_5, \sigma_6^{-1} = \sigma_6, \sigma_7^{-1} = \sigma_7, \sigma_8^{-1} = \sigma_8。$$

即每个元素都有逆元。又因为置换乘法满足结合律,所以 D_4 在置换乘法下构成群。它显

然是 4 阶对称群的子群,即 4 元置换群。

6.5　环　和　域

1. 环

本节介绍的环和域,都是具有两个二元运算的代数系统,习惯上用＋"加法"和·"乘法"表示。＋和·是抽象意义下的二元运算,不一定是普通的加法和乘法运算(实数集合上的加法和乘法)。

定义 6.23　设 $\langle R, +, \cdot \rangle$ 是代数系统,＋和·是集合 R 上的二元运算。如果

(1) $\langle R, + \rangle$ 是交换群;

(2) $\langle R, \cdot \rangle$ 是半群;

(3) 乘法·对加法＋满足分配律,

则称 $\langle R, +, \cdot \rangle$ 是环。

为了区别环中的两个运算,通常称运算＋为环中的加法,运算·为环中的乘法。

例 6.22　(1) 整数集 $\mathbf{Z}$、有理数集 $\mathbf{Q}$、实数集 $\mathbf{R}$ 关于普通的加法和乘法构成的 $\langle \mathbf{Z}, +, \cdot \rangle$、$\langle \mathbf{Q}, +, \cdot \rangle$ 和 $\langle \mathbf{R}, +, \cdot \rangle$ 都是环。

(2) n 阶实矩阵集合 $M_n(\mathbf{R})$ 关于矩阵加法和乘法构成环 $\langle M_n(\mathbf{R}), +, \cdot \rangle$。

(3) $\mathbf{Z}_n = \{0, 1, \cdots, n-1\}$ 关于模 n 加法 $\oplus$ 和模 n 乘法 $\odot$ 构成环 $\langle \mathbf{Z}_n, \oplus, \odot \rangle$。$\oplus$ 和 $\odot$ 分别表示模 n 加法和乘法。即 $\forall x, y \in \mathbf{Z}_n$,有

$$x \oplus y = (x+y) \bmod n, \quad x \odot y = (xy) \bmod n。$$

定理 6.21　设 $\langle R, +, \cdot \rangle$ 是环,则

(1) $\forall a \in R, a0 = 0a = 0$;

(2) $\forall a, b \in R, (-a)b = a(-b) = -(ab)$;

(3) $\forall a, b, c \in R, a(b-c) = ab - ac, (b-c)a = ba - ca$。

证明　(1) $\forall a \in R$,有

$$a0 = a(0+0) = a0 + a0。$$

因为 $\langle R, + \rangle$ 构成群,从而满足消去律,所以有 $a0 = 0$。同理可证 $0a = 0$。

(2) $\forall a, b \in R, 0 = a0 = a(b + (-b)) = ab + a(-b)$,所以 $a(-b) = -(ab)$,同理可证 $(-a)b = -(ab)$。

(3) $\forall a, b, c \in R, a(b-c) = a(b + (-c)) = ab + a(-c) = ab - ac$,同理可得 $(b-c)a = ba - ca$。

例 6.23　$\langle R, +, \cdot \rangle$ 是环,$\forall a, b \in R$,计算 $(a+b)^3$,$(a-b)^2$。

解 $(a+b)^3 = (a+b)(a+b)(a+b)$
$$= (a^2 + ba + ab + b^2)(a+b)$$
$$= a^3 + ba^2 + aba + b^2a + a^2b + bab + ab^2 + b^3,$$
$$(a-b)^2 = (a-b)(a-b)$$
$$= a_2 - ba - ab + b^2.$$

定义 6.24 设 $\langle R, +, \cdot \rangle$ 是环。

(1) 若环中乘法 $\cdot$ 满足交换律,则称 $\langle R, +, \cdot \rangle$ 是交换环。

(2) 若环中乘法 $\cdot$ 存在幺元,则称 $\langle R, +, \cdot \rangle$ 是含幺环。

(3) 若 $\forall a, b \in R, ab = 0 \Rightarrow a = 0 \lor b = 0$,则称 $\langle R, +, \cdot \rangle$ 是无零因子环。

(4) 若既是交换环、含幺环,又是无零因子环,则称 $\langle R, +, \cdot \rangle$ 是整环。

例 6.24 (1) 整数环 $\langle \mathbf{Z}, +, \cdot \rangle$,有理数环 $\langle \mathbf{Q}, +, \cdot \rangle$,实数环 $\langle \mathbf{R}, +, \cdot \rangle$ 都是交换环、含幺环、无零因子环和整环。

(2) 令 $3\mathbf{Z} = \{3z \mid z \in \mathbf{Z}\}$,则 $3\mathbf{Z}$ 关于普通的加法和乘法构成交换环和无零因子环。但不是含幺环和整环,因为 $1 \notin 3\mathbf{Z}$。

(3) n 阶实矩阵环 $\langle \mathbf{M}_n(\mathbf{R}), +, \cdot \rangle$ 是含幺环,但不是交换环和无零因子环,也不是整环。

例 6.25 模 6 整数环 $\langle \mathbf{Z}_6, \oplus, \odot \rangle$ 是交换环,含幺环,但不是无零因子环和整环。因为 $3 \odot 4 = 0$,但 3 和 4 都不是 0。通常称 3 为 $\mathbf{Z}_6$ 中的左零因子,4 为 $\mathbf{Z}_6$ 中的右零因子。类似地,因为 $4 \odot 3 = 0$,所以 4 也是左零因子,3 也是右零因子,因此它们都是零因子。

2. 域

定义 6.25 设 $\langle R, +, \cdot \rangle$ 是整环,且 R 中至少含有两个元素且含幺元和无零因子的,若 $\forall a \in R^* = R - \{0\}$,都有逆元 $a^{-1} \in R$,则称 $\langle R, +, \cdot \rangle$ 是域。

例如有理数环 $\langle \mathbf{Q}, +, \cdot \rangle$,实数环 $\langle \mathbf{R}, +, \cdot \rangle$ 和复数环 $\langle \mathbf{C}, +, \cdot \rangle$ 都是域,分别称为有理数域、实数域和复数域。但整数环 $\langle \mathbf{Z}, +, \cdot \rangle$ 不是域,因为并不是对于任意的非零整数 $x \in \mathbf{Z}$ 都有 $\frac{1}{x} \in \mathbf{Z}$,比如 $3 \in \mathbf{Z}$,但是 $\frac{1}{3} \notin \mathbf{Z}$,故 $\langle \mathbf{Z}, +, \cdot \rangle$ 不是域。

例 6.26 设 S 为下列集合,$+$ 和 $\cdot$ 为普通加法和乘法。判断下述集合关于给定的运算是否构成整环和域? 为什么?

(1) $S = \{a + b\sqrt{3} \mid a, b \in \mathbf{Z}\}$;

(2) $S = \{a + b\sqrt{5} \mid a, b \in \mathbf{Q}\}$;

(3) $S = \{x \mid x = 4n \land n \in \mathbf{Z}\}$;

(4) $S = \{x \mid x = 4n + 1 \land n \in \mathbf{Z}\}$;

(5) $S = \left\{ \begin{pmatrix} a & b \\ b & a \end{pmatrix} \middle| a, b \in \mathbf{Z} \right\}$，运算为关于矩阵的加法和乘法。

解　(1) 是整环,但不是域。例如 $\sqrt{3} \in S$,但 $\sqrt{3}$ 没有逆元。

(2) 是整环和域。

(3) 不是整环和域。因为乘法幺元是 $1, 1 \notin S$。

(4) 不是整环和域,因为 S 不是环,普通加法在 S 上不封闭且幺元是 $0, 0 \notin S$。

(5) 不是整环和域。考虑矩阵 $\begin{pmatrix} 0 & 1 \\ 0 & 1 \end{pmatrix}$ 和 $\begin{pmatrix} 1 & 1 \\ 0 & 0 \end{pmatrix}$,它们都是 S 中的元素,且满足

$$\begin{pmatrix} 0 & 1 \\ 0 & 1 \end{pmatrix}\begin{pmatrix} 1 & 1 \\ 0 & 0 \end{pmatrix} = \begin{pmatrix} 0 & 0 \\ 0 & 0 \end{pmatrix},$$

所以 $\begin{pmatrix} 0 & 1 \\ 0 & 1 \end{pmatrix}$ 是左零因子,$\begin{pmatrix} 1 & 1 \\ 0 & 0 \end{pmatrix}$ 是右零因子。因此 S 不是无零因子环,当然也就不是整环和域。

6.6　格与布尔代数

格与布尔代数是代数系统中的又一类重要的代数系统,在计算机科学中有十分重要的作用,可直接用于开关理论和逻辑设计、密码学、计算机理论科学等。

1. 格与子格

定义 6.26　设 $\langle S, \leqslant \rangle$ 是偏序集,如果 $\forall x, y \in S$,集合 $\{x, y\}$ 都有最小上界和最大下界,则称 $\langle S, \leqslant \rangle$ 是格。

由于最小上界和最大下界的唯一性,可以把求 $\{x, y\}$ 的最小上界和最大下界看成 x 和 y 的二元运算 $\vee$ 和 $\wedge$,即 $x \wedge y$ 表示元素 x, y 的最大下界,$x \vee y$ 表示元素 x, y 的最小上界。

例 6.27　设 n 是正整数,S_n 是 n 的正因子的集合。D 为整除关系,则偏序集 $\langle S_n, D \rangle$ 构成格,$\forall x, y \in S_n$,$x \vee y$ 是 x 和 y 的最小公倍数,$x \wedge y$ 是 x 和 y 的最大公约数。图 6.2 给出了格 $\langle S_8, D \rangle$ 和格 $\langle S_6, D \rangle$。

例 6.28　(1) 对于偏序集 $\langle \mathbf{R}, \leqslant \rangle$,$\forall x, y \in \mathbf{R}$,$\max\{x, y\}$ 和 $\min\{x, y\}$ 分别是 $\{x, y\}$ 的最小上界和最大下界,所以 $\langle \mathbf{R}, \leqslant \rangle$ 是格。

图　6.2

(2) 对于偏序集 $\langle P(S), \subseteq \rangle$,$\forall A, B \in P(S)$,$\{A, B\}$ 都有最小上界 $A \cup B$ 和最大下界 $A \cap B$,所以 $\langle P(S), \subseteq \rangle$ 是格,称为集合 S 的幂集格。

(3) 在如图 6.3 中所示的三个偏序集的哈斯图中。(a)不是格,因为(a)中 $\{a, b\}$ 没有下

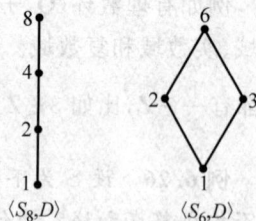

界当然也没有下确界。(b)不是格,因为(b)中$\{b,d\}$有两个上界c和e,但没有上确界。(c)也不是格,因为(c)中$\{b,c\}$有三个上界d,e和f,但没有上确界。

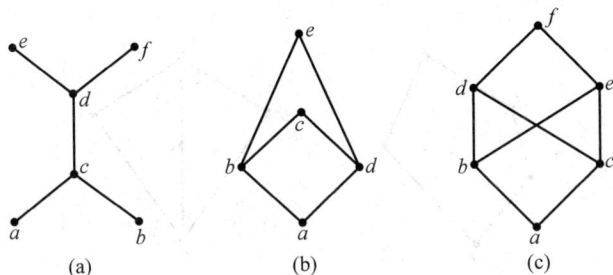

图   6.3

定理 6.22   设$\langle L,\leqslant\rangle$是格,则运算$\vee$和$\wedge$适合交换律、结合律、幂等律和吸收律,即对于$\forall a,b,c\in L$有

(1) 交换律:$a\vee b=b\vee a,a\wedge b=b\wedge a$;

(2) 结合律:$a\vee(b\vee c)=(a\vee b)\vee c,(a\wedge b)\wedge c=a\wedge(b\wedge c)$;

(3) 幂等律:$a\vee a=a,\ a\wedge a=a$;

(4) 吸收律:$a\vee(a\wedge b)=a,a\wedge(a\vee b)=a$。

证明略。

定理 6.23   设$\langle S,\oplus,\otimes\rangle$是具有两个二元运算的代数系统,且运算$\oplus$和$\otimes$满足交换律、结合律、吸收律,则可以适当定义$S$中的偏序$\leqslant$,使得$\langle S,\leqslant\rangle$构成一个格,且$\forall a,b\in S$,有$a\oplus b$是$a$和$b$的最大下界,$a\otimes b$是$a$和$b$的最小上界。

根据定理 6.23 可以给出格的代数系统定义如下。

定义 6.27   设$\langle S,\oplus,\otimes\rangle$是代数系统,二元运算$\oplus$和$\otimes$满足交换律、结合律、吸收律,则$\langle S,\oplus,\otimes\rangle$构成格。

定义 6.28   设$\langle L,\wedge,\vee\rangle$是格,$S$是$L$的非空子集,若$S$关于$L$中的运算$\wedge$和$\vee$仍构成格,则称$S$是$L$的子格。

例 6.29   设格L如图 6.4 所示,令$S_1=\{a,e,f,g\}$,$S_2=\{a,b,e,g\}$,则S_1不是L的子格,S_2是L的子格,因为对e和f,有$e\wedge f=c$,但$c\notin S_1$。

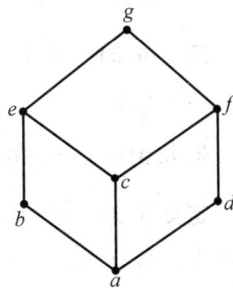

图   6.4

2. 特殊格

定义 6.29   设$\langle L,\wedge,\vee\rangle$是格,如果在$L$中分配律成立,即$\forall a,b,c\in L$,有

$$a\wedge(b\vee c)=(a\wedge b)\vee(a\wedge c),\quad a\vee(b\wedge c)=(a\vee b)\wedge(a\vee c),$$

则称 L 是分配格。

例 6.30　说明图 6.5 中的格是否为分配格并陈述理由。

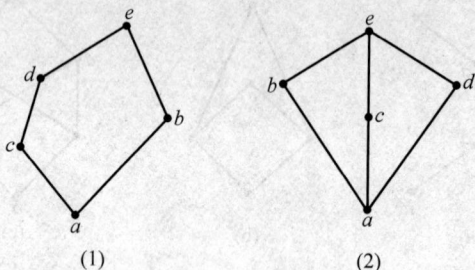

(1)　　　　　　　　(2)

图　6.5

解　图 6.5(1)是一个非分配格,因为 $c\vee(b\wedge d)=c\vee a=c$,但 $(c\vee b)\wedge(c\vee d)=e\wedge d=d$。

同样,图 6.5(2)是一个非分配格,因为 $b\wedge(c\vee d)=b\wedge e=b$,但 $(b\wedge c)\vee(b\wedge d)=a\vee a=a$。

图 6.5(1)中的格叫做五角格,图 6.5(2)中的格叫做钻石格。

定义 6.30　设 L 是格,若存在 $a\in L$ 使得 $\forall x\in L$ 有 $a\leqslant x$,则称 a 为 L 的全下界。若存在 $b\in L$ 使得 $\forall x\in L$ 有 $x\leqslant b$,则称 b 为 L 的全上界。

可以证明,格 L 若存在全下界或全上界,一定是唯一的,以全下界为例,假若 a_1,a_2 都是格 L 的全下界,则有 $a_1\leqslant a_2$ 和 $a_2\leqslant a_1$。根据偏序关系的反对称性必有 $a_1=a_2$。由于全上界和全下界的唯一性,一般将格 L 的全下界记为 0,全上界记为 1。

定义 6.31　设 L 是格,若 L 存在全下界和全上界,则称 L 为有界格,并将 L 记为 $\langle L,\wedge,\vee,0,1\rangle$。

例 6.31　$L=\{x\in\mathbf{R}\mid -1\leqslant x\leqslant 1\}$,则 $\langle L,\leqslant\rangle$ 是有界格。

定义 6.32　设 $\langle L,\wedge,\vee,0,1\rangle$ 是有界格,$a\in L$。若 $\exists b\in L$,使得 $a\wedge b=0,a\vee b=1$,则称 b 为 a 的补元。

由定义不难看出,若 b 是 a 的补元,那么 a 也是 b 的补元。换句话说,a 和 b 互为补元。

定义 6.33　设 $\langle L,\wedge,\vee,0,1\rangle$ 是有界格,若 $\forall a\in L$,在 L 中都有 a 的补元存在,则称 L 是有补格。

定义 6.34　如果一个格是有补分配格,则称它为布尔格或布尔代数。

习 题 6

1. 在正实数集合 $\mathbf{R}^+$ 上定义运算 $*$ 如下：

$$x * y = \frac{a+b}{1+ab}。$$

试问 $\langle \mathbf{R}^+, * \rangle$ 是半群吗？是幺半群吗？

2. 在自然数集合 $\mathbf{N}$ 上定义运算 $\vee$ 和 $\wedge$ 如下：

$$a \vee b = \max\{a,b\}, \quad a \wedge b = \min\{a,b\}。$$

试问 $\langle \mathbf{N}, \vee \rangle$ 和 $\langle \mathbf{N}, \wedge \rangle$ 是半群吗？是幺半群吗？

3. 设 $\langle G, * \rangle$ 是半群，它有一个左零元 θ，令

$$G_\theta = \{x * \theta \mid x \in G\},$$

证明 $\langle G_\theta, * \rangle$ 构成半群。

4. 设 $S = \{0,1,2,3\}$，$\otimes$ 为模 4 乘法，即

$$\forall x,y \in S, \quad x \otimes y = (xy)\bmod 4,$$

问 $\langle S, \otimes \rangle$ 是否构成群？

5. 设 $G = \{a+bi \mid a,b \in \mathbf{Z}\}$，i 为虚数单位，即 $i^2 = -1$。验证 G 关于复数加法构成群。

6. 设 $\mathbf{Z}$ 为整数集合，在 $\mathbf{Z}$ 上定义二元运算，$\forall x,y \in \mathbf{Z}, x \circ y = x+y-2$，问 $\mathbf{Z}$ 关于 $\circ$ 运算能否构成群？为什么？

7. 设 $G = \left\{ \begin{pmatrix} 1 & 0 \\ 0 & 1 \end{pmatrix}, \begin{pmatrix} 1 & 0 \\ 0 & -1 \end{pmatrix}, \begin{pmatrix} -1 & 0 \\ 0 & 1 \end{pmatrix}, \begin{pmatrix} -1 & 0 \\ 0 & -1 \end{pmatrix} \right\}$，证明 G 关于矩阵乘法构成一个群。

8. 设 G 是 $M_n(\mathbf{R})$ 上的加法群，$n \geqslant 2$，判断下述子集是否构成子群。

(1) 全体对称矩阵；

(2) 全体对角矩阵；

(3) 全体行列式大于等于 0 的矩阵；

(4) 全体上（下）三角矩阵；

(5) 全体可逆矩阵。

9. 某一通信编码的码字 $x = (x_1, x_2, \cdots, x_7)$，其中 x_1, x_2, x_3 和 x_4 为数据位，x_5, x_6 和 x_7 为校验位（$x_1, x_2, \cdots, x_7$ 都是 0 或 1），并且满足

$$x_5 = x_1 +_2 x_2 +_2 x_3, \quad x_6 = x_1 +_2 x_2 +_2 x_4, \quad x_7 = x_1 +_2 x_3 +_2 x_4,$$

这里 $+_2$ 是模 2 加法。设 H 是所有这样的码字构成的集合。在 H 上定义二元运算如下：

$$\forall x,y \in H, \quad x * y = (x_1 +_2 y_1, x_2 +_2 y_2, \cdots, x_7 +_2 y_7)。$$

证明 $\langle H, * \rangle$ 构成群，且是 $\langle G, * \rangle$ 的子群，其中 G 是长度为 7 的位串构成的集合。

10. 设 σ, τ 是 5 元置换，且

$$\sigma = \begin{pmatrix} 1 & 2 & 3 & 4 & 5 \\ 2 & 1 & 4 & 5 & 3 \end{pmatrix}, \quad \tau = \begin{pmatrix} 1 & 2 & 3 & 4 & 5 \\ 3 & 4 & 5 & 1 & 2 \end{pmatrix}。$$

(1) 计算 $\sigma\tau,\tau\sigma,\tau^{-1},\sigma^{-1},\sigma^{-1}\tau\sigma$;

(2) 将 $\tau\sigma,\tau^{-1},\sigma^{-1}\tau\sigma$ 表成不交的轮换之积。

11. 阶数为 $5,6,14,15$ 的循环群的生成元分别有多少个?

12. 设 $G=\{1,5,7,11\}$,对于 G 上的二元运算"模 12 乘法 $\times_{12}$":
$$i\times_{12}j=(i\times j)(\bmod 12),$$

(1) 证明 $\langle G,\times_{12}\rangle$ 构成群;

(2) 求 G 中每个元素的阶数;

(3) 问 $\langle G,\times_{12}\rangle$ 是循环群吗?

13. 设 $S=\{1,2,3,4\}$,写出 S 上的所有 4 元置换。

14. 证明 6 阶群必含有 3 阶元。

15. 证明偶数阶群必含 2 阶元。

16. 证明在有限群中阶数大于 2 的元素的个数必定是偶数。

17. 判断下列集合和给定运算是否构成环、整环和域,如果不能构成,请说明理由。

(1) $A=\{a+bi\,|\,a,b\in\mathbf{Q},i^2=-1\}$,运算为复数的加法和乘法。

(2) $A=\{2z+1\,|\,z\in\mathbf{Z}\}$,运算为实数的加法和乘法。

(3) $A=\{2z\,|\,z\in\mathbf{Z}\}$,运算为实数的加法和乘法。

(4) $A=\{x\,|\,x\geqslant0\wedge x\in\mathbf{Z}\}$,运算为实数的加法和乘法。

(5) $A=\{a+b\sqrt[4]{5}\,|\,a,b\in\mathbf{Q}\}$,运算为实数的加法和乘法。

18. 确定习图 6.1 所示哈斯图的偏序集是否为格。

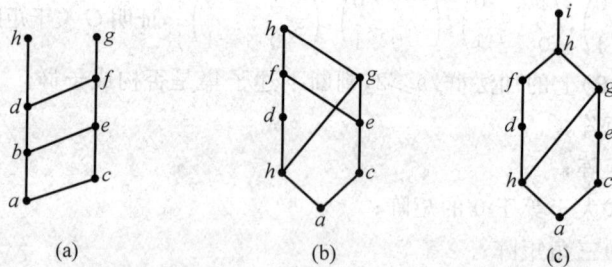

习图 6.1

19. 设 $\langle L,\leqslant\rangle$ 是格,其哈斯图如习图 6.2 所示,取
$$S_1=\{a,b,c,d\},$$
$$S_2=\{a,b,d,f\},$$
$$S_3=\{c,d,e,f\},$$
$$S_4=\{a,b,f,g\},$$
试问 $\langle S_1,\leqslant_1\rangle,\langle S_2,\leqslant_2\rangle,\langle S_3,\leqslant_3\rangle,\langle S_4,\leqslant_4\rangle$ 中哪些是格,哪些是 $\langle L,\leqslant\rangle$ 的子格,这里关系 $\leqslant_i=\leqslant\bigcap(S_i\times S_i)$,即是格中的偏序关系和 $S_i\times S_i$ 的交集所产生的关系,$i=1,2,3,4$。

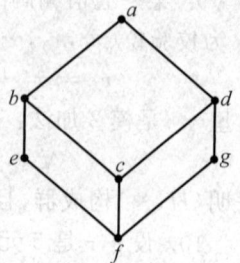

习图 6.2

代数结构小结

代数结构也称为代数系统,它是抽象代数的主要研究对象。抽象代数是数学的一个分支,它用代数的方法从不同的研究对象中概括出一般的数学模型并研究其规律、性质和结构。

我们介绍了二元运算的定义,以及如何判断一个运算是否是一个二元运算,对二元运算性质进行了讨论,强调幺元,零元,逆元是二元运算中重要的元素。代数系统是定义在集合以及集合上的运算,我们对代数系统的同态与同构做了简单介绍,对代数系统中重要的几个代表:半群、群、环和域、格和布尔代数做了介绍。在这些代数系统中,我们重点介绍了半群、群相关性质,根据本课程要求,对环、域、格的基本概念和初步结论也进行了简单介绍。有关环、域、格等代数系统的性质和定理,读者可以查阅相关书籍。

第四部分 图 论

　　图论是数学的一个分支,它以图为研究对象。图论中的图是由若干给定的点及连接两点的线所构成的图形,这种图形通常用来描述某些事物之间的某种特定关系,用点代表事物,用连接两点的线表示相应两个事物间具有这种关系。图论本身是应用数学的一部份,因此,历史上图论曾经被多位数学家各自独立地建立过。关于图论的文字记载最早出现在欧拉 1736 年的论著中,他所考虑的原始问题有很强的实际背景。图论的广泛应用促进了其自身的发展,在 20 世纪 40～60 年代,拟阵理论、超图理论、极图理论以及代数图论、拓扑图论等都有了很大的发展。现今,图论的应用越来越广泛,在工农业生产、交通运输、通信和电力领域经常都能看到网络图,如管道网图、公路网图、铁路网图、通信网图、输电线网图、社交网图、关系网图等;还有一些生产计划、投资计划、设备更新等问题也可以转化为网络图的优化问题。本部分主要介绍图的基本概念、图的表示、图的连通性、欧拉图、哈密顿图、树和平面图等。

第7章 图论基础

在描述二元关系时,已经提到用图来表示二元关系。图能提供一种直观、清晰表达信息的方式。图论作为数学的一个分支,起源于著名的哥尼斯堡七桥问题,随着信息时代的来临,图论的应用越来越广泛。在工农业生产、交通运输、通信和电力等领域,经常能看到许多网络,如河道网、灌溉网、管道网、公路网、铁路网、通信网、输电网等,这些网络的一些相关问题都可以归结为图论的研究对象。

人们常称1736年是图论历史元年,因为在这一年瑞士数学家欧拉(Euler)发表了图论的首篇论文——《哥尼斯堡七桥问题无解》,所以人们普遍认为欧拉是图论的创始人。从19世纪中叶到20世纪中叶,图论问题大量出现,如哈密顿图问题、四色猜想等。这些问题的出现进一步促进了图论的发展。在很长一段时期内,图论被当成是数学家的智力游戏,解决一些著名的难题,如迷宫问题、棋盘上马的路线问题、四色问题和哈密顿环球旅行问题、任务分配问题和地图着色问题等,这些问题吸引了众多的学者。图论中许多的概念和定理的建立都与这些问题的解决有关。近几十年来,随着计算机科学的发展,图论以更加惊人的速度向前发展。

图论中的图是由若干给定的点及连接两点的线所构成的图形,这种图形通常用来描述某些事物之间的某种特定关系,用点代表事物,用连接两点的线表示相应两个事物间具有这种关系。在人们的社会实践中,图论已成为解决自然科学、工程技术、社会科学以及经济、军事等领域中许多问题的有力工具之一,因此越来越受到数学家和工程技术工作者的喜爱。随着信息科学的发展,图论的应用也越来越广泛,同时图论自身也得到了充分的发展。本部分主要介绍图论的基本概念和一些简单特殊的图形结构,如欧拉图、哈密顿图、树和平面图等。

7.1 图的基本概念

在第二部分中,我们介绍了集合的笛卡儿积的概念,为了定义无向图,还需要给出集合的无序积的概念。任意两个元素 a,b 构成的**无序对**记作 (a,b),这里总有 $(a,b)=(b,a)$。设 A,B 为两个集合,无序对的集合 $\{(a,b)\mid a\in A \land b\in B\}$ 称为集合 A 与 B 的**无序积**,记作 $A\&B$。无序积与笛卡儿积的不同在于无序积满足交换律,即 $A\&B=B\&A$,而笛卡儿积不满足交换律,即 $A\times B\neq B\times A$。

例如,设 $A=\{a,b\}$,$B=\{0,1,2\}$,则
$$A\&B = \{(a,0),(a,1),(a,2),(b,0),(b,1),(b,2)\} = B\&A,$$

$$A \& A = \{(a,a),(a,b),(b,a),(b,b)\}.$$

1. 图的概念

一个图通常包括一些结点及结点之间的一些连线，至于图中线段的长度及结点的位置并不重要。图论中图是一个非常抽象的概念，它可以表示许多具体的东西。下面给出图的定义。

定义 7.1（无向图）　一个无向图 G 是一个有序二元组 $\langle V, E\rangle$，记作 $G=\langle V, E\rangle$，其中 V 是一个非空集合，V 中的元素称为**结点**；E 是无序积 $V \& V$ 的多重子集（元素可重复出现的集合），称 E 为 G 的**边集**，E 中的元素称为**无向边**或简称**边**。

在一个图 $G=\langle V, E\rangle$ 中，为了表示 V 和 E 分别是图 G 的结点集和边集，常将 V 记成 $V(G)$，而将 E 记成 $E(G)$。

图可以用图形来表示，而这种图形有助于理解图的性质。在图形表示法中，每个结点用点来表示，每条边用线来表示，这样的线连接着代表该边端点的两个结点。例如 $G=\langle V, E\rangle$，其中 $V=\{v_1, v_2, v_3, v_4, v_5\}$，$E=\{(v_1,v_2),(v_2,v_2),(v_2,v_3),(v_1,v_3),(v_1,v_3),(v_3,v_4)\}$，$G$ 的图形如图 7.1 所示。

定义 7.2（有向图）　一个有向图 G 是一个有序二元组 $\langle V, E\rangle$，记作 $G=\langle V, E\rangle$，其中 V 是一个非空的结点集，E 是笛卡儿积 $V \times V$ 的多重子集，其元素称为**有向边**，也简称**边**或**弧**。一般地，有向图用字母 D 表示，如 $D=\langle V, E\rangle$。

对于一个有向图 G，也可用图形来表示。边 $\langle v_i, v_j\rangle$ 表示以 v_i 为起点，v_j 为终点的有向边。例如 $G=\langle V, E\rangle$，其中 $V=\{v_1, v_2, v_3, v_4\}$，$E=\{\langle v_1,v_1\rangle,\langle v_1,v_2\rangle,\langle v_2,v_3\rangle,\langle v_3,v_2\rangle,\langle v_2,v_4\rangle,\langle v_3,v_4\rangle\}$，$G$ 的图形如图 7.2 所示。

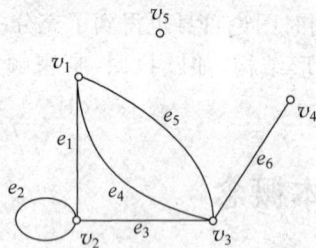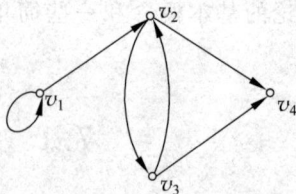

图　7.1　　　　　　　　　　　　　　图　7.2

给图的结点和边都标记名称的图称为**标定图**，如图 7.1 所示。

当 $e=(u,v)$ 时，称 u 和 v 是 e 的**端点**（或**结点**），并称 e 与 u 和 v 是**关联**的，而称结点 u 与 v 是**邻接**的。若两条边关联于同一个结点，则称两边是**相邻**的。无边关联的结点称为**孤立点**；若一条边关联的两个结点重合，则称此边为**环**或**自回路**。若 $u \neq v$，则称 e 与 u（或 v）**关联的次数**是 1；若 $u=v$，称 e 与 u（或 v）**关联的次数**为 2；若 u 不是 e 的端点，则称 e 与 u

的**关联次数**为 0(或称 e 与 u **不关联**)。在图 7.1 中,$e_1=(v_1,v_2)$,v_1,v_2 是 e_1 的端点,e_1 与 v_1,v_2 的关联次数均为 1,v_5 是孤立点,e_2 是环,e_2 与 v_2 关联的次数为 2。

当 $e=\langle u,v\rangle$ 是有向边时,又称 u 是 e 的**始点**,v 是 e 的**终点**。

如果图的结点集 V 和边集 E 都是有限集,则称图为**有限图**,本书讨论的图主要指有限图。在图 $G=\langle V,E\rangle$ 中,若 $|V|=n$,$|E|=m$,称 G 是 n **阶图**;若 $|V|=n$,$|E|=0$,称 G 为 n 阶**零图**;若 $|V|=1$,$|E|=0$,称 G 为**平凡图**。

关联于同一对结点的两条边称为**平行边**(若是有向边方向应相同),平行边的条数称为**边的重数**。不含平行边和环的图称**简单图**。本书主要讨论简单图。

在图 7.3(a)中,e_5 和 e_6 是平行边,e_1 是环,e_3,e_4,e_5 和 e_6 是邻边。在图 7.3(b)中,e_2 和 e_3 是平行边,e_6 和 e_7 不是平行边。

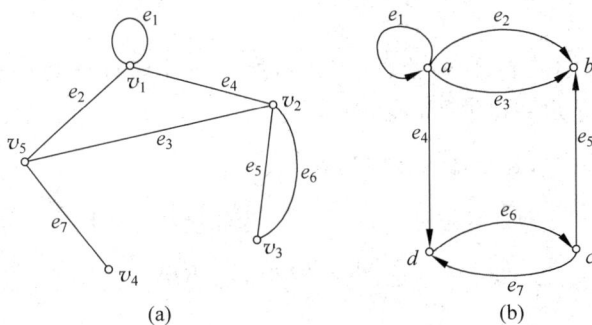

图 7.3

2. 结点的度

定义 7.3(结点度数) 设 $G=\langle V,E\rangle$ 为一无向图,$v\in V$,与 v 相关联边的次数称为 v 的**度数**,简称**度**,记作 $\deg(v)$,简记为 $d(v)$。

设 $D=\langle V,E\rangle$ 是有向图,$v\in V$,v 作为边的始点的次数,称为 v 的**出度**,记作 $\deg^+(v)$,简记为 $d^+(v)$;v 作为边的终点的次数称为 v 的**入度**,记作 $\deg^-(v)$,简记为 $d^-(v)$;v 作为边的端点的次数称为 v 的**度数**,简称**度**,记作 $\deg(v)$,显然 $\deg(v)=\deg^+(v)+\deg^-(v)$。若 $\deg(v)$ 为奇数,则称 v 为**奇点**或**奇度结点**;若 $\deg(v)$ 为偶数,则称 v 为**偶点**或**偶度结点**。

记 $\Delta(G)=\max\{\deg(v)|v\in V(G)\}$,$\delta(G)=\min\{\deg(v)|v\in V(G)\}$,分别称为图 G 的**最大度**和**最小度**。若 $G=\langle V,E\rangle$ 是有向图,除了 $\Delta(G)$,$\delta(G)$,还有如下的定义:

最大出度 $\Delta^+(G)=\max\{\deg^+(v)|v\in V\}$;**最大入度** $\Delta^-(G)=\max\{\deg^-(v)|v\in V\}$;**最小出度** $\delta^+(G)=\min\{\deg^+(v)|v\in V\}$;**最小入度** $\delta^-(G)=\min\{\deg^-(v)|v\in V\}$。

在图 7.1 中,$\deg(v_1)=3$,$\deg(v_2)=4$,$\deg(v_4)=1$,$\deg(v_5)=0$;

在图 7.2 中,$\deg^+(v_1)=2$,$\deg^-(v_1)=1$,$\deg^+(v_4)=0$,$\deg^-(v_4)=2$,$\deg^+(v_2)=\deg^-(v_2)=2$;

在图 7.3(a)中,$\deg(v_1)=4,\deg(v_2)=4,\deg(v_3)=2,\deg(v_4)=1,\deg(v_5)=3$;在图 7.3(b)中,$\deg^+(a)=4,\deg^-(a)=1,\deg^+(b)=0,\deg^-(b)=3,\deg^+(c)=2,\deg^-(c)=1,\deg^+(d)=1,\deg^-(d)=2$。

在图 7.3(b)中,$\Delta(G)=5,\delta(G)=3,\Delta^+(G)=4,\delta^+(G)=0,\Delta^-(G)=3,\delta^-(G)=1$。

称度为 1 的结点为**悬挂点**,与悬挂点关联的边称为**悬挂边**。如在图 7.1 中,v_4 是悬挂点,e_6 是悬挂边;在图 7.3(a)中,v_4 是悬挂点,e_7 是悬挂边。

设 $V=\{v_1,v_2,\cdots,v_n\}$ 是图 G 的结点集,称 $\deg(v_1),\deg(v_2),\cdots,\deg(v_n)$ 为 G 的度数序列。如图 7.3(a)的度数序列为 $4,4,2,1,3$,图 7.3(b)的度数序列是 $5,3,3,3$。

定理 7.1(握手定理) 设图 $G=\langle V,E\rangle$ 具有结点集 $V=\{v_1,v_2,\cdots,v_n\}$,且边数 $|E|=m$,则 $\sum_{i=1}^{n}\deg(v_i)=2m$。

证明 G 中每条边(包括环)均有两个端点,所以在计算 G 中各结点度数之和时,每条边均提供 2 度,故 m 条边共提供 $2m$ 度。

推论 7.1 任一图中,奇度结点必有偶数个。

证明 设 $V_1=\{v|v$ 为奇度结点$\},V_2=\{v|v$ 为偶度结点$\}$,则

$$\sum_{v\in V_1}\deg(v)+\sum_{v\in V_2}\deg(v)=\sum_{v\in V}\deg(v)=2m。$$

因为 $\sum_{v\in V_2}\deg(v)$ 是偶数,所以 $\sum_{v\in V_1}\deg(v)$ 也是偶数,而 V_1 中每个点 v 的度 $\deg(v)$ 均为奇数,因此 $|V_1|$ 为偶数。

特别地,对有向图而言,还有下面的定理。

定理 7.2 设有向图 $D=\langle V,E\rangle$,结点集 $V=\{v_1,v_2,\cdots,v_n\}$,且边数 $|E|=m$,则

$$\sum_{i=1}^{n}\deg^+(v_i)=\sum_{i=1}^{n}\deg^-(v_i)=m。$$

定理 7.2 的证明非常简单,请读者自己完成。以上两个定理及推论都很重要,要牢记并灵活运用。

例 7.1 (1) 图 G 的度序列为 $2,2,3,3,4$,则边数 m 是多少?

(2) 图 G 有 12 条边,度数为 3 的结点有 6 个,其余结点度均小于 3,问图 G 中至少有几个结点?

解 (1) 由握手定理,$2m=\sum_{v\in V}d(v)=2+2+3+3+4=14$,所以 $m=7$。

(2) 由握手定理,$\sum d(v)=2m=24$,度数为 3 的结点有 6 个占去 18 度,还有 6 度由其余结点占有,其余结点的度数可为 $0,1,2$,当均为 2 时所用结点数最少,所以应由 3 个结点占有这 6 度,即图 G 中至少有 9 个结点。

例 7.2 在一场足球比赛中,传递过奇数个球的队员人数必定为偶数个。

解 把参加球赛的队员抽象为结点,两个互相传球的队员用边相连,这样得到的图就是球赛中传递球的简单的数学模型,由定理 7.1 即知结论正确。

例 7.3 证明不存在具有奇数个面且每个面都具有奇数条棱的多面体。

证明 作无向图 $G = \langle V, E \rangle$,其中 $V = \{v \mid v$ 为多面体的面$\}$,$E = \{(u, v) \mid u, v \in V \wedge u$ 与 v 有公共的棱 ,且 $u \neq v\}$。设 $\deg(v)$ 表示围成面的棱的条数,令 $V_1 = \{v \mid \deg(v)$ 为奇数$\}$,$V_2 = \{v \mid \deg(v)$ 为偶数$\}$,每条棱正好是两个不同面的公共边,根据握手定理的证明过程,$\sum\limits_{v \in V} \deg(v) = \sum\limits_{v \in V_1} \deg(v) + \sum\limits_{v \in V_2} \deg(v) = 2m$,所以 $|V_1|$ 必为偶数。

任意给定一个非负整数序列能否作出一个相应的图(简单图),即为可图化(可简单图化)问题。关于可图化问题,下面推论给出了一个充要条件。而对于可简单图化问题,它是图论中的一个难题,这里只给出一个必要条件,更多的结论希望读者查阅相关资料。

推论 7.2 非负整数序列 $(d_1, d_2, \cdots, d_p)$ 是某个图的度数序列当且仅当 $\sum\limits_{i=1}^{p} d_i$ 是偶数。

证明 由定理 7.1 知必要性成立。对于充分性,取 p 个相异结点 $v_1, v_2, \cdots, v_p$,若 d_i 是偶数,就在 v_i 处作 $d_i/2$ 个环;若 d_i 是奇数,就在 v_i 处作 $(d_i - 1)/2$ 个环,由于 $\sum\limits_{i=1}^{p} d_i$ 是偶数,故 $d_1, d_2, \cdots, d_p$ 中有偶数个奇度数结点,从而将所有与奇数 d_i 相对应的结点 v_i 两两配对并连上一条边,最后所得的序列就是 $(d_1, d_2, \cdots, d_p)$。

推论 7.3(非负整数列可简单图化的必要条件) 对任意 n 阶无向简单图 G,必有 $\Delta(G) \leqslant n - 1$。

推论 7.3 指出,如果一个图是简单图,则它的结点度数最大是 $n - 1$。

例 7.4 判断下列各非负整数序列哪些是可图化的? 哪些是可简单图化的?

(1) $(5, 5, 4, 4, 2, 1)$。

(2) $(5, 4, 3, 2, 2)$。

(3) $(3, 3, 3, 1)$。

(4) $(d_1, d_2, \cdots, d_n)$, $d_1 > d_2 > \cdots > d_n$ 且 $\sum\limits_{i=1}^{n} d_i$ 为偶数。

(5) $(4, 4, 3, 3, 2, 2)$。

解 序列(1)中奇度数结点个数是奇数,故不可图化,其余都可图化。序列(2)中最大结点度数为 5,与阶数相等,故不可简单图化,类似可说明序列(4)也不可简单图化。序列(3)不可简单图化。根据序列(5)可画出一个简单图(请读者自己完成),故(5)可简单图化。

3. 完全图、补图、正则图和子图

定义 7.4（完全图）　设 $G=\langle V,E\rangle$ 是无向简单图，若任意两个结点之间都有边相连，则称 G 为**完全图**，具有 n 个结点的完全图记作 K_n。

设 $D=\langle V,E\rangle$ 为有向简单图，若每对结点间均有一对方向相反的边相连，则称 G 为**有向完全图**，具有 n 个结点的有向完全图记作 D_n。

n 个结点的无向完全图 K_n 的边数为 C_n^2。事实上，因为在无向完全图 K_n 中，任意两个结点之间都有边相连，所以 n 个结点中任取两个点的组合数为 C_n^2，故无向完全图 K_n 的边数为 $C_n^2=\dfrac{n(n-1)}{2}$。有向完全图 D_n 边数显然是 K_n 的 2 倍，即是 $n(n-1)$。

图 7.4 给出几个无向完全图和有向完全图的例子。

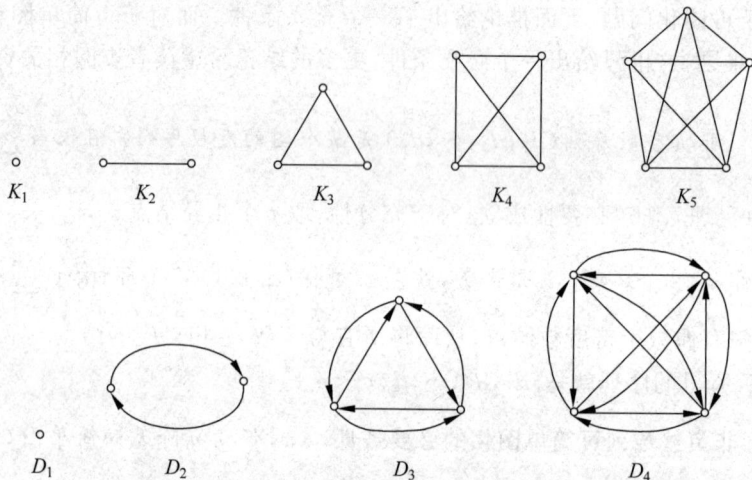

图　7.4

定义 7.5（正则图）　在一个无向简单图中，如果每个结点的度数均为 k，则该图称为 k-**正则图**。

图 7.5 是 3-正则图，该图称为**彼得森**（**Petersen**）**图**。显然根据正则图的定义，完全图 K_n 是 $(n-1)$-正则图。

定义 7.6（补图）　给定一个图 G，以 G 中所有结点为结点集，以所有能使 G 成为完全图所添加边为边集组成的图，称为图 G 相对于完全图的补图，简称 G 的**补图**，记作 $\overline{G}$。

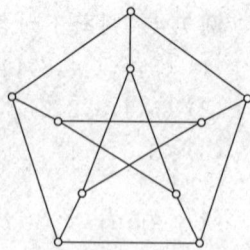

图　7.5

图 7.6 中 $\overline{G}$ 是 G 的补图，当然 G 也是 $\overline{G}$ 的补图，即 G 和 $\overline{G}$ 互为补图。

由补图的定义,显然有如下结论:

(1) G 与 $\bar{G}$ 互为补图,即 $\bar{\bar{G}}=G$;

(2) 若 G 为 n 阶图,则 $E(G)\bigcup E(\bar{G})=E(K_n)$,且 $E(G)\bigcap E(\bar{G})=\varnothing$。

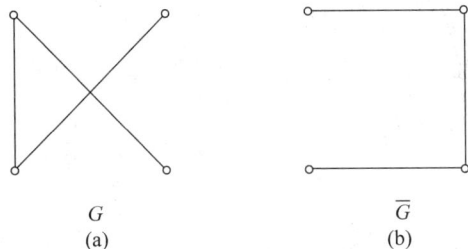

G 　　　　　$\bar{G}$
(a) 　　　　　(b)

图　7.6

定义 7.7(**子图与母图**)　设 $G=\langle V,E\rangle$,$G'=\langle V',E'\rangle$ 是两个图。若 $V'\subseteq V$,且 $E'\subseteq E$,则称 G' 是 G 的**子图**,G 是 G' 的**母图**,记作 $G'\subseteq G$。

如果 $G'\subseteq G$,且 $V'\subset V$ 或 $E'\subset E$,则称 G' 是 G 的**真子图**;如果 $G'\subseteq G$,且 $V=V'$,$E'\subseteq E$,则称 G' 是 G 的**生成子图**。

若 $V_1\subseteq V$ 且 $V_1\neq\varnothing$,以 V_1 为结点集,以图 G 中两个端点均在 V_1 中的边为边集的子图,称为由 V_1 导出的**导出子图**,记作 $G[V_1]$。

设 $E_1\subseteq E$,且 $E_1\neq\varnothing$,以 E_1 为边集,以 E_1 中的边关联的结点为结点集的图,称为由 E_1 导出的**子图**,记作 $G[E_1]$。

在图 7.7 中,G_1,G_2,G_3 均是 G 的真子图,其中 G_2 是 G 的生成子图,G_1 是由 $V_1=\{a,b,c,f\}$ 导出的导出子图 $G[V_1]$,G_3 是由 $E_3=\{e_2,e_3,e_4\}$ 导出的子图 $G[E_3]$。

同理,在图 7.8 中,(b)、(c)、(d)都是(a)的子图,也是真子图,(b)、(c)是(a)的生成子图,(c)是(a)的由边集 $\{e_3,e_4,e_5,e_6\}$ 导出的子图,(d)是(a)的由边集 $\{e_1,e_3,e_6\}$ 导出的子图,(d)是(a)的由结点集 $\{v_1,v_2,v_3\}$ 导出的导出子图,(b)和(c)互为补图。

4. 图的同构

同一个图的图形表示并不唯一。由于这种图形表示的任意性,可能出现这样的情况:看起来完全不同的两种图形,却揭示结点间相同的关系,即表示同一个图。为了判断不同图形是否代表同一个图,在此给出图的同构的概念。

定义 7.8(**图的同构**)　设有两个图 $G_1=\langle V_1,E_1\rangle$ 和 $G_2=\langle V_2,E_2\rangle$,如果存在双射函数 $f:V_1\rightarrow V_2$,使得 $(u,v)\in E_1$ 当且仅当 $(f(u),f(v))\in E_2$(或者 $\langle u,v\rangle\in E_1$ 当且仅当 $\langle f(u),f(v)\rangle\in E_2$),且重数相同,则称图 G_1 与 G_2 **同构**,记作 $G_1\cong G_2$。

两个图的结点之间,如果存在双射函数,而且这种双射函数保持了结点间的邻接关系且边的重数(在有向图时还保持方向)不变,则这两个图是同构的。如图 7.9 中,$G_1\cong G_2$,其中

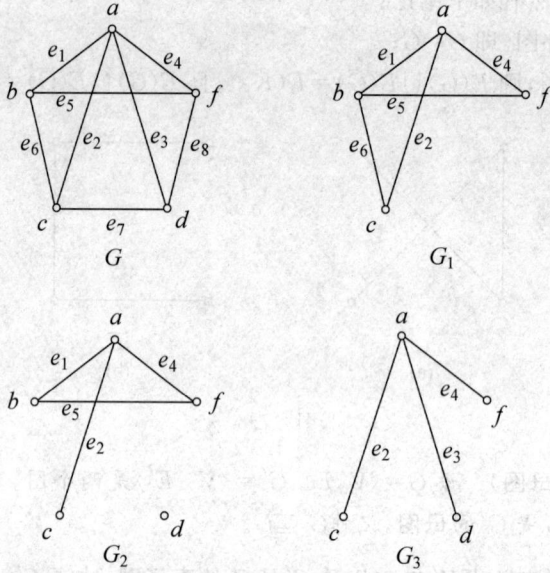

图 7.7

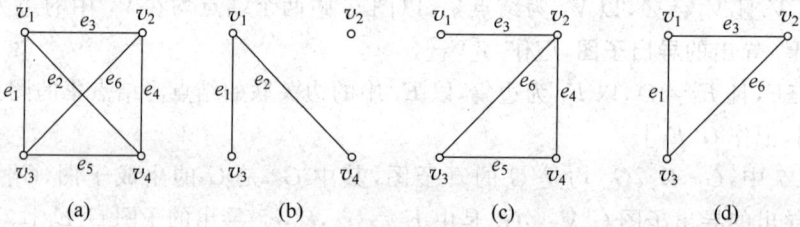

图 7.8

$f: V_1 \to V_2, f(v_i) = u_i (i=1, 2, \cdots, 6); G_3 \cong G_4$，其中 $h: V_3 \to V_4$，$h(v_1) = u_3$，$h(v_2) = u_4$，$h(v_3) = u_1$，$h(v_4) = u_2$。

图 7.10 中(a)、(b)、(c)是彼得森图的 3 种不同形式，它们相互同构；而有向图(d)、(e)和(f)形式似乎相同，但不满足同构条件，因此它们相互不同构，请读者自己分析。

例 7.5 设 $G = \langle V, E \rangle$ 是简单无向图，且 $|V| = 5$，$|E| = 3$，试画出 G 的所有不同构的图。

解 由握手定理可知，该简单无向图各结点度数之和为 $2 \times 3 = 6$，最大度数小于或等于 3。于是所求的简单无向图的度数列应满足的条件是：将 6 分成 5 个非负整数，每个整数均大于或等于 0 且小于或等于 3，并且奇数个数为偶数。将这样的整数列排列出来，只有下列 4 种情况：

$$3, 1, 1, 1, 0,$$

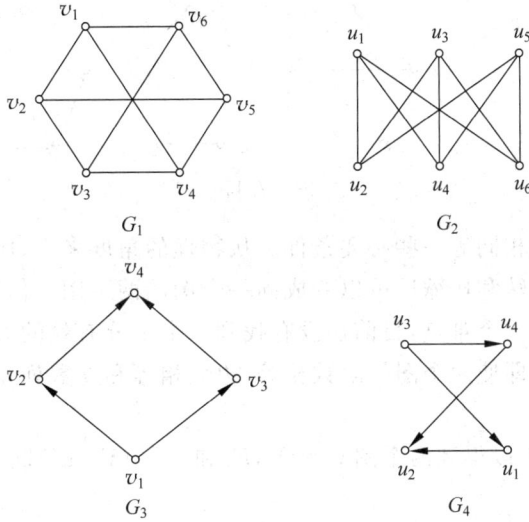

图 7.9

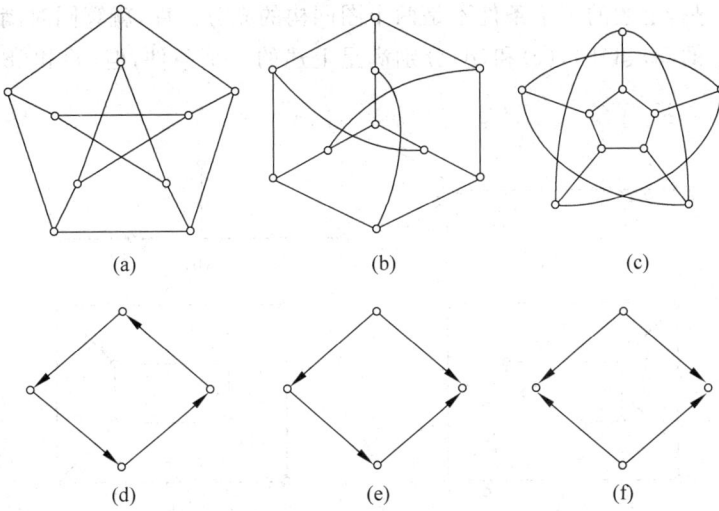

图 7.10

$$2,2,2,0,0,$$
$$2,1,1,1,1,$$
$$2,2,1,1,0。$$

将每种度数列所有非同构的图都画出来即得到所要求的全部非同构的图,如图 7.11 所示。

根据定义,图的同构关系是等价关系,即是自反、对称和传递的。两个图同构,必有阶数

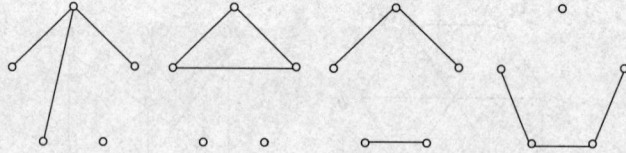

图 7.11

相等,边数相等,度数列相同等一些必要条件。从物理的角度来讲,所谓两个图同构就是通过物理变化,即拉升、旋转和压缩后可以变成同一个图的两个图。但到目前为止,判断两个图是否同构是图论中的一个难点,目前还没有找到一个十分有效的方法来简单判断两个图是否同构,有的情况下,即使两个图的阶数相等、边数相等和度数列相同的情况下也不一定同构。

由图同构的定义,可以得到两个图 $G=\langle V,E\rangle$ 和 $G'=\langle V',E'\rangle$ 同构的必要条件:

(1) 结点数相等;

(2) 边数相等;

(3) 度数列相同。

需要指出的是,上述的三个条件不是两个图同构的充分条件,就算同时满足上述三个条件,如图 7.12 中的(a)和(b),(c)和(d)分别满足上述的三个条件,但(a)和(b),(c)和(d)并不同构。

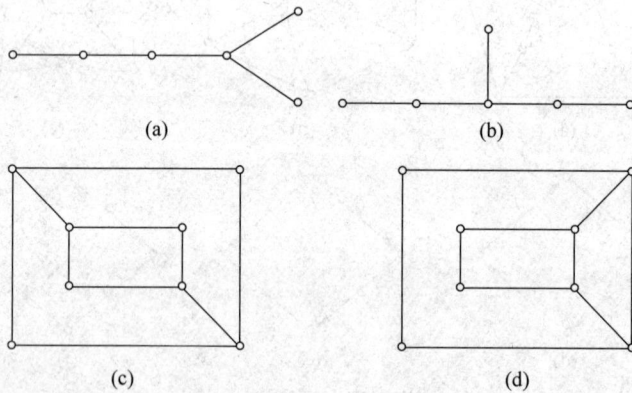

(a)

(b)

(c)

(d)

图 7.12

定义 7.9(自补图) 若简单图 G 同构于 G 的补图 $\overline{G}$,则称 G 为自补图。

例 7.6 (1)证明自补图的阶数为 $n=4k$ 或 $n=4k+1$,k 为某个自然数;(2)找出所有 4 阶自补图。

解 (1)不妨设图 G 为 n 阶自补图。根据自补图的性质易得

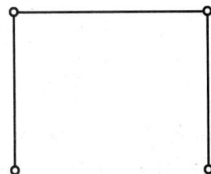

$$|E(G)|=|E(\bar{G})|,\text{且}|E(G)|+|E(\bar{G})|=\frac{n(n-1)}{2},$$

故 $|E(G)|=|E(\bar{G})|=\dfrac{n(n-1)}{4}$，又 $E(G)$ 是正整数，所以 $n=4k$ 或

$n=4k+1,k$ 为某个自然数。

图 7.13

(2) 4 阶自补图只有如图 7.13 所示的唯一一个。

定义 7.10（图的运算） 设 $G=\langle V,E\rangle$ 为无向图。

(1) 设 $e\in E$，从 G 中去掉边 e，称为删除 e，并用 $G-e$ 表示从 G 中删除 e 所得子图。又设 $E'\subset E$，从 G 中删除 E' 中所有的边，称为删除 E'，并用 $G-E'$ 表示删除 E' 后所得子图。

(2) 设 $v\in V$，从 G 中去掉 v 及所关联的一切边称为删除结点 v，并用 $G-v$ 表示删除 v 后所得子图。又设 $V'\subset V$，称从 G 中删除 V' 中所有结点为删除 V'，并用 $G-V'$ 表示所得子图。

(3) 设边 $e=(u,v)\in E$，先从 G 中删除 e，然后将 e 的两个端点 u,v 用一个新的结点 w（或用 u 或 v 充当 w）代替，使 w 关联除 e 外 u,v 关联的一切边，称为收缩边 e，并用 $G\backslash e$ 表示所得新图。

(4) 设 $u,v\in V(u,v$ 可能相邻，也可能不相邻，且 $u\neq v$），在 u,v 之间加新边 (u,v)，称为加新边，并用 $G\bigcup(u,v)$（或 $G+(u,v)$）表示所得新图。

在收缩边和加新边过程中可能产生环或平行边。

在图 7.14 中，设(a)中图为 G，则(b)为 $G-e_5$，(c)为 $G-\{e_1,e_4\}$，(d)为 $G-v_5$，(e)为 $G-\{v_4,v_5\}$，而(f)为 $G\backslash e_5$。

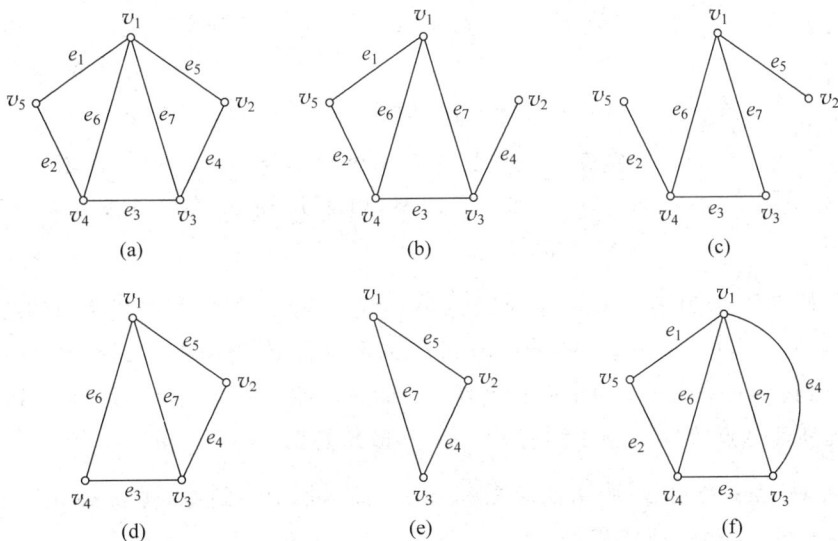

图 7.14

7.2　图的连通性

在无向图(或有向图)的研究中,常常考虑从一个结点出发,沿着一些边到达另一个指定结点,这种依次由结点和边组成的序列,便形成了路的概念。在图的研究中,路与回路是两个重要的概念,而图是否具有连通性则是图的一个基本特征。

定义 7.11(通路与回路)　设 $G=\langle V,E\rangle$ 是图,称图的一个点、边的交错序列 $(v_0 e_1 v_1 e_2 v_2 \cdots v_{n-1} e_n v_n)$ 为结点 v_0 到 v_n 的一条**通路**或**路径**,其中 $e_i=(v_{i-1},v_i)$(或者 $e_i=\langle v_{i-1},v_i\rangle$)$(i=1,2,\cdots,n)$, v_0,v_n 分别称为通路的**起点**和**终点**,通路中包含的边数 n 称为通路的**长度**。当起点和终点相同时则称为**回路**。

若通路的边 $e_1,e_2,\cdots,e_n$ 互不相同,则称为**简单通路**;如果它满足 $v_0=v_n$,则称为**简单回路**。

如果一条通路中结点 $v_0,v_1,v_2,\cdots,v_n$ 互不相同,则称为**路径**。

如果一条回路的所有结点互不相同,则称为**圈**。一般地称长度为 k 的圈为 k **圈**,并称长度为奇数的圈为**奇圈**,称长度为偶数的圈为**偶圈**。

在有向图中,通路、回路及圈的定义与无向图中非常相似,只是要注意有向边方向的一致性。

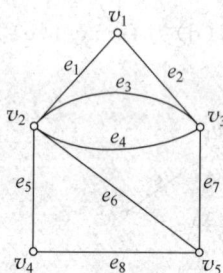

图　7.15

例 7.7　在图 7.15 中,

(1) $p_1=v_5 e_8 v_4 e_5 v_2 e_6 v_5 e_7 v_3$ 是起点为 v_5,终点为 v_3,长度为 4 的一条路;

(2) $p_2=v_5 e_8 v_4 e_5 v_2 e_6 v_5 e_7 v_3 e_4 v_2$ 是简单路但不是路径;

(3) $p_3=v_4 e_8 v_5 e_6 v_2 e_1 v_1 e_2 v_3$ 既是通路又是简单路,且是路径;

(4) $p_4=v_2 e_1 v_1 e_2 v_3 e_7 v_5 e_6 v_2$ 是一圈。

定理 7.3　在一个 n 阶图 $G=\langle V,E\rangle$ 中,如果从结点 v_i 到 $v_j (v_i\neq v_j)$ 存在一条通路,则从 v_i 到 v_j 存在一条长度小于或等于 $n-1$ 的通路。

证明　假定从 v_i 到 v_j 存在一条通路 $(v_i,\cdots,v_k,\cdots,v_j)$,如果其中有相同的结点 v_e,例如 $(v_i,\cdots,v_k,\cdots,v_e,\cdots,v_e,\cdots,v_j)$,删去 v_e 到 v_e 的那些边,它仍是从 v_i 到 v_j 的通路,如此反复地进行直到 $(v_i,\cdots,v_k,\cdots,v_j)$ 中没有重复结点为止。此时所得就是一条从 v_i 到 v_j 的路,路的长度比所经结点数少 1,由于图有 n 个结点,故路的长度不超过 $n-1$。

推论 7.4　在 n 阶图 G 中,若从结点 v_i 到 $v_j (v_i\neq v_j)$ 存在通路,则 v_i 到 v_j 一定存在长度小于或等于 $n-1$ 的路径。

由定理 7.3 得到的满足长度小于或等于 $n-1$ 的通路不是路径,即在此通路中还有结点相同。这时,继续重复删除相同结点之间的部分,最终得到路径。

定理 7.4 在一个 n 阶图 G 中,若存在 v_i 到自身的回路,则一定存在 v_i 到自身长度小于或等于 n 的回路。

推论 7.5 在一个 n 阶图 $G=\langle V,E \rangle$ 中,如果存在一经过 v_i 的回路,则存在一经过 v_i 的长度不超过 n 的圈。

下面讨论图的连通性及相关性质。图的连通性分为无向图的连通性和有向图的连通性。有向图的连通性要比无向图的连通性复杂些。

定义 7.12(结点的连通) 在一个无向图 G 中,若存在从结点 v_i 到 v_j 的通路(当然也存在从 v_j 到 v_i 的通路),则称 v_i 与 v_j 是**连通的**,记作 $v_i \sim v_j$;$\forall v_i \in V$,规定 $v_i \sim v_i$。

由定义不难看出,无向图中结点之间的连通关系 $\sim$($\{(u,v) \mid u,v \in V$ 且 u 与 v 之间有通路$\}$)是自反的、对称的和传递的,因此连通关系 $\sim$ 是 V 上的等价关系,这个等价关系将结点集 V 划分为不相交的结点子集,这些结点子集形成后面介绍的连通分支。

定义 7.13(连通图) 若无向图 G 中任意两个结点都是连通的,则称图 G 是**连通图**。规定平凡图是连通图。

设 G 为一无向图,R 是 $V(G)$ 中结点之间的连通关系,由 R 可将 $V(G)$ 划分成 $k(k \geqslant 1)$ 个等价类,记作 $V_1,V_2,\cdots,V_k$,它们的导出子图 $G[V_1],G[V_2],\cdots,G[V_k]$ 称为 G 的**连通分支**,其个数记为 $\omega(G)$。

若 G 为连通图,则 $\omega(G)=1$,若 G 为非连通图,则 $\omega(G) \geqslant 2$。在所有的 n 阶无向图中,n 阶零图的连通分支最多,即 $\omega(G)=n$。

例如图 7.16 所示的图 G_1 是连通图,$\omega(G_1)=1$,图 G_2 是一个非连通图,$\omega(G_2)=3$。

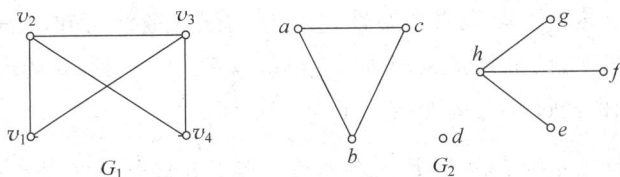

图 7.16

定义 7.14(可达结点) 设 $D=\langle V,E \rangle$ 为一个有向图。对于任意的 $v_i,v_j \in V$,若从 v_i 到 v_j 存在通路,则称 v_i 可达 v_j,记作 $v_i \rightarrow v_j$,规定 v_i 总是可达自身的,即 $v_i \rightarrow v_i$。若 $v_i \rightarrow v_j$ 且 $v_j \rightarrow v_i$,则称 v_i 与 v_j 是相互可达的,记作 $v_i \leftrightarrow v_j$。规定 $v_i \leftrightarrow v_i$。

不难证明"$\rightarrow$"不是 V 上的等价关系,而"$\leftrightarrow$"是 V 上的等价关系。

定义 7.15(结点间距离) 在图 $G=\langle V,E \rangle$ 中,从结点 v_i 到 v_j 的最短通路称为 v_i 与 v_j 间的**短程线**,短程线的长度称 v_i 到 v_j 的**距离**,记作 $d(v_i,v_j)$。若从 v_i 到 v_j 不存在通路,则

记 $d(v_i,v_j)=\infty$。

注 在有向图中,$d(v_i,v_j)$不一定等于$d(v_j,v_i)$,但一般有如下性质:

(1) $d(v_i,v_j)\geqslant 0$;

(2) $d(v_i,v_i)=0$;

(3) $d(v_i,v_j)+d(v_j,v_k)\geqslant d(v_i,v_k)$(三角不等式)。

定义 7.16(有向连通图 D) 设 D 是一有向图,若去掉 D 中各有向边的方向后所得无向图 G 是连通的,则称 D 是**弱连通图**;如果 D 中任意两结点 v_i,v_j 之间,或者 v_i 到 v_j 可达或者 v_j 到 v_i 可达,则称图 D 是**单向连通图**;如果 D 中任意两结点之间都互相可达,则称 D 是**强连通图**。

如果 D 是强连通图,则 D 是单向连通图,也一定是弱连通图;如果 D 是单向连通图,则一定是弱连通图,反之不然。

在图 7.17 中,(a)为强连通图,(b)为单向连通图,(c)是弱连通图。

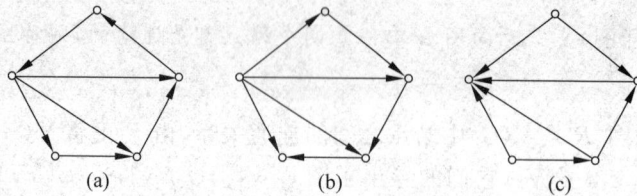

图 7.17

定理 7.5 设有向图 $D=\langle V,E\rangle$,$D=\{v_1,v_2,\cdots,v_n\}$。D 是强连通图当且仅当 D 中存在经过每个结点至少一次的回路。

证明 充分性显然。下面证明必要性。由 D 的强连通性可知,$v_i\to v_{i+1}(i=1,2,\cdots,n-1)$,设 Γ_i 为 v_i 到 v_{i+1} 的通路。又因为 $v_n\to v_1$,设 Γ_n 为 v_n 到 v_1 的通路,则 $\Gamma_1,\Gamma_2,\cdots,\Gamma_{n-1},\Gamma_n$ 所围成的回路经过 D 中每个结点至少一次。

定理 7.6 设 D 是 n 阶有向图,D 是单向连通图当且仅当 D 中存在经过每个结点至少一次的通路。

证明留给读者自己思考,这里略。

定义 7.17 设无向图 $G=\langle V,E\rangle$,若存在 $V'\subseteq V$,且 $V'\neq\varnothing$,使得 $\omega(G-V')>\omega(G)$,而对于任意的 $V''\subset V'$,均有 $\omega(G-V'')=\omega(G)$,则称 V' 是 G 的**点割集**,若 V' 是单点集,即 $V'=\{v\}$,则称 v 为**割点**。

在图 7.18 中,$\{v_2,v_4\}$,$\{v_3\}$,$\{v_5\}$ 都是点割集,而 v_3 和 v_5 分别是割点,而 $\{v_2,v_3,v_4\}$ 却不是点割集。

定义 7.18 设无向图 $G=\langle V,E \rangle$,若存在 $E' \subseteq E$,且 $E' \neq \varnothing$,使得 $\omega(G-E')>\omega(G)$,而对于任意的 $E'' \subset E'$,均有 $\omega(G-E'')=\omega(G)$,则称 E' 是 G 的**边割集**;若 E' 是单点集,即 $E'=\{e\}$,则称 e 为**割边**或**桥**。

在图 7.18 中,$\{e_6\}$,$\{e_5\}$,$\{e_2,e_3\}$,$\{e_1,e_2\}$,$\{e_3,e_4\}$,$\{e_1,e_4\}$,$\{e_1,e_3\}$,$\{e_2,e_4\}$ 都是边割集,其中 e_5 和 e_6 分别是桥,而 $\{e_1,e_2,e_4\}$ 不是边割集。

同理,在图 7.19 中,$\{v_1,v_3\}$ 是点割集,v_4 和 v_6 是割点,$\{e_1,e_4\}$,$\{e_2,e_3\}$,$\{e_8,e_9\}$ 是边割集,而 e_5,e_6 是割边。

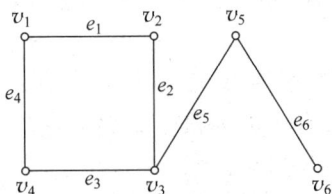

图 7.18

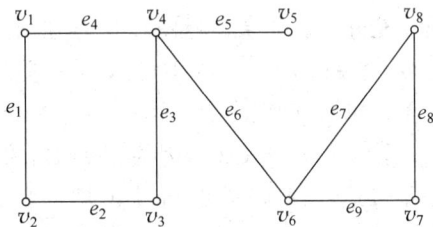

图 7.19

显然,从连通图中删去一个点割集或边割集后得到的子图是不连通的。

定义 7.19(点连通度) 设 G 为无向连通图且为非完全图,则称 $\kappa(G)=\min\{|V'|\ |\ V'$ 为 G 的点割集$\}$ 为 G 的点**连通度**,简称**连通度**。规定完全图 $K_n(n \geqslant 1)$ 的点连通度为 $n-1$,又规定非连通图的点连通度为 0。

定义 7.20(边连通度) 设 G 是无向连通图,称 $\lambda(G)=\min\{|E'|\ |\ E'$ 是 G 的边割集$\}$ 为 G 的**边连通度**。规定非连通图的边连通度为 0。

定理 7.7 对于任何无向图 G,有 $\kappa(G) \leqslant \lambda(G) \leqslant \delta(G)$。

证明 若 G 不连通,则 $\kappa(G)=\lambda(G)=0$,故不等式成立。若 G 连通,分别证明两个不等式。

(1) 证明 $\lambda(G) \leqslant \delta(G)$。

如果 G 是平凡图,则 $\lambda(G)=0 \leqslant \delta(G)$,若 G 是非平凡图,则因为每一个结点的所有关联边必含有一个边割集,故 $\lambda(G) \leqslant \delta(G)$。

(2) 再证 $\kappa(G) \leqslant \lambda(G)$。

① 若 $\lambda(G)=1$,即 G 有一割边,显然这时 $\kappa(G)=1$,上式成立。

② 若 $\lambda(G) \geqslant 2$,则必可删去某 $\lambda(G)$ 条边,使 G 不连通,而删去其中 $\lambda(G)-1$ 条边,它仍是连通的,且有一条桥 $e=(u,v)$。对 $\lambda(G)-1$ 条边中的每一条边都选取一个不同于 u,v 的端点,把这些端点删去则必至少删去 $\lambda(G)-1$ 条边。若这样产生的图是不连通的,则 $\kappa(G) \leqslant \lambda(G)-1 < \lambda(G)$;若这样产生的图是连通的,则 e 仍是桥,此时再删去 u 或 v,就必产生一个不连通图,故 $\kappa(G) \leqslant \lambda(G)$。

由(1)和(2)得 $\kappa(G) \leqslant \lambda(G) \leqslant \delta(G)$。

例如,图 7.20 是无向连通图,点连通度 $\kappa(G) =$ 1,边连通度 $\lambda(G) = 2$,最小度 $\delta(G) = 3$,此图满足 $\kappa(G) \leqslant \lambda(G) \leqslant \delta(G)$。

例 7.8　证明:一个无向连通图 G 中的结点 v 是割点的充分必要条件是存在结点 u 和 w,使得连接 u 和 w 的每条路都经过 v。

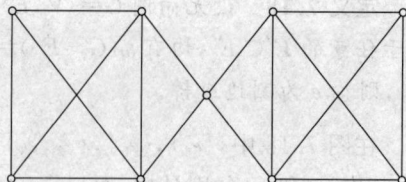

图 7.20　$\kappa(G) \leqslant \lambda(G) \leqslant \delta(G)$

证明　充分性。如果连通图 G 中存在结点 u 和 w,使得连接 u 和 w 的每条路都经过 v,则在子图 $G - \{v\}$ 中 u 和 w 必不可达,故 v 是割点。

必要性。如果 v 是割点,则 $G - \{v\}$ 中至少有两个连通分支 $G_1 = \langle V_1, E_1 \rangle$ 和 $G_2 = \langle V_2, E_2 \rangle$,任取 $u \in V_1, w \in V_2$,因为 G 连通,故在 G 中必有连接 u 和 w 的路 P,但 u 和 w 在 $G - \{v\}$ 中不可达,因此路 P 必通过 v,即 u 和 w 之间的任意路必经过 v。

类似例 7.8,一个无向连通图 G 中的边 e 是割边的充分必要条件是存在结点 u 和 w,使得连接 u 和 w 的每条路都经过 e。证明留给读者。

例 7.9　证明:无向连通图 G 中的边 e 是割边的充分必要条件是 e 不包含在图的任何回路中。

证明　设 $e = (x, y)$ 是连通图 G 的割边,则结点 x 和 y 在 $G - \{e\}$ 的不同连通分支中,因此在 $G - \{e\}$ 中不存在 x 到 y 的路,从而 e 不包含在图的任何回路中。反之,如果 e 不包含在图的任何回路中,删除 e 后,该图必然不连通,因此 e 是割边。

设 $G = \langle V, E \rangle$ 为 n 阶无向图,$E \neq \varnothing$,设 Γ_l 为 G 中一条路径,若此路径的始点或终点与通路外的结点相邻,就将它们扩到通路中来,继续这一过程,直到最后得到的通路的两个端点不与通路外的结点相邻为止。设最后得到的路径为 Γ_{l+k}(长度为 l 的路径扩大成了长度为 $l+k$ 的路径),称 Γ_{l+k} 为**极大路径**,用此方法证明问题称为**扩大路径法**。

例 7.10　设 G 为 $n(n \geqslant 4)$ 阶无向简单图,$\delta(G) \geqslant 3$。证明 G 中存在长度大于或等于 4 的圈。

证明　不妨设 G 是连通图,否则,因为 G 的各连通分支的最小度也都大于或等于 3,因而可对它的某个连通分支进行讨论。设 u, v 为 G 中任意两个结点,由 G 是连通图,因而 u, v 之间存在通路,由定理 7.3 的推论可知,u, v 之间存在路径,用"扩大路径法"扩大这条路径,设最后得到的"极大路径"为 $\Gamma_l = v_0 v_1 \cdots v_l$,易知 $l \geqslant 3$。若 v_0 与 v_l 相邻,则 $\Gamma_l \cup (v_0, v_l)$ 为长度大于或等于 4 的圈。否则,由于 $d(v_0) \geqslant \delta(G) \geqslant 3$,因而 v_0 除与 Γ_l 上的 v_1 相邻外,一定还存在 Γ_l 上的结点 $v_k (k \neq 1)$ 和 $v_t (k < t \leqslant l)$ 与 v_0 相邻,则 $v_0 v_1 \cdots v_k \cdots v_t v_0$ 为一个圈且长度大于或等于 4,见图 7.21。

定义 7.21(二部图)　设 $G = \langle V, E \rangle$ 为一个无向图,若能将 V 分成 V_1 和 $V_2 (V_1 \cup V_2 =$

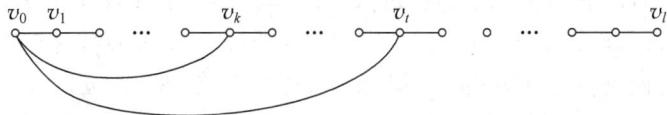

图 7.21

V，$V_1 \cap V_2 = \varnothing$），使得 G 中的每条边的两个端点都是一个属于 V_1，另一个属于 V_2，则称 G 为**二部图**（或称**二分图，偶图**等），称 V_1 和 V_2 为互补结点子集，常将二部图 G 记为 $\langle V_1, V_2, E \rangle$，而 $\langle V_1, V_2, E \rangle$ 也被称作 $G = \langle V, E \rangle$ 的二部划分形式。又若 G 是简单二部图，V_1 中每个结点均与 V_2 中所有结点相邻，则称 G 为**完全二部图**，记为 $K_{r,s}$，其中 $r = |V_1|$，$s = |V_2|$。

注意，n 阶零图为二部图。在图 7.22 中所示的各图都是二部图，其中(a)，(b)，(c)为 K_6 的子图，(c)为完全二部图 $K_{3,3}$，常将 $K_{3,3}$ 画成与其同构的(e)的形式，$K_{3,3}$ 是图论中经常用到的图。(d)是 K_5 的子图，它是完全二部图 $K_{2,3}$，$K_{2,3}$ 常画成(f)的形式。

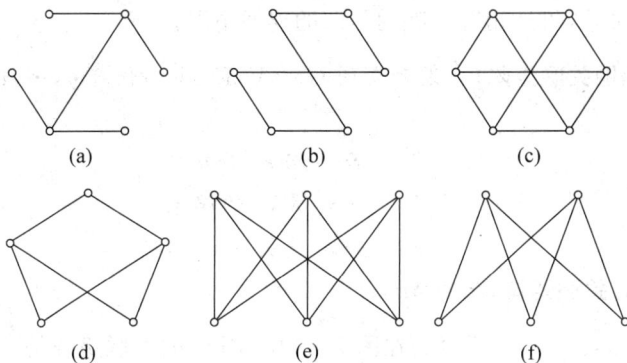

图 7.22

画二部图时，人们习惯于将互补结点子集 V_1，V_2 分开画，画成图 7.22 中(e)，(f)的形式。请读者将图中(a)，(b)也画成(e)，(f)的形式。有许多实际问题可用二部图表示，并且利用二部图的性质来更好地研究和解决这些实际问题。

定理 7.8（二部图判定定理） 一个无向图 $G = \langle V, E \rangle$ 是二部图当且仅当 G 中无奇数长度的回路。

证明 必要性。若 G 中无回路，结论显然成立。若 G 中有回路，只需证明 G 中无奇圈。设 C 为 G 中任意一圈，令 $C = \{v_{i_1}, v_{i_2}, \cdots, v_{i_l}\}$，易知 $l \geqslant 2$。不妨设 $v_{i_1} \in V_1$，则必有 $v_{i_l} \in V - V_1 \in V_2$，而 l 必为偶数，于是 C 为偶圈，由 C 的任意性可知结论成立。

充分性。不妨设 G 为连通图，否则可对每个连通分支进行讨论。设 v_0 为 G 中任意一个结点，令

$V_1=\{v\mid v\in V(G)\wedge d(v_0,v)\text{ 为偶数}\}$， $V_2=\{v\mid v\in V(G)\wedge d(v_0,v)\text{ 为奇数}\}$。

易知 $V_1\neq\varnothing$，$V_2\neq\varnothing$，$V_1\bigcap V_2=\varnothing$，$V_1\bigcup V_2=V(G)$。下面只要证明 V_1 中任意两结点不相邻，V_2 中任意两结点也不相邻。若存在 $v_i,v_j\in V_1$ 相邻，令 $(v_i,v_j)=e$，设 v_0 到 v_i,v_j 的短程线分别为 Γ_i 和 Γ_j，则它们的长度 $d(v_0,v_i)$，$d(v_0,v_j)$ 都是偶数，所以 $\Gamma_i\bigcup\Gamma_j\bigcup e$ 中一定含奇圈，这与已知条件矛盾，类似可证，V_2 中也不存在相邻的结点，所以 G 为二部图。

7.3   图的矩阵表示

由图的数学定义可知，一个图可以用集合来描述；从前面的例子可以看出，图也可以用点线表示，图的这种图形表示直观明了，在较简单的情况下有其优越性。但对于较为复杂的图，图形表示法显示了它的局限性。所以对于结点较多的图常用矩阵来表示，这样就可以用代数知识来研究图的性质，同时也便于计算机处理。本节主要考虑图的 3 种矩阵表示，即关联矩阵、邻接矩阵和可达矩阵。关联矩阵主要刻画结点和边之间的关系，邻接矩阵反映的是结点与结点之间的关系，可达矩阵反映的是图的连通情况。

定义 7.22(无向图关联矩阵)   设无向图 $G=\langle V,E\rangle$，$V=\{v_1,v_2,\cdots,v_n\}$，$E=\{e_1,e_2,\cdots,e_m\}$，令

$$m_{ij}=\begin{cases}0,&\text{若 }v_i\text{ 与 }e_j\text{ 不关联},\\1,&\text{若 }v_i\text{ 是 }e_j\text{ 的端点},\\2,&\text{若 }e_j\text{ 是关联 }v_i\text{ 的环},\end{cases}$$

则称 $(m_{ij})_{n\times m}$ 为 G 的**关联矩阵**，记作 $\boldsymbol{M}(G)$。

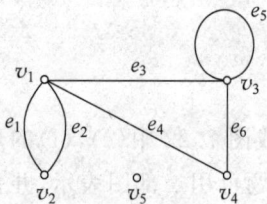

图   7.23

例如，在图 7.23 中，图 G 的关联矩阵是

$$\boldsymbol{M}(G)=\begin{bmatrix}1&1&1&1&0&0\\1&1&0&0&0&0\\0&0&1&0&2&1\\0&0&0&1&0&1\\0&0&0&0&0&0\end{bmatrix}。$$

从关联矩阵不难看出下列性质：

(1) $\sum\limits_{i=1}^{n}m_{ij}=2(j=1,2,\cdots,m)$，即 $\boldsymbol{M}(G)$ 每列元素的和为 2；

(2) $\sum\limits_{j=1}^{m}m_{ij}=\deg(v_i)$(第 i 行元素之和为 v_i 的度)；

(3) $\sum\limits_{j=1}^{m}m_{ij}=0$ 当且仅当 v_i 为孤立点；

(4) 若第 j 列与第 k 列相同，则说明 e_j 与 e_k 为平行边。

如果图是简单图，则关联矩阵是 0-1 矩阵(元素均为 0 或 1)，亦称布尔矩阵。

定义 7.23(有向图关联矩阵) 设 $D=\langle V,E\rangle$ 是无环有向图，$V=\{v_1,v_2,\cdots,v_n\}$，$E=\{e_1,e_2,\cdots,e_m\}$，令

$$m_{ij}=\begin{cases}1, & v_i \text{ 为 } e_j \text{ 的起点}, \\ 0, & v_i \text{ 与 } e_j \text{ 不关联}, \\ -1, & v_i \text{ 为 } e_j \text{ 的终点}, \end{cases}$$

则称 $(m_{ij})_{n\times m}$ 为 D 的**关联矩阵**，记作 $\boldsymbol{M}(D)$。

例如，有向图 7.24 的关联矩阵为

$$\boldsymbol{M}(D)=\begin{bmatrix} -1 & 1 & 0 & 0 & 0 \\ 1 & -1 & 1 & 0 & 0 \\ 0 & 0 & 0 & 1 & 1 \\ 0 & 0 & -1 & -1 & -1 \end{bmatrix}。$$

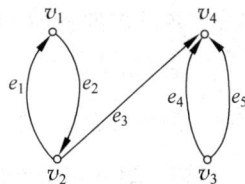

图 7.24

由此可看出 $\boldsymbol{M}(D)$ 有如下性质：

(1) $\sum\limits_{i=1}^{n} m_{ij}=0, j=1,2,\cdots,m$；

(2) 每行中 1 的个数是该点的出度，-1 的个数是该点的入度。

其他与无向图关联矩阵相同的性质就不再罗列，请读者自己给出。

定义 7.24(邻接矩阵) 设 $D=\langle V,E\rangle$ 是有向图，$V=\{v_1,v_2,\cdots,v_n\}$，令

$$a_{ij}^{(1)}=\begin{cases} k, & \text{从 } v_i \text{ 邻接到 } v_j \text{ 的边有 } k \text{ 条} \\ 0, & \text{没有 } v_i \text{ 到 } v_j \text{ 的边} \end{cases}$$

则称 $(a_{ij}^{(1)})_{n\times n}$ 为 D 的**邻接矩阵**，记作 $\boldsymbol{A}(D)$，简记 $\boldsymbol{A}$。

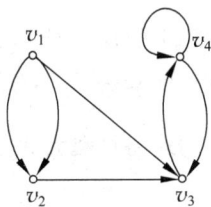

图 7.25

例如，图 7.25 的邻接矩阵可表示为

$$\boldsymbol{A}=\begin{bmatrix} 0 & 2 & 1 & 0 \\ 0 & 0 & 1 & 0 \\ 0 & 0 & 0 & 1 \\ 0 & 0 & 1 & 1 \end{bmatrix}。$$

不难看出，图的邻接矩阵具有如下性质：

(1) $\sum\limits_{j=1}^{n} a_{ij}^{(1)}=\deg^+(v_i)$（第 i 行元素的和为 v_i 的出度），因此

$$\sum_{i=1}^{n}\sum_{j=1}^{n} a_{ij}^{(1)}=\sum_{i=1}^{n}\deg^+(v_i)=m；$$

(2) $\sum\limits_{i=1}^{n} a_{ij}^{(1)}=\deg^-(v_j)$（第 j 列元素的和为 v_j 的入度），$\sum\limits_{j=1}^{n}\sum\limits_{i=1}^{n} a_{ij}^{(1)}=\sum\limits_{j=1}^{n}\deg^-(v_j)=m$；

(3) $\boldsymbol{A}$ 中所有元素的和是 G 中长度为 1 的通路的数目，而 $\sum\limits_{i=1}^{n} a_{ii}^{(1)}$ 为 G 中长度为 1 的回路

（环）的数目。

下面考察 $\boldsymbol{A}^l$ 的元素的意义，这里 $\boldsymbol{A}^l = (a_{ij}^{(l)})_{n \times n}(l \geqslant 2)$，其中 $a_{ij}^{(l)} = \sum_k a_{ik}^{(l-1)} \cdot a_{kj}^{(1)}$，则 $a_{ij}^{(l)}$ 为结点 v_i 到 v_j 长度为 l 的通路的数目，$a_{ii}^{(l)}$ 为始于（终于）v_i 长度为 l 的回路的数目。$\boldsymbol{A}^l$ 中所有元素的和 $\sum_{i=1}^{n}\sum_{j=1}^{n}a_{ij}^{(l)}$ 为 G 中长为 l 的通路的总数，而 $\boldsymbol{A}^l$ 对角线上元素之和 $\sum_{i=1}^{n}a_{ii}^{(l)}$ 为 G 始于（终于）各结点的长为 l 的回路总数。

定理 7.9 设 G 是具有 n 个结点 $\{v_1,v_2,\cdots,v_n\}$ 的图，其邻接矩阵为 $\boldsymbol{A}$，则 $\boldsymbol{A}^k(k=1,2,\cdots)$ 中的 (i,j) 项元素 $a_{ij}^{(k)}$ 等于从结点 v_i 到结点 v_j 的长度等于 k 的路的总数。

证明 对 k 用数学归纳法。

当 $k=1$ 时，$\boldsymbol{A}^1 = \boldsymbol{A}$，由 $\boldsymbol{A}$ 的定义，定理显然成立。

假设当 $k=1$ 时定理成立，则当 $k=l+1$ 时，$\boldsymbol{A}^{l+1} = \boldsymbol{A}^l \cdot \boldsymbol{A}$，故 $a_{ij}^{(l+1)} = \sum_{r=1}^{n} a_{ir}^{(l)} a_{rj}$。

根据邻接矩阵定义，$a_{rj}^{(1)}$ 是连接 v_r 和 v_j 的长度为 1 的路的数目，$a_{ir}^{(l)}$ 是连接 v_i 和 v_r 的长度为 l 的路数目，故上式右边的每一项表示由 v_i 经过 l 条边到 v_r，再由 v_r 经过 1 条边到 v_j 的总长度为 $l+1$ 的路的数目。对所有 r 求和，即得 $a_{ij}^{(l+1)}$ 是所有从 v_i 到 v_j 的长度等于 $l+1$ 的路的总数，故命题对 $l+1$ 成立。

在图 7.25 中，计算 $\boldsymbol{A}^2, \boldsymbol{A}^3, \boldsymbol{A}^4$ 得

$$\boldsymbol{A}^2 = \begin{bmatrix} 0 & 0 & 2 & 1 \\ 0 & 0 & 0 & 1 \\ 0 & 0 & 1 & 1 \\ 0 & 0 & 1 & 2 \end{bmatrix}, \quad \boldsymbol{A}^3 = \begin{bmatrix} 0 & 0 & 1 & 3 \\ 0 & 0 & 1 & 1 \\ 0 & 0 & 1 & 2 \\ 0 & 0 & 2 & 3 \end{bmatrix}, \quad \boldsymbol{A}^4 = \begin{bmatrix} 0 & 0 & 3 & 4 \\ 0 & 0 & 1 & 2 \\ 0 & 0 & 2 & 3 \\ 0 & 0 & 3 & 5 \end{bmatrix}。$$

由以上各矩阵得 $a_{13}^{(2)}=2, a_{13}^{(3)}=1, a_{13}^{(4)}=3$，即 G 中 v_1 到 v_3 长为 $2,3,4$ 的通路分别有 2 条、1 条和 3 条。而 $a_{44}^{(2)}=2, a_{44}^{(3)}=3, a_{44}^{(4)}=5$，则 G 中以 v_4 为起点（终点）的长为 $2,3,4$ 的回路分别有 2 条、3 条和 5 条。由于 $\sum_{i=1}^{n}\sum_{j=1}^{n}a_{ij}^{(2)} = 9$，所以 G 中长度为 2 的通路总数为 9，其中长为 2 的回路总数为 3。

若令 $\boldsymbol{B}_r = \boldsymbol{A} + \boldsymbol{A}^2 + \cdots + \boldsymbol{A}^r = (b_{ij}^{(r)})(r \geqslant 1)$，则 $b_{ij}^{(r)}$ 表示从结点 v_i 到 v_j 长度小于或等于 r 的通路总数，而 $b_{ii}^{(r)}$ 表示以 v_i 为起点（终点）长度小于或等于 r 的回路总数。

例如，与图 7.25 对应的矩阵为

$$\boldsymbol{B}_4 = \begin{bmatrix} 0 & 2 & 7 & 8 \\ 0 & 0 & 3 & 4 \\ 0 & 0 & 4 & 7 \\ 0 & 0 & 7 & 11 \end{bmatrix}。$$

无向图可类似地定义邻接矩阵，对有向图的邻接矩阵得到的结论，可并行地用到无向图

上。下面我们只介绍无向简单图的邻接矩阵。

定义 7.25（邻接矩阵） 设 $G=\langle V,E\rangle$ 是无向简单图，$V=\{v_1,v_2,\cdots,v_n\}$，令

$$a_{ij}=\begin{cases}1, & (v_i,v_j)\in E,\\ 0, & (v_i,v_j)\notin E,\end{cases}$$

则称 $(a_{ij})_{n\times n}$ 为 G 的**邻接矩阵**，记作 $\boldsymbol{A}(G)$，简记 $\boldsymbol{A}$。

例如，图 7.26 的邻接矩阵为

$$\boldsymbol{A}=\begin{bmatrix}0 & 1 & 1 & 1 & 1\\ 1 & 0 & 1 & 0 & 0\\ 1 & 1 & 0 & 1 & 0\\ 1 & 0 & 1 & 0 & 1\\ 1 & 0 & 0 & 1 & 0\end{bmatrix}$$

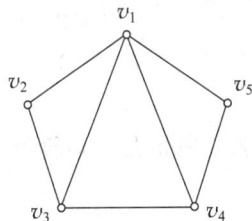

图 7.26

无向图的邻接矩阵与有向图的邻接矩阵的最大不同在于它是对称的，且矩阵的每行（每列）的元素的和等于对应结点的度，其他性质都是类似的，这里就不再重复，请读者自行给出。

定义 7.26（可达矩阵） 设 $G=\langle V,E\rangle$ 是有向图，$V=\{v_1,v_2,\cdots,v_n\}$，令

$$p_{ij}=\begin{cases}1, & v_i \text{ 可达 } v_j,\\ 0, & \text{其他,}\end{cases}\quad i\neq j,$$

且

$$p_{ii}=1,\quad i=1,2,\cdots,n,$$

则称 $(p_{ij})_{n\times n}$ 为 G 的**可达矩阵**，记作 $\boldsymbol{P}(G)$，简记 $\boldsymbol{P}$。

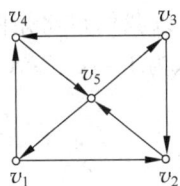

图 7.27

图 7.27 所示有向图 G 的可达矩阵为

$$\boldsymbol{P}=\begin{bmatrix}1 & 1 & 1 & 1 & 1\\ 1 & 1 & 1 & 1 & 1\\ 1 & 1 & 1 & 1 & 1\\ 1 & 1 & 1 & 1 & 1\\ 1 & 1 & 1 & 1 & 1\end{bmatrix}。$$

实际上，根据邻接矩阵的性质，令

$$\boldsymbol{B}=\boldsymbol{E}+\boldsymbol{A}+\boldsymbol{A}^2+\cdots+\boldsymbol{A}^n=(b_{ij})_{n\times n},\boldsymbol{E} \text{ 为 } n \text{ 阶单位矩阵,}$$

则可达矩阵 $\boldsymbol{P}$ 中的元素可按如下的方式得到：

$$p_{ij}=\begin{cases}1, & b_{ij}\neq 0,\\ 0, & \text{其他,}\end{cases}$$

即可由邻接矩阵求可达矩阵。

例 7.11　设有向图 G 的邻接矩阵为 $A = \begin{bmatrix} 0 & 1 & 0 & 0 \\ 0 & 0 & 1 & 1 \\ 1 & 1 & 0 & 1 \\ 1 & 0 & 0 & 0 \end{bmatrix}$,求 G 的可达矩阵 P。

解　根据矩阵的乘法运算得

$$A^2 = \begin{bmatrix} 0 & 0 & 1 & 1 \\ 2 & 1 & 0 & 1 \\ 1 & 1 & 1 & 1 \\ 0 & 1 & 0 & 0 \end{bmatrix}, \quad A^3 = \begin{bmatrix} 2 & 1 & 0 & 1 \\ 1 & 2 & 1 & 1 \\ 2 & 2 & 1 & 2 \\ 0 & 0 & 1 & 1 \end{bmatrix}, \quad A^4 = \begin{bmatrix} 1 & 2 & 1 & 1 \\ 2 & 2 & 2 & 3 \\ 3 & 3 & 2 & 3 \\ 2 & 1 & 0 & 1 \end{bmatrix},$$

根据矩阵的加法运算得

$$B = E + A + A^2 + A^3 + A^4 = \begin{bmatrix} 4 & 4 & 2 & 3 \\ 5 & 6 & 4 & 6 \\ 7 & 7 & 5 & 7 \\ 3 & 2 & 1 & 3 \end{bmatrix}。$$

于是

$$P = \begin{bmatrix} 1 & 1 & 1 & 1 \\ 1 & 1 & 1 & 1 \\ 1 & 1 & 1 & 1 \\ 1 & 1 & 1 & 1 \end{bmatrix}。$$

由此可知,图 G 中任何的两个结点都是相互可达的,因而图 G 是一个强连通图。注意,可达矩阵对角线元素必须都是 1,不能有 0。

上述计算可达矩阵的步骤还是比较复杂的,因为可达矩阵是一个布尔矩阵,我们在求可达矩阵时,只关心两个结点间是否存在路,而不管路的长度及路的数目,所以我们可将矩阵 $E, A, A^2, \cdots, A^n$ 分别改为布尔矩阵 $A^{(0)}, A^{(1)}, A^{(2)}, \cdots, A^{(n)}$,则可达矩阵可表示为 $P = A^{(0)} \vee A^{(1)} \vee A^{(2)} \vee \cdots \vee A^{(n)}$,其中 $A^{(i)}$ 表示在布尔运算下 A 的 i 次方。

下面仍以例 7.11 为例来说明这种求可达矩阵的方法。

根据布尔矩阵的布尔积、布尔和运算得

$$A^{(2)} = \begin{bmatrix} 0 & 0 & 1 & 1 \\ 1 & 1 & 0 & 1 \\ 1 & 1 & 1 & 1 \\ 0 & 1 & 0 & 0 \end{bmatrix}, \quad A^{(3)} = \begin{bmatrix} 1 & 1 & 0 & 1 \\ 1 & 1 & 1 & 1 \\ 1 & 1 & 1 & 1 \\ 0 & 0 & 1 & 1 \end{bmatrix}, \quad A^{(4)} = \begin{bmatrix} 1 & 1 & 1 & 1 \\ 1 & 1 & 1 & 1 \\ 1 & 1 & 1 & 1 \\ 1 & 1 & 0 & 1 \end{bmatrix},$$

于是

$$P = E \vee A \vee A^2 \vee A^3 \vee A^4 = \begin{bmatrix} 1 & 1 & 1 & 1 \\ 1 & 1 & 1 & 1 \\ 1 & 1 & 1 & 1 \\ 1 & 1 & 1 & 1 \end{bmatrix}.$$

由于求可达矩阵的过程与求二元关系的传递闭包关系矩阵的过程相同,所以也可以利用 Warshall 算法计算可达矩阵,读者可以自行验证。

可达矩阵的概念也可以推广到无向图中,只要将无向图中的每条无向边看成是具有相反方向的两条边,这样一个无向图就可看成一个有向图。无向图也可以用矩阵描述一个结点到另一个结点是否有路。在无向图中,如果两个结点之间有路,则称这两个结点是连通的,所以把描述一个结点到另一个结点是否有路的矩阵叫做连通矩阵。无向图的连通矩阵是对称矩阵。

7.4 欧拉图与哈密顿图

18 世纪,普鲁士的哥尼斯堡城中有一条普雷格尔河,河上架设的 7 座桥连接着两岸及河中的两个小岛(见图 7.28(a))。每逢节假日,有些城市居民进行环城周游,于是人们自然提出了"能否从某地出发,通过每座桥恰好一次,在走遍 7 座桥后又返回到出发点"的问题。直到 1736 年,瑞士数学家欧拉专门针对这个问题发表了图论的首篇论文,从理论上成功地解决了这个问题,论证了这个问题是无解的。欧拉用点代表岛和两岸,用线表示桥,得到该问题的一个图论数学模型如图 7.28(b)所示,使"7 桥问题"转化为图论问题。

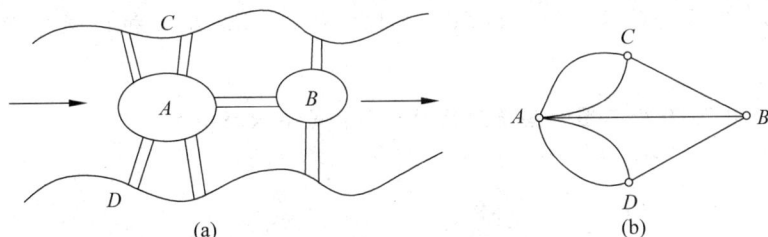

图 7.28

定义 7.27(欧拉图) 设 $G = \langle V, E \rangle$ 是无向图,经过图 G 的所有边一次且仅一次的回路称为**欧拉回路**,存在欧拉回路的图称为**欧拉图**。若图 G 有一条经过图 G 的每条边一次且仅一次的通路,称**欧拉路**,具有欧拉路而无欧拉回路的图称为**半欧拉图**。

显然,欧拉图除孤立点外是连通的。如何判定一个无向图是欧拉图呢?这个问题由定理 7.10 给出回答。

定理 7.10 无向连通图 $G = \langle V, E \rangle$ 是欧拉图,当且仅当图 G 中无奇度数结点。

证明 若 G 是平凡图,则定理显然成立。因此下面只讨论非平凡图。

必要性。 设图 G 有欧拉回路 $C=(v_0,v_1,\cdots,v_{n-1},v_0)$,$v_0$ 是回路的起点和终点。图 G 的所有边都出现在 C 中,且每条边都只出现一次,但是结点 v_i 却可能不止一次出现在 C 中。若 $v_i\neq v_0$,则 v_i 出现在 C 中既不是起点,也不是终点,则 v_i 在 C 中出现一次,它就关联两条边,因此 $\deg(v_i)$ 等于结点 v_i 在 C 中出现的次数的 2 倍。若 $v_i=v_0$,且 v_0 在除起点和终点外的 C 的中间出现 $k(k\geqslant0)$ 次,则 $\deg(v_i)=2k+2$。因此,对 G 中任何结点 v_i,$\deg(v_i)$ 均为偶数。

充分性。 因为图 G 是连通的,且每个结点的度数均是偶数,则可按下列步骤构造一条欧拉回路。

(1) 从任一结点 v_0 开始,取一关联 v_0 的边 e_1 到 v_1。因为所有结点为偶点,所以可继续取关联 v_1 的边 e_2 到 v_2,$\cdots$,关联 v_{i-1} 的边 e_i 到 v_i,$\cdots$,每条边均为前面没取过的,如此继续直到回到起点 v_0,得一回路 C_1:$v_0e_1v_1e_2v_2\cdots e_iv_ie_{i+1}\cdots e_nv_0$。若 C_1 包含 G 中所有的边,则 C_1 就是 G 中的欧拉回路,即 G 为欧拉图,否则转(2)。

(2) 若 $G-C_1=G_1$ 的边集非空,G_1 中的每个结点均是偶度数结点,又 G 连通,G_1 与 C_1 必有一结点 v_i 重合,在 G_1 中从 v_i 出发重复步骤(1),又可得一回路 C_2:$v_ie_1'u_1e_2'\cdots v_i$。若 $C_1\bigcup C_2=G$,则 G 是欧拉图;欧拉回路为 $C_1\bigcup C_2=v_0e_1v_1e_2v_2\cdots e_iv_ie_1'u_1e_2'\cdots v_ie_{i+1}v_{i+1}\cdots e_nv_0$,否则转(3)。

(3) 重复步骤(2),直到构造一条包含 G 的所有边的回路为止,此回路即为欧拉回路,因此,G 是欧拉图。

由此定理容易得到如下的推论。

推论 7.6 连通图 G 具有一条 v_i 到 v_j 的欧拉路,当且仅当 v_i 和 v_j 是 G 中仅有的两个奇度数结点。

例 7.12 图 7.29 中各图哪些是欧拉图?哪些是半欧拉图?

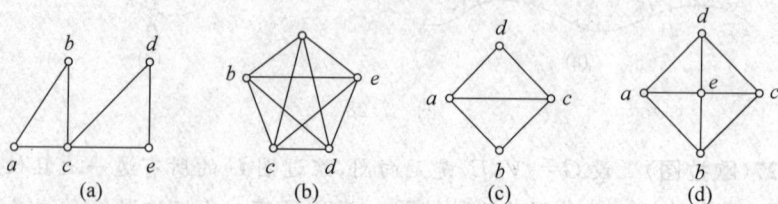

图 7.29

解 根据定理 7.10 及推论 7.6,图 7.29 中的(a),(b)是欧拉图,(c)是半欧拉图,(d)中不存在欧拉路,更不存在欧拉回路。

定义 7.28(有向欧拉图) 设 G 是有向连通图,若 G 中具有包含经过每条边一次且仅一次的回路,则称该回路为**有向欧拉回路**。具有有向欧拉回路的图称为**有向欧拉图**。

若有向连通图 G 具有一包含所有边一次且仅一次的有向路,称为**有向欧拉路**。具有有向欧拉路而无有向欧拉回路的图称为**有向半欧拉图**。由有向欧拉图的定义,连通的有向欧拉图一定是强连通的。

定理 7.11　一个连通的有向图 G 是欧拉图,当且仅当 G 的所有结点的入度等于出度。

推论 7.7　连通有向图 G 有一条 v_i 到 v_j 的有向欧拉路,当且仅当

(1) 存在 $v_i, v_j \in V(G)$ 使得 $\deg^+(v_i) = \deg^-(v_i) + 1, \deg^+(v_j) + 1 = \deg^-(v_j)$;

(2) 而在 $V(G) - \{v_i, v_j\}$ 中的所有结点的入度等于其出度。

例 7.13　欧拉图和半欧拉图的一个典型的应用是一笔画的判定,即用笔连续移动(笔不离纸,也不重复)将一个图描绘出来,这实质上就是判断图形是否存在欧拉路或欧拉回路的问题,如图 7.30 中,(a)、(b)都可一笔画,因为它们都是欧拉图,而(c)不能一笔画。图 7.31 中的(a)和(b)都可一笔画,因为(a)是欧拉图,而(b)是半欧拉图,而(c)不能一笔画。

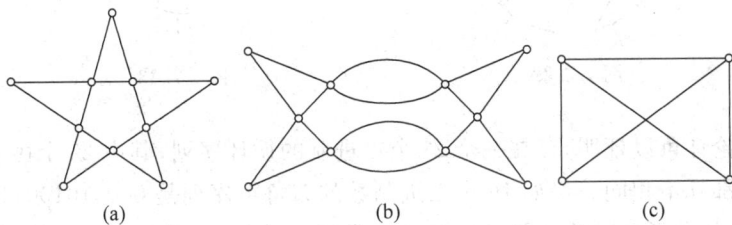

图　7.30

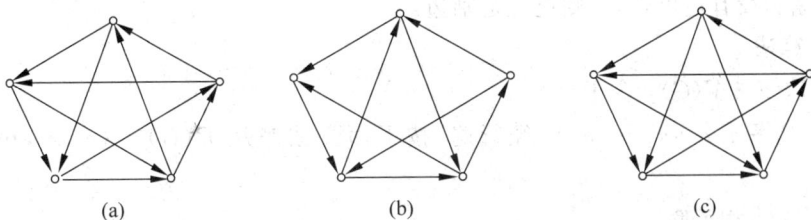

图　7.31

例 7.14(计算机鼓轮设计——布鲁英序列)　旋转鼓轮的表面分成 8 个扇面,如图 7.32 所示,阴影部分用导体材料制成。空白区用绝缘材料制成,触点 a, b 和 c 与扇面接触时接触导体输出 1,接触绝缘体输出 0。鼓轮按递时针旋转,触点每转一个扇区就输出一个二进制信号。问鼓轮上的 8 个扇区应如何安排导体或绝缘体,使鼓轮旋转一周,触点输出一组不同的二进制信号?

解　每转一个扇区,信号 $a_1a_2a_3$ 变成 $a_2a_3a_4$,前者右两位决定了后者左两位。因此,我

们把所有两位二进制数作结点,从每一个结点 a_1a_2 到 a_2a_3 引一条有向边表示 $a_1a_2a_3$ 这三位二进制数,作出表示所有可能数码变换的有向图(如图 7.33 所示)。于是问题转化为在这个有向图上求一条欧拉回路,这个有向图的 4 个结点的度数都是出度、入度各为 2,根据定理 7.11,图 7.33 中有欧拉回路存在,例如 $(e_0e_1e_2e_5e_3e_7e_6e_4)$ 是一欧拉回路,对应于这一回路的布鲁英序列是 00010111,因此材料应按此序列分布。

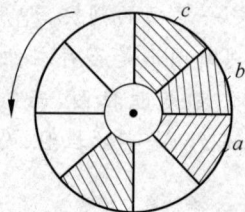

图　7.32

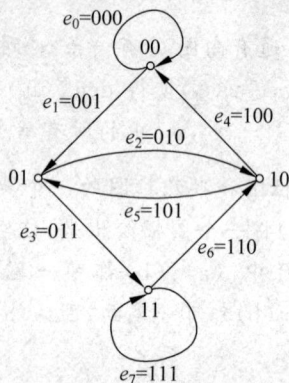

图　7.33

用类似的论证可以证明,存在一个 2^n 个二进制的循环序列,其中 2^n 个由 n 位二进制数组成的子序列都互不相同。例如 16 个二进制数的布鲁英序列是 0000101001101111。

事实上,G 是非平凡的欧拉图当且仅当 G 是连通的且为若干个边不重的圈的并。下面介绍一种经典的求欧拉回路的算法。其主要思想是从任何一个结点出发,遵循非割边优先的原则,即除非没有边可走,否则避免走割边。

Fleury 算法

(1) 任取 $v_0 \in V(G)$,令 $P_0 = v_0$。

(2) 设 $P_i = v_0e_1v_1e_2 \cdots e_iv_i$ 已经行遍,按下面方法来从 $E(G) - \{e_1, e_2, \cdots, e_i\}$ 中选取 e_{i+1}:

① e_{i+1} 与 v_i 相关联;

② 除非无别的边可供行遍,否则 e_{i+1} 不应该为 $G_i = G - \{e_1, e_2, \cdots, e_i\}$ 中的桥。

(3) 当(2)不能再进行时,算法停止。

可以证明,当 Fleury 算法停止时所得简单回路 $P_m = v_0e_1v_1e_2 \cdots e_mv_m$ $(v_m = v_0)$ 为 G 中的一条欧拉回路。

利用 Fleury 算法,我们可以简单得到一条欧拉回路。欧拉回路在实际应用中非常广泛,其理论相对容易理解,读者可以查阅相关资料进一步了解相关结论及其应用。

爱尔兰数学家哈密顿 1859 年提出了一个"周游世界"的游戏。这个游戏把一个正十二面体的 20 个结点看成地球上的 20 个城市。棱线看成是连接城市的航路(航空、航海线或陆路交通线),要求游戏者沿棱线走,寻找一条经过所有结点(即城市)一次且仅一次的回路,如图 7.34(a)所示。也就是在图 7.34(b)中找一条包含所有结点的圈。图 7.34(b)中的实线所构成的圈就是这个问题的回答。

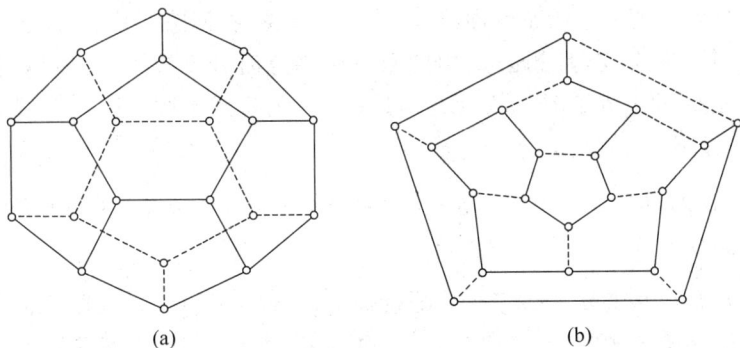

(a)   (b)

图　7.34

对于任何连通图也有类似的问题。

定义 7.29(哈密顿图)　给定无向图 G,通过图中每个结点一次而且仅一次的路称为哈密顿路。经过图中每个结点一次而且仅一次的回路称为哈密顿回路。具有哈密顿回路的图称为哈密顿图;具有哈密顿路而无哈密顿回路的图称为半哈密顿图。

由定义 7.29 可知哈密顿回路与哈密顿路通过图 G 中的每个结点一次且仅一次,例如图 7.34(b)就是哈密顿图(哈密顿回路用实线标出)。

例 7.15　图 7.35 中,(a)和(b)有哈密顿回路,(c)只有哈密顿路,无哈密顿回路,(d)既没有哈密顿回路也没有哈密顿路。

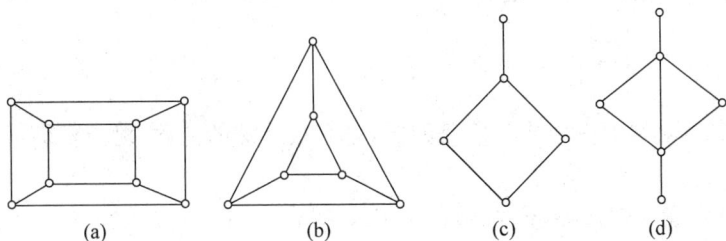

(a)   (b)   (c)   (d)

图　7.35

哈密顿图和欧拉图相比,虽然考虑的都是遍历问题,但是侧重点不同。欧拉图遍历的是边,而哈密顿图遍历的是结点。另外两者的判定困难程度也不一样,前面我们已经给出了判定欧拉图的充分必要条件,但对于哈密顿图的判定,至今还没有找出较为简单的充要条件,只给出若干必要条件或充分条件。

定理 7.12（必要条件） 若 G 是哈密顿图,则对于结点集 $V(G)$ 的任一非空真子集 $S \subset V(G)$ 均有 $\omega(G-S) \leqslant |S|$。其中 $G-S$ 表示在 G 中删去 S 中的结点后所构成的图,$\omega(G-S)$ 表示 $G-S$ 的连通分支数。

证明 设 C 是 G 的一条哈密顿回路,C 是 G 的子图,在回路 C 中,每删去 S 中的一个结点,最多增加一个连通分支,且删去 S 中的第一个结点时分支数不变,所以有 $\omega(C-S) \leqslant |S|$。又因为 C 是 G 的生成子图,所以 $C-S$ 是 $G-S$ 的生成子图,且 $\omega(G-S) \leqslant \omega(C-S)$,因此 $\omega(G-S) \leqslant |S|$。

推论 7.8 设无向图 $G = \langle V, E \rangle$ 是半哈密顿图,则对于结点集 $V(G)$ 的任一非空真子集 $S \subset V(G)$ 均有 $\omega(G-S) \leqslant |S|+1$。

证明 设 P 是 G 中起于 u 终于 v 的哈密顿路,令 $G' = G \bigcup (u,v)$(在 G 的结点 u,v 之间加新边),易知 G' 为哈密顿图,由定理 7.12 可知,$\omega(G-S) \leqslant |S|$,因而有

$$\omega(G-S) = \omega(G'-S-(u,v)) \leqslant \omega(G'-S)+1 \leqslant |S|+1$$

哈密顿图的必要条件可用来判定某些图不是哈密顿图。

如图 7.36 不是哈密顿图。因为图 7.36 中共有 9 个结点,如果取结点集 $S = \{3\text{ 个白点}\}$,即 $|S|=3$,而这时 $\omega(G-S)=4$,因此图 7.36 不是哈密顿图。同理图 7.37 也不是哈密顿图,因为删除 v_1 和 v_4 后得到 3 个连通分支,不满足哈密顿图的必要条件。

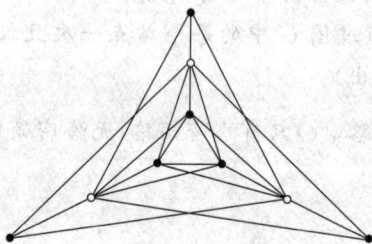
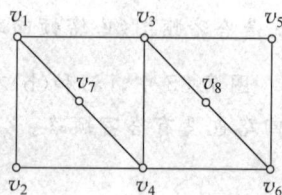

图 7.36   图 7.37

二部图是实际问题中应用非常广泛的图,且有很特殊的性质,对于任何一个二部图是否是哈密顿图,有以下一些结论:

一般情况下,设二部图 $G(V_1, V_2, E)$,$|V_1| \leqslant |V_2|$,且 $|V_1| \geqslant 2$,$|V_2| \geqslant 2$ 由定理 7.12 及其推论可以得出下面结论:

(1) 若 G 是哈密顿图,则 $|V_1| = |V_2|$;

(2) 若 G 是半哈密顿图,则 $|V_2| = |V_1| + 1$;

(3) 若 $|V_2| \geqslant |V_1| + 2$,则 G 不是哈密顿图,也不是半哈密顿图。

定理 7.12 只是哈密顿图的必要条件,并非充分条件。下面介绍哈密顿图的充分条件。

定理 7.13 设图 G 是具有 n 个结点的无向简单图,如果 G 中任意两个不相邻的结点

u,v,均有 $\deg(u)+\deg(v)\geqslant n-1$,则在 G 中存在一条哈密顿路。

证明　首先证明 G 是连通图。若 G 有两个或更多个互不连通的分支,设一个分支 G_1 中有 n_1 个结点,任取一个结点 v_1。设另一个分支 G_2 中有 n_2 个结点,任取一个结点 v_2,因为 $\deg(v_1)\leqslant n_1-1$,$\deg(v_2)\leqslant n_2-1$,故 $\deg(v_1)+\deg(v_2)\leqslant n_1-1+n_2-1<n-1$,这与题设矛盾,故 G 必连通。

其次,我们从一条边出发构造一条路,证明它是哈密顿路。

设在 G 中有 $p-1$ 条边的路,$p<n$,它的结点序列为 $v_1,v_2,\cdots,v_p$。如果有 v_1 或 v_p 邻接有不在这条路上的一个结点,则可扩展这条路,使它包含这一个结点,从而得到 p 条边的路。否则,v_1 和 v_p 都只邻接于这条路上的结点,下面证明存在一条回路包含结点 v_1,$v_2,\cdots,v_p$。

(1) 若 v_1 邻接于 v_p,则 $v_1,v_2,\cdots,v_p,v_1$ 即为所求的回路。

(2) 假设与 v_1 邻接的结点集是 $\{v_l,v_m,\cdots,v_j,\cdots,v_t\}$,共 k 个结点,这里 $2\leqslant l,m,\cdots$,$j,\cdots,t\leqslant p-1$,如果 v_p 邻接于 $v_{l-1},v_{m-1},\cdots,v_{j-1},\cdots,v_{t-1}$ 中之一,不妨假设 v_p 邻接于 v_{j-1},如图 7.38(a)所示,则 $v_1v_2v_3\cdots v_{j-1}v_pv_{p-1}\cdots v_jv_1$ 是所求的包含结点 $v_1,v_2,\cdots,v_p$ 的回路。

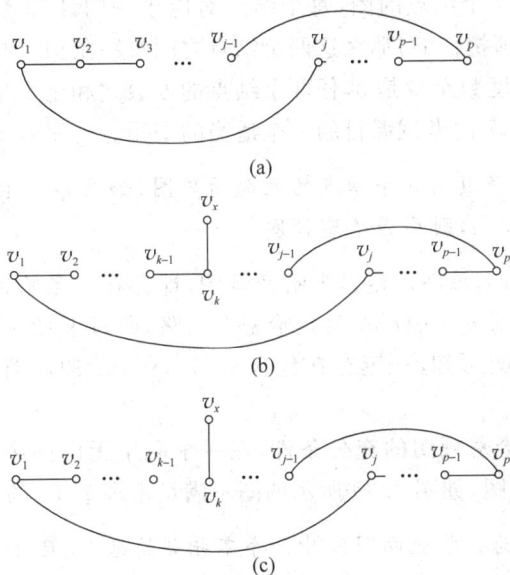

图 7.38　哈密顿路的构造图

如果 v_p 不邻接于 $v_{l-1},v_{m-1},\cdots,v_{t-1}$ 中的任一个,则 v_p 至多邻接于 $p-k-1$ 个结点,$\deg(v_p)\leqslant p-k-1$,$\deg(v_1)=k$,故 $\deg(v_p)+\deg(v_1)\leqslant p-k-1+k=p-1<n-1$,即 v_1 与 v_p 度数之和至多为 $n-2$,得到矛盾。

至此,有包含结点 $v_1,v_2,\cdots,v_p$ 的一条回路,因为 G 是连通的,所以在 G 中必有一个不属于该回路的结点 v_x 与 $v_1v_2\cdots v_p$ 中的某一个结点 v_k 邻接,如图 7.38(b)所示。于是就得

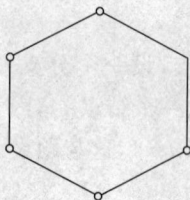

到一条包含 p 条边的路 $(v_x, v_k, v_{k+1}, \cdots, v_{j-1}, v_p, v_{p-1}, \cdots, v_j, v_1, v_2, \cdots,$ $v_{k-1})$,如图 7.38(c)所示,重复前述构造法,直到得到 $n-1$ 条边的路。

定理 7.13 给出了一个图是否是半哈密顿路的充分条件,并不是必要条件。例如,设 G 是 n 边形,如图 7.39 所示,其中 $n=6$,虽然任何两个结点度数之和是 $4 < 6-1$,但在 G 中有一条哈密顿路。

图 7.39

例 7.16 重庆有 5 个景点。若每个景点均有两条道路与其他景点相通,问是否可经过每个景点恰好一次而游完这 5 个景点?

解 将景点作为结点,道路作为边,则得到一个有 5 个结点的无向图。由题意,对每个结点 v_i,有 $\deg(v_i) = 2(i=1,2,3,4,5)$。于是对任两点 $v_i, v_j (i,j=1,2,3,4,5)$,均有 $\deg(v_i) + \deg(v_j) = 2+2 = 4 = 5-1$,可知此图一定有一条哈密顿路,本题有解。

例 7.17 考虑在 7 天内安排 7 门课程的考试,使得同一位教师所任的两门课程考试不排在接连的两天中,试证明如果没有教师担任多于 4 门课程,则符合上述要求的考试安排总是可能的。

证明 设 G 为具有 7 个结点的图,每个结点对应于一门课程考试,如果两个结点对应的课程考试是由不同教师担任的,那么这两个结点之间有一条边,因为每个教师所任课程数不超过 4,故每个结点的度数至少是 3,任两个结点的度数之和至少是 6,故 G 总是包含一条哈密顿路,它对应于一个 7 门考试课目的一个适当的安排。

定理 7.14 设图 G 是具有 n 个结点的无向简单图,如果 G 中任意一对不相邻结点 u, v,均有 $\deg(u) + \deg(v) \geqslant n$,则 G 是哈密顿图。

证明 根据定理 7.13,该图一定是半哈密顿图,即存在一条哈密顿路,记为 $\Gamma = v_1 v_2 \cdots v_n$。如果 v_1 与 v_n 相邻,则 $v_1 v_2 \cdots v_n v_1$ 就是哈密顿回路,即 G 是哈密顿图;如果 v_1 与 v_n 不相邻,由定理 7.13 的证明可知,一定存在包含 $v_1, v_2, \cdots, v_n$ 的回路,这个回路是哈密顿回路,因此 G 是哈密顿图。

上述定理也是判断哈密顿图的充分条件,在一个简单无向图中,如果不满足定理的条件,该图也可能是哈密顿图,如图 7.39 所示的图不满足定理 7.14 的条件,但它是哈密顿图。

定理 7.15 设 u, v 为 n 阶无向图 G 中两个不相邻的结点,且 $\deg(u) + \deg(v) \geqslant n$,则 G 为哈密顿图当且仅当 $G \cup (u,v)$ 为哈密顿图,其中 (u,v) 表示新加的边。

由定理 7.13 和定理 7.14 的证明,读者容易得到定理 7.15 的证明。

例 7.18 今有 a, b, c, d, e, f 和 g 共 7 人,已知下列事实:a 讲英语;b 讲英语和汉语;c 讲英语、意大利语和俄语;d 讲日语和汉语;e 讲德国和意大利语;f 讲法语、日语和俄语;g 讲法语和德语。试问这 7 个人应如何排座位,才能使每个人都能和他身边的人交谈?

解 设无向图 $G = \langle V, E \rangle$,其中 $V = \{a,b,c,d,e,f,g\}$,$E = \{(u,v) \mid u,v \in V,$ 且 u 和 v

有共同语言}。

图 G 是连通图,如图 7.40(a)所示。将这 7 个人排座围圆桌而坐,使得每个人能与两边的人交谈,即在图 7.40(a)中找哈密顿回路。经观察该回路是 $abdfgeca$。即按照图 7.40(b)安排座位即可。

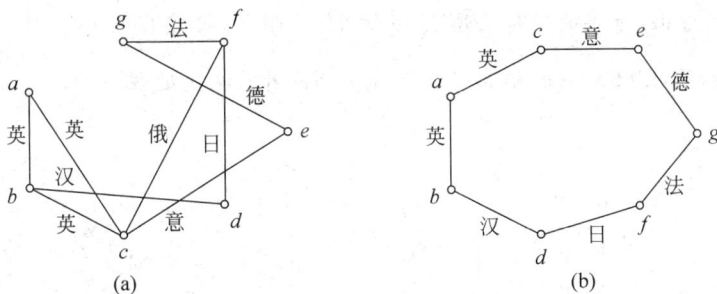

图 7.40

例 7.19 在某次国际会议的预备会议中,共有 15 人参加,他们来自不同的国家。已知他们中任何两个无共同语言的人与其余有共同语言的人数之和大于或等于 15,问能否将这 15 个人排在圆桌旁,使其任何人都能与两边的人交谈。

解 设 15 个人分别为 $v_1, v_2, \cdots, v_{15}$,作无向简单图 $G=\langle V, E \rangle$,其中 $V=\{v_1, v_2, \cdots, v_{15}\}$,$\forall v_i, v_j \in V$,且 $i \neq j$,若 v_i 与 v_j 有共同语言,就在 v_i, v_j 之间连无向边 (v_i, v_j),由此组成边集合 E,则 G 为 15 阶无向简单图,$\forall v_i \in V$,$\deg(v_i)$ 为与 v_i 有共同语言的人数。由已知条件可知,$\forall v_i, v_j \in V, i \neq j$,且 $(v_1, v_j) \notin E$,均有 $\deg(v_i) + \deg(v_j) \geqslant 15$。由定理 7.14 可知,$G$ 中存在哈密顿回路,设 $C = v_{i_1} v_{i_2} \cdots v_{i_{15}} v_{i_1}$ 为 G 中一条哈密顿回路,按这条回路的顺序安排座次即可。

例 7.20 图 7.41 所示的两个图中,哪些是哈密顿图? 哪些是半哈密顿图?

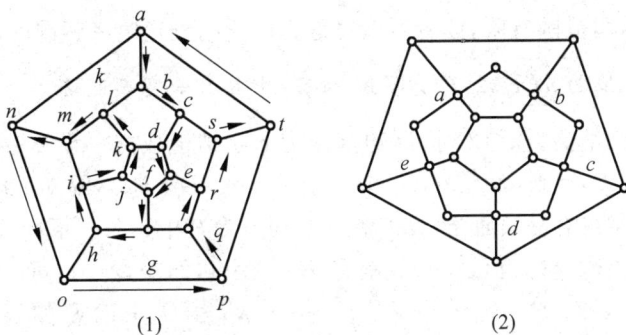

图 7.41

解 图 7.41(1)中,按字典顺序经过各顶点走出一条哈密顿回路 $ab \cdots ta$,故(1)是哈密顿图。在(2)中,取 $V_1=\{a,b,c,d,e\}$,从图中删除 V_1,得到 7 个连通分支,据定理 7.12 及推论 7.8 可知(2)不是哈密顿图,也不是半哈密顿图。

定义 7.30(图的闭包) 设 $G=\langle V,E\rangle$ 有 n 个结点,若存在一对不相邻的结点 u,v 且 $\deg(u)+\deg(v)\geqslant n$,则构造图 $G'=\langle V,E\bigcup(u,v)\rangle$,并且在 G' 上重复上述步骤直到不再存在这样的结点对为止,所得的图称为图 $G=\langle V,E\rangle$ 的闭包,记作 $C(G)$。

例 7.21 图 7.42(b)~(d)给出了图 7.42(a)的闭包构造过程。

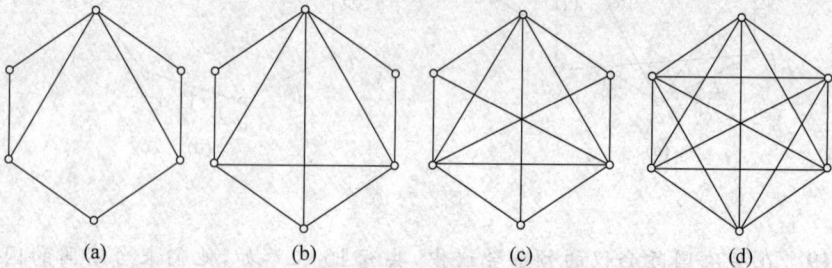

(a)   (b)   (c)   (d)

图 7.42   图的闭包构造过程示意图

根据定理 7.15,容易得到判定一个图是哈密顿图的充要条件,即为下面定理。

定理 7.16 一个简单图是哈密顿图当且仅当这个简单图的闭包是哈密顿图。

证明 只需证明添加一条边后定理的结论成立即可。

设图 $G=\langle V,E\rangle$,$u,v\in V$,u,v 不相邻且 $\deg(u)+\deg(v)\geqslant n$,添加边 (u,v) 到图 G 中,得到一新图 G'。若 G 是哈密顿图,则 G 有哈密顿回路,该回路也是 G' 的哈密顿回路。因此,G' 是哈密顿图。

反之,若 G' 是哈密顿图,则 G 中必存在一条以 u 为起点,v 为终点的哈密顿路 Γ,根据定理 7.14 的证明可由 Γ 构造出一个 G 的哈密顿回路。因此,G 是哈密顿图。

定理 7.16 的使用范围有限,读者可以思考更广泛的判定哈密顿图的充要条件。

定理 7.17 若 D 为 $n(n\geqslant2)$ 阶竞赛图,则 D 中具有哈密顿通路。

证明 对 n 作归纳法。$n=2$ 时,D 的基图为 K_2,结论成立。设 $n=k$ 时结论成立。现在设 $n=k+1$,设 $V(D)=\{v_1,v_2,\cdots,v_k,v_{k+1}\}$。令 $D_1=D-v_{k+1}$,易知 D_1 为 k 阶竞赛图,由归纳假设可知,D_1 存在哈密顿通路,设 $\Gamma_1=v_1'v_2'\cdots v_k'$ 为其中一条。下面证明 v_{k+1} 可扩到 Γ_1 中去。若存在 $v_r'(1\leqslant r\leqslant k)$,有 $\langle v_i',v_{k+1}\rangle\in E(D)$,$i=1,2,\cdots,r-1$,而 $\langle v_{k+1},v_r'\rangle\in E(D)$,见图 7.43(a)所示,则 $\Gamma=v_1'v_2'\cdots v_{r-1}'v_{k+1}v_r'\cdots v_k'$ 为 D 中哈密顿通路。否则,$\forall i\in\{1,2,\cdots,k\}$,均有 $\langle v_i',v_{k+1}\rangle\in E(D)$,见图 7.43(b)所示,则 $\Gamma=\Gamma_1\bigcup\langle v_k',v_{k+1}\rangle$ 为 D 中哈密顿通路。

从以上的讨论可知,哈密顿图的判定是图论中较为困难而有趣的问题。如果在图中能

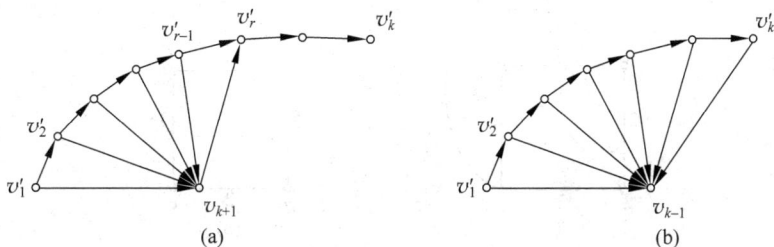

图 7.43

找出哈密顿回路,或满足某充分性定理的条件,则该图为哈密顿图,但这样的定理是不多的。另外,人们可根据哈密顿图的某些必要条件判断某些图不是哈密顿图。这里我们只是初步介绍,感兴趣的读者可以进一步阅读有关的材料。

带权图应用的领域是相当广泛的,许多图论算法也是针对带权图的。下面介绍的货郎担问题就是针对 n 阶无向完全带权图的。设有 n 个城市,城市之间均有道路,道路的长度均大于或等于 0,可能是 ∞(对应关联的城市之间无交通线)。一个旅行商从某个城市出发,要经过每个城市一次且仅一次,最后回到出发的城市,问他如何走才能使他走的路线最短?这就是著名的旅行商问题或货郎担问题。

设 $G=\langle V,E,W\rangle$,为一个 n 阶完全带权图 K_n,各边的权非负,且有的边的权可能为 ∞。求 G 中一条最短的哈密顿回路,这就是货郎担问题的数学模型。

在讨论货郎担问题之前,首先应该弄清楚此问题中不同哈密顿回路的含义。将图中生成圈看成一个哈密顿回路,即不考虑始点(终点)的区别以及顺时针与逆时针行遍的区别。

例 7.22 图 7.44(a)所示图为 4 阶完全带权图 K_4。求出它的不同的哈密顿回路,并指出最短的哈密顿回路。

解 由于货郎担问题中不同哈密顿回路的含义可知,求哈密顿回路从任何结点出发都可以。下面先求出从 a 点出发,考虑顺时针与逆时针顺序的不同的哈密顿回路。

$C_1=abcda$, $\quad C_2=abdca$, $\quad C_3=acbda$, $\quad C_4=acdba$, $\quad C_5=adbca$, $\quad C_6=adcba$。

于是,当不考虑顺(逆)时针顺序时,可知 $C_1=C_6$,以 C_1 为代表,$W(C_1)=8$(见图 7.44(b));$C_2=C_4$,以 C_2 为代表,$W(C_2)=10$(见图 7.44(c));$C_3=C_5$,以 C_3 为代表,$W(C_3)=12$(见图 7.44(d))。经过比较可知,C_1 是最短的哈密顿回路。

由例 7.22 的分析可知,n 阶完全带权图中共存在 $\frac{1}{2}(n-1)!$ 种不同的哈密顿回路。经过比较,可找出最短哈密顿回路。$n=4$ 时,有 3 种不同哈密顿回路,$n=5$ 时有 12 种,$n=6$ 时有 60 种,$n=7$ 时有 360 种……$n=10$ 时有 $5\times9!=1\,814\,400$ 种。由此可见,货郎担问题的计算量是相当大的。对于货郎担问题,人们一方面还在寻找好的算法,另一方面也在寻找各种近似算法。

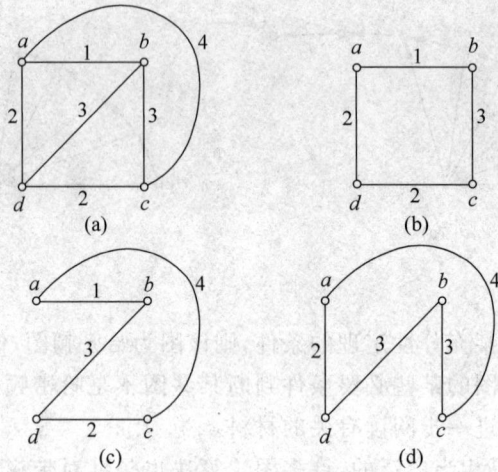

图　7.44

7.5　树

基尔霍夫在解决电路理论中求解联立方程问题时提出了树的概念。树是图论中一种重要的特殊图,它的很多基本概念,如二叉树、最优二叉树、最小生成树等在实际应用中作用非常突出。如果一个连通图是带权图,那么任意两个结点之间的最短路是一种树结构,最短路径算法在求解实际问题中的应用非常广泛。本节主要内容有无向树及其性质、生成树、根树及其应用。

定义 7.31(树)　一个连通且无圈(回路)的无向图称为一棵树。

显然,由定义可知,树是个简单图,即它无环和平行边。

在树中,度数为 1 的结点称为**树叶**;度数大于 1 的结点称为**内点**或**分枝结点**。若图中的每个连通分支都是树,则称该图为**森林**。

如图 7.45 所示,(a)和(b)都是树,(c)是森林。

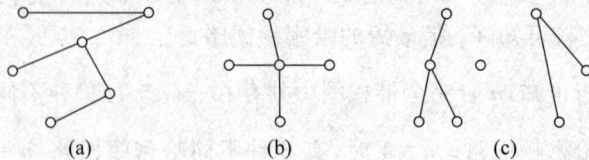

图　7.45

由于树无环且无重边(否则有回路),所以树必是简单图。下面来讨论树的性质。

引理　设 $G=\langle V,E \rangle$ 是结点数为 n、边数为 m 的连通图,则 $m \geqslant n-1$。

证明　对 n 用数学归纳法。

当 $n=1,2$ 时，$m \geqslant n-1$ 显然成立。

假设对于 $n \leqslant k$ 的连通图，都有 $m \geqslant n-1$。则对于 $n=k+1$ 的连通图 G，任取 $v \in V(G)$，考虑 $G-v$。

若 $G-v$ 连通，则由归纳假设，$|E(G-v)| \geqslant |V(G-v)|-1=k-1$，而

$$|E(G)| \geqslant E(G-v)+1 \geqslant (k-1)+1=(k+1)-1=|V(G)|-1 。$$

若 $G-v$ 不连通，设 $G_1,G_2,\cdots,G_w$ 是其连通分支（$w \geqslant 2$）。由归纳假设，$|E(G_i)| \geqslant |V(G_i)|-1(i=1,2,\cdots,w)$。故

$$|E(G-v)|=\sum_{i=1}^{w}|E(G_i)| \geqslant \sum_{i=1}^{w}|V(G_i)|-w=|V(G-v)|-w=k-w,$$

而 $|E(G)| \geqslant |E(G-v)|+w \geqslant (k-w)+w=(k+1)-1=|V(G)|-1$。证毕。

给定图 $G=\langle V,E \rangle$，结点数记为 n，边数记为 m，以下关于树的定义是等价的。

定理 7.18（树的等价定义）　下列命题等价：

(1) G 是树；

(2) G 中无圈且任两个结点之间有且仅有一条路；

(3) G 中无圈且 $m=n-1$；

(4) G 连通且 $m=n-1$；

(5) G 连通且对任何 $e \in E(G)$，$G-e$ 不连通；

(6) G 无圈且对任何 $e \in E(\bar{G})$，$G+e$ 恰有一个包含 e 的圈。

证明　(1)⇒(2)　因为 G 是树，根据树的定义，G 是连通图，所以，$\forall u,v \in V(G)$，存在 u 到 v 的通路 $P(u,v)$。

若还存在另外一条路 $P'(u,v) \neq P(u,v)$，则必存在 w，w 是路 P 与 P' 除了 v 之外一个公共结点。P 的 (w,v) 段与 P' 的 (w,v) 段构成圈，这与 G 是树矛盾。故只存在唯一的 (u,v) 路。

(2)⇒(3)　若 G 有圈，则此圈上任两个结点间有两条不同的路，与前提条件矛盾。

下面用归纳法证明 $m=n-1$。

$n=1$ 时，$m=0$，结论真。

假设 $n \leqslant k$ 时结论真，我们来证明当 $n=k+1$ 时，也有 $m=n-1$ 成立。

当 $n=k+1$ 时，任取相邻的两个结点 $u,v \in V(G)$。考虑图 $G'=G-uv$，因 G 中 u,v 间只有一条路，即边 uv，故 G' 不连通且只有两个连通分支，设为 G_1,G_2。注意到 G_1,G_2 分别都连通且任两个结点间只有一条路，由归纳法假设，$|E(G_1)|=|V(G_1)|-1$，$|E(G_2)|=|V(G_2)|-1$，则有

$$m=|E(G_1)|+|E(G_2)|+1=(|V(G_1)|-1)+(|V(G_2)|-1)+1=n-1 。$$

因此结论成立。

(3)⇒(4)　用反证法。若 G 不连通，设 $G_1,G_2,\cdots,G_w$ 是其连通分支（$w \geqslant 2$），则 $m_i=n_i-1,i=1,2,\cdots,w$（因 G_i 是连通无圈图，由已证明的(1)和(2)知，对每个 G_i，(3)成立）。这

样，$m=\sum_{i=1}^{w}m_i=\sum_{i=1}^{w}n_i-w=n-w$，这与 $m=n-1$ 矛盾。

（4）⇒（5）　$|E(G-e)|=m-1=n-2$，但每个连通图必满足 $m\geqslant n-1$（见本节前面介绍的引理），故图 $G-e$ 不连通。

（5）⇒（6）　先证 G 中无圈。若 G 中有圈，删去圈上任一边仍连通，矛盾。

再证对任何 $e\in E(\bar{G})$，$G+e$ 恰含一个圈：因 G 连通且已证 G 无圈，故 G 是树。由（2），任意两个不相邻结点间都有一条路相连，故 $G+e$ 中必有一个含有 e 的圈；另一方面，若 $G+e$ 中有两个圈含有 e，则 $(G+e)-e=G$ 中仍含有一个圈，矛盾。

（6）⇒（1）　只需证 G 连通。任取 $u,v\in V(G)$，若 u,v 相邻，则 u 与 v 连通。否则，$G+uv$ 恰含一个圈，故 u 与 v 在 G 中连通。由 u,v 的任意性，图 G 连通。

推论 7.9　T 是森林的充要条件是 $m=n-\omega$，其中 m 为 T 的边数，n 为 T 的结点数，ω 为 T 的连通分支数。

定理 7.19　任意一棵非平凡树至少含两片树叶（两个 1 度结点）。

证明　设 T 是一个非平凡树。因 T 连通，故对每个结点 v_i，都有 $\deg(v_i)\geqslant1$。若对所有 v_i 都有 $\deg(v_i)\geqslant2$，则 $\sum_{i=1}^{n}\deg(v_i)\geqslant2n$。但另一方面，$\sum_{i=1}^{n}\deg(v_i)=2m=2(n-1)=2n-2$。这两方面矛盾。故 T 至少有一个 1 度结点，设为 u。除此之外，其余 $n-1$ 个结点的度数之和为 $2n-3$。若这些结点的度都大于或等于 2，则其度数之和 $\sum_{v_i\neq u}\deg(v_i)\geqslant2(n-1)=2n-2$。这与 $2n-3$ 矛盾。故除 u 之外 T 还至少有一个度为 1 的结点。

例 7.23　已知无向树 T 中，有 1 个 3 度结点，2 个 2 度结点，其余结点全是树叶，试求树叶数，并画出满足要求的非同构的无向树。

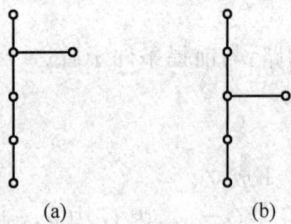

(a)　　　(b)

图 7.46

解　设树 T 的结点数为 n，边数为 m，则有 $m=n-1$。再设 T 有 x 片树叶，由握手定理，有

$$2m=2(n-1)=2\times(2+x)=1\times3+2\times2+x\times1,$$

解出 $x=3$，故 T 有 3 片树叶。T 的度数列应为 1,1,1,2,2,3。

在图 7.46(a)中，一个 3 度结点只与 1 个 2 度结点相邻，而图 7.46(b)中，一个 3 度结点与 2 个 2 度结点均相邻，因而图 7.46 中的图(a)和图(b)是非同构的，因而有 2 棵非同构的无向树 T_1，T_2，见图 7.46 所示。

例 7.24　画出所有非同构的七阶无向树。

解　设 T_i 是七阶无向树。因为 $n=7$，所以 $m=6$，又因为 $2m=\sum_{i=1}^{n}\deg(v_i)$，所以七个

结点分配 12 度,且由树是连通简单图知 $1 \leqslant \deg(v) \leqslant 6$。则 T_i 的度数列必是下列情况之一：

(1) 1,1,2,2,2,2,2;

(2) 1,1,1,2,2,2,3;

(3) 1,1,1,1,2,2,4;

(4) 1,1,1,1,2,3,3;

(5) 1,1,1,1,1,2,5;

(6) 1,1,1,1,1,3,4;

(7) 1,1,1,1,1,1,6。

这些度数序列对应的简单树如图 7.47 所示。

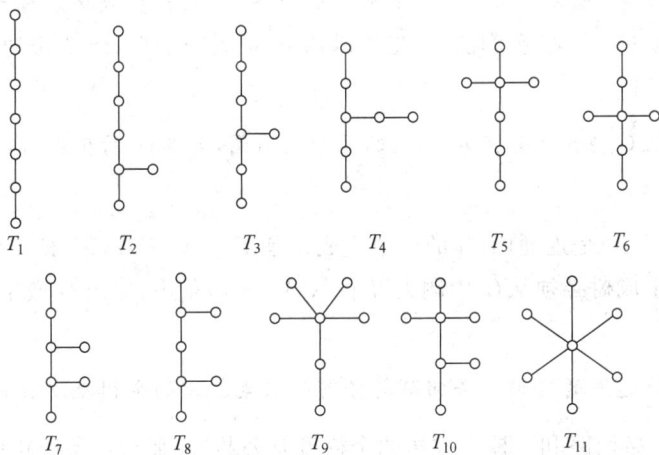

图 7.47 非同构树

对于一些图,它本身未必是树,但它的子图是树。一个图可能有多个子图是树,其中很重要的一类树是生成树。

定义 7.32（生成树） 给定图 $G = \langle V, E \rangle$,若 G 的生成子图 T 是树,则称 T 是 G 的生成树。T 中的边称为树枝,在 G 中但不在 T 中的边称为弦。所有弦导出的子图称为 T 的余树,记为 $\overline{T}$。

例如,在图 7.48 中,T_1 和 T_2 是图 G 的两棵生成树。$e_1, e_2, e_3, e_6, e_7, e_8$ 是 T_1 的树枝,e_4, e_5, e_9, e_{10} 是 T_1 的弦,$\{e_4, e_5, e_9, e_{10}\}$ 导出的子图是 T_1 的余树。

定理 7.20 连通图至少有一棵生成树。

证明 如果连通图 G 无回路,则 G 本身就是它的生成树。如果 G 有回路,则在回路上任意去掉一条边,得到图 G_1 仍是连通的,如 G_1 仍有回路,重复上述步骤,直到图 G_1 中无回路为止,此时该图就是 G 的一棵生成树。证毕。

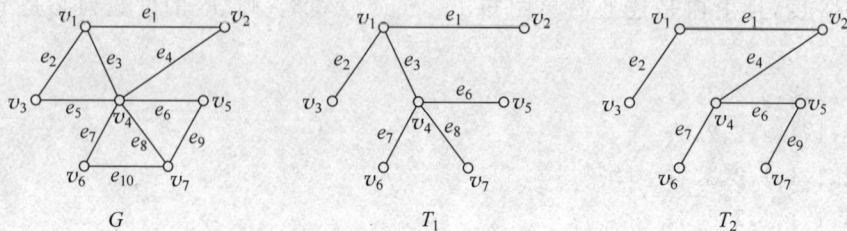

图　7.48

由定理 7.20 的证明过程可以看出,一个连通图可以有许多生成树。因为在取定一个回路后,就可以从中去掉任一条边,去掉的边不一样,故可能得到不同的生成树。一般如果 G 有 n 个点 m 条边连通,则 $m \geqslant n-1$,若 G 删除 $m-(n-1)$ 条边,破坏了 $m-(n-1)$ 个回路,必成 G 的一棵生成树,这是"破圈法"。也可以从 m 条边中选取 $n-1$ 条边并使它不含有回路,这是"避圈法"。

推论 7.10　设 G 是 n 个结点 m 条边的无向连通图,T 为 G 的生成树,则 T 的余树 $\overline{T}$ 中含有 $m-n+1$ 条边。

假设图 $G=\langle V,E\rangle$ 是连通图,G 的一个生成树是 $T=\langle V,E_T\rangle$,则 $|E_T|=|V|-1$。因此,要确立 G 的一棵生成树必须从 G 中删去 $|E|-(|V|-1)$ 条边,即由 G 产生的生成树应删去弦的数目。

定理 7.21　连通图的任何一条回路与任何一棵生成树的余树至少有一条公共边。

证明　若有一条回路和一棵生成树的余树没有公共边,那么这条回路包含在生成树中,然而这是不可能的,因为一棵生成树不能包含回路。

定理 7.22　连通图的任何一个边割集和任何生成树至少有一条公共边。

证明　若有一个边割集和一棵生成树没有公共边,那么删去这个边割集后,所得子图必包含该生成树,这意味着删去边割集后仍是连通图,与边割集定义矛盾。

设 $G=\langle V,E\rangle$ 是一连通图,G 的每一条边 e 有权 $w(e)$,G 的生成树 T 的权 $w(T)$ 就是 T 的边的权和。

定义 7.33　在一个带权图 G 的所有生成树中,树权最小的那棵生成树称为 G 的最小生成树。

最小生成树在通信网络、交通网络等实际问题中的应用非常广泛。例如,假设要在 n 个城市之间建立通信联络网,则连通 n 个城市只需要修建 $n-1$ 条线路,如何在最节省经费的前提下建立这个通信网呢?该问题等价于构造网的一棵最小生成树,即在 m 条带权的边中选取 $n-1$ 条边(不构成回路),使"权值之和"最小。

最小生成树问题描述 在带权图 G 中,求权最小的生成树。即求 G 的一棵生成树 T,使得 $w(T) = \min\limits_{T} \sum\limits_{e \in T} w(e)$。

下面介绍几种典型的求最小生成树的算法。

1. Kruskal 算法

考虑问题的出发点 为使生成树上边的权值之和达到最小,则应使生成树中每一条边的权值尽可能地小。

具体做法 先构造一个只含 n 个结点的子图,然后从权值最小的边开始,若它的添加不使子图中产生回路,则在子图上加上这条边,如此重复,直至加上 $n-1$ 条边为止。

设 n 阶无向连通带权图 $G = \langle V, E, W \rangle$ 有 m 条边,不妨设 G 中无环(否则可先删去)。

Kruskal 算法(避圈法)

(1) 在 G 中选取最小权的边,记作 e_1,置 $i=1$;

(2) 当 $i=n-1$ 时结束,否则转(3);

(3) 设已选择边 $e_1, e_2, \cdots, e_i$,此时无回路,在 G 中选取不同于这 i 条边的边 e_{i+1},该边使得 $\{e_1, \cdots, e_{i+1}\}$ 生成的子图无回路,并 e_{i+1} 是满足该条件中权最小的一条边;

(4) 置 $i=i+1$,转(2)。

定理 7.23 由 Kruskal 算法产生的子图是 n 阶连通图 $G = \langle V, E \rangle$ 的最小生成树。

例 7.25 用 Kruskal 算法求图 7.49(a)的最小生成树。

解 因为图 7.49(a)中 $n=8$,所以按算法要执行 $n-1=7$ 次,其过程如图 7.49(b)~(h)所示。

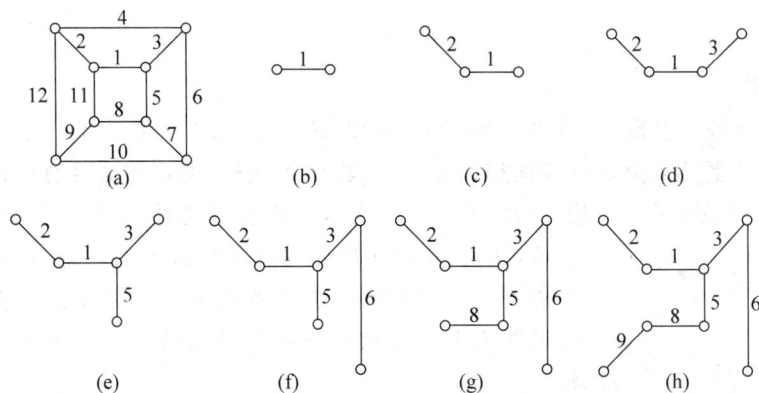

图 7.49

2. Prim 算法

Prim 算法是由 Prim 在 1957 年提出的一个著名算法,其主要思想为:取图中任意一个

结点 v 作为生成树的根,之后往生成树上添加新的结点 u,u 与 v 相邻接,且满足所有与 v 相邻的结点中,(v,u) 的边权重最小;然后在剩下的结点中,选择与 v,u 形成的生成子树的某个结点相邻接的结点,满足权重最小且不形成回路;重复上述过程,直至生成树上含有 $n-1$ 条边为止。具体算法描述如下:

Prim 算法

(1) 任取 $v_0 \in V(G)$,令 $S_0 = \{v_0\}$,$\overline{S}_0 = V(G) - S_0$,$i=0$;

(2) 求 S_i 到 $\overline{S}_i$ 间权最小的边 e_i,设 e_i 的属于 $\overline{S}_i$ 的端点为 v_i,令 $S_{i+1} = S_i \bigcup \{v_i\}$,$\overline{S}_{i+1} = V(G) - S_{i+1}$;

(3) 若 $i=n-1$,停止;否则,令 $i=i+1$,继续(2)。

定理 7.24   由 Prim 算法产生的子图 $G(S)$ 是 n 阶连通图 $G = \langle V, E \rangle$ 的最小生成树。

例 7.26   用 Prim 算法求图 7.50 的最小生成树。

解   用 Prim 算法求最小生成树的步骤如图 7.51(a)~(d)所示。

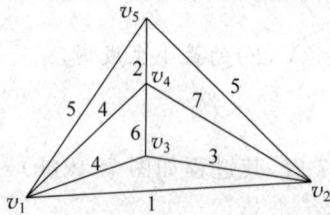

图 7.50

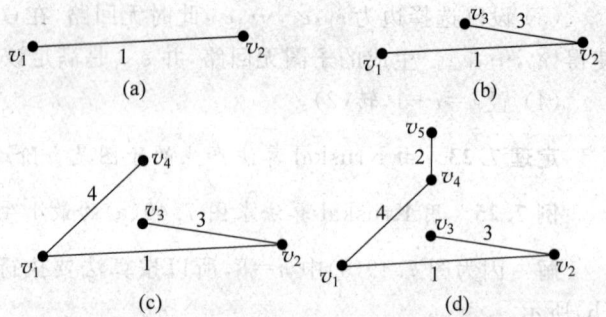

图 7.51

3. 破圈法

在 Kruskal 算法基础上,我国著名数学家管梅谷教授于 1975 年提出了最小生成树的破圈法。其基本思想为:设 G 是连通加权简单图,若 G 不是树,则 G 中必含有回路,删去 G 中含于某回路内权最大的一条边,所得的图记为 G_1,G_1 是 G 的连通生成子图,下一步,若 G_1 不是树,又从 G_1 某个回路内删去权最大的一条边,如此下去,最后不能按上述方式删边时,得到的图 T 便是 G 的一棵生成树。

定理 7.25   由破圈法最后得到的图 T 为 G 的一棵最小生成树。

例 7.27   用破圈法求图 7.52 中图 G 的最小生成树。

解   用破圈法求最小生成树的步骤如图 7.53(a)~(f)所示。

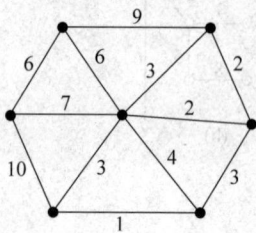

图 7.52

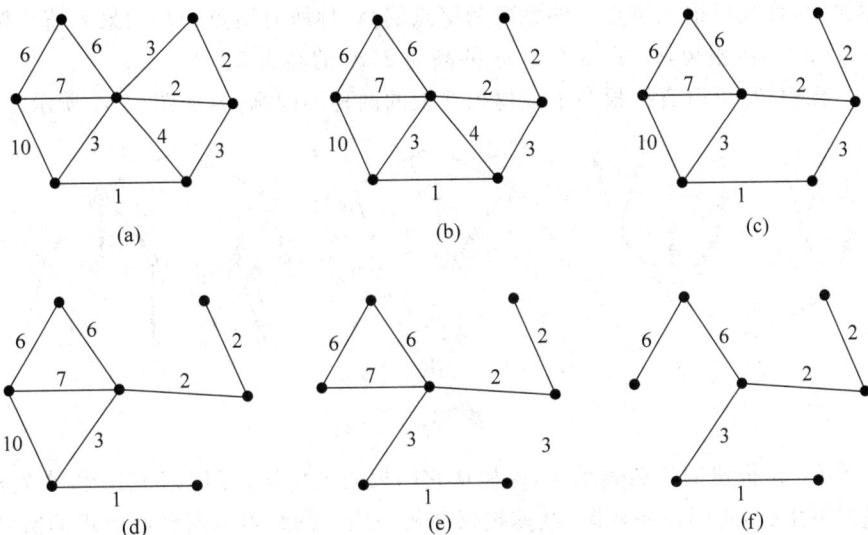

图 7.53

定义 7.34（**有向树与根树**） 一个有向图，若不考虑边的方向，它是一棵树，则称这个有向图为**有向树**。一棵有向树，如果恰有一个结点的入度为 0，其余所有结点的入度都为 1，则称为**根树**，其中入度为 0 的结点称为**树根**，出度为 0 的结点称为**树叶**，出度不为 0 的结点称为**分枝点**或**内点**。

例如，图 7.54 中 (a)、(b)、(c) 和 (d) 均为有向树，其中只有 (c) 和 (d) 为根树。在根树图 (d) 中，v_1 为树根，v_2，v_3 为分枝点，其余结点为树叶。习惯上把根树的根画在上方，叶画在下方，这样就可以省去根树的箭头，如图 7.54(e) 所示。

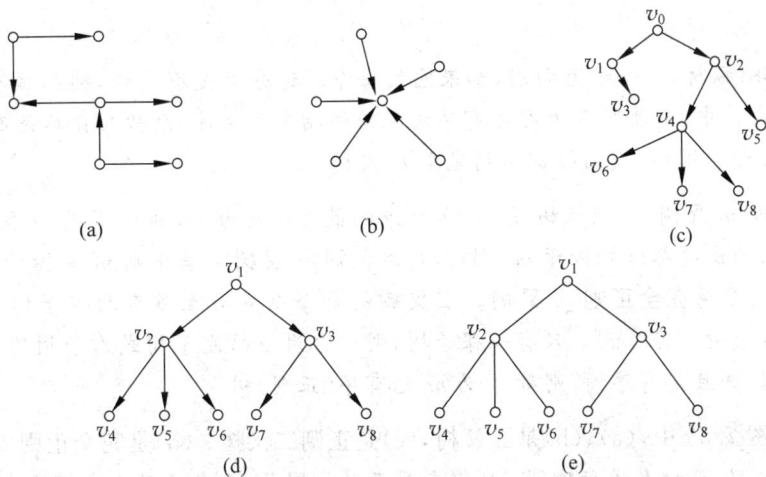

图 7.54

在根树中,称从树根到结点 v 的距离为该点的高,称所有结点的高的最大值为树高。这样对图 7.54(c)中的根树,v_1 的高为 1,v_3 的高为 2,v_6 的高为 3。

对于一棵根树,可以有树根在下或树根在上的两种不同画法,如图 7.55 所示。

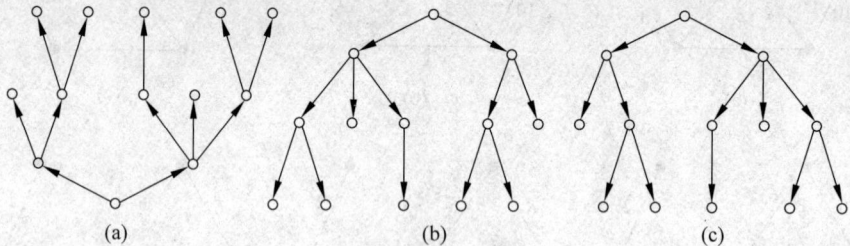

图 7.55

图 7.55(a)是根树的自然表示法,即树从它的根向上生长。图 7.55(b)和图 7.55(c)都是由树根向下生长,它们是同构图,其差别仅在每一层上的结点从左到右出现的次序不同。

定义 7.35(根树的结点分类) 在根树中,若从 v_i 到 v_j 可达,则称 v_i 是 v_j 的祖先,v_j 是 v_i 的后代;又若 $\langle v_i, v_j \rangle$ 是根树中的有向边,则称 v_i 是 v_j 的父亲,v_j 是 v_i 的儿子;如果两个结点是同一结点的儿子,则称这两个结点是兄弟。

定义 7.36(根子树) 在根树中,任一结点 v 及其 v 的所有后代和从 v 出发的所有有向路中的边构成的子图称为以 v 为根的子树。根树中的结点 u 的子树是以 u 的儿子为根的子树。

在现实的家族关系中,兄弟之间是有大小顺序的,为此引入有序树的概念。

定义 7.37(有序树) 如果在根树中规定了每一层次上结点的次序,这样的根树称为有序树。在有序树中规定同一层次结点的次序是从左至右。例如,图 7.54 中(c)和(d)均为有序树。

定义 7.38(森林) 一个有向图,如果它的每个连通分支是有向树,则称该有向图为(有向)森林;在森林中,如果所有树都是有序树且给树指定了次序,则称此森林是有序森林。

在树的实际应用中,我们经常用到完全 m 叉树。

定义 7.39(m 叉树) 在根树 T 中,若结点的最大出度为 m,则称 T 为 m **叉树**。如果 T 的每个分枝点的出度都恰好等于 m,则称 T 为**正则 m 叉树**。若正则 m 叉树的所有叶结点在同一层,则称它为**完全正则 m 叉树**。**二叉树**的每个结点 v 至多有两棵子树,分别称为 v 的左子树和右子树。若结点 v 只有一棵子树,则称它为 v 的左子树或右子树均可。若 T 是(正则)m 叉树,并且是有序树,则称 T 为 m 元有序(正则)树。

例如,在图 7.56 中,(a)、(b)是二叉树,(c)是正则二叉树;(d)是完全正则二叉树。

例 7.28 甲、乙两人进行球赛,规定三局两胜。图 7.57 表示了比赛可能出现的各种情

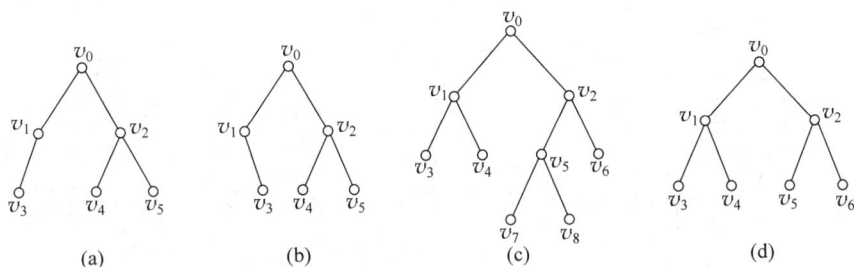

图　7.56

况(图中结点标甲者表示甲胜,标乙者表示乙胜),这是一棵正则二叉树。

在所有的 m 叉树中,二叉树居重要地位,其中二叉有序正则树应用最为广泛。在二叉有序正则树中,以分枝点的两个儿子分别作为树根的两棵子树通常称为该分枝点的左子树和右子树。由于二叉树在计算机中最易处理,所以常常需要把一棵有序树转换为二叉树。其一般步骤如下:

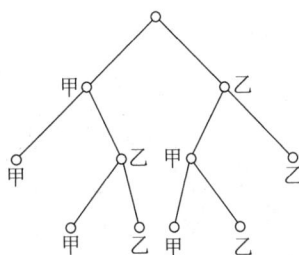

图　7.57

(1) 从根开始,保留每个父亲与其最左边儿子的连线,删除与别的儿子的连线;

(2) 兄弟间用从左向右的有向边连接;

(3) 用如下方法选定二叉树的左儿子和右儿子:直接处于给定结点下面的结点作为左儿子,对于同一水平线上与给定结点右邻的结点作为右儿子,依次类推。

例 7.29 将图 7.58(a)所示的三叉树转换为一棵二叉树。

解 对图 7.58(a)进行步骤(1)、(2)得图 7.58(b),再按步骤(3)得图 7.58(c)。图 7.58(c)即为所求的二叉树。反过来,我们也可将图 7.58(c)还原为图 7.58(a)。

用二叉树表示有序树的方法,可以推广到有序森林上去,只是将森林中每棵树的根看作兄弟。其步骤如下:

(1) 先把森林中的每一棵树表示成一棵二叉树;

(2) 除第一棵二叉树外,依次将每棵二叉树作为左边二叉树的根的右子树,直到所有的二叉树都连成一棵二叉树为止。

例 7.30 将图 7.59(a)所示的有序森林转换为一棵二叉树。

解 如图 7.59(b)的二叉树即为所求。

定理 7.26 在正则 m 叉树中,若树叶数为 t,分枝点数为 i,则有

$$(m-1)i = t-1 。$$

证明 由假设知,该树有 $i+t$ 个结点,由树的定义和性质知,该树边数为 $i+t-1$。因为

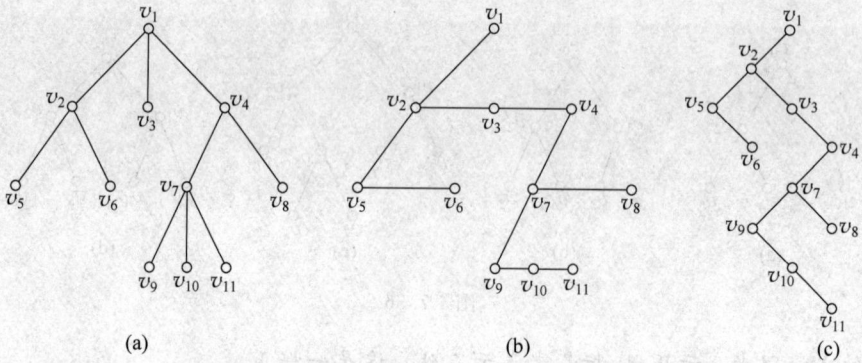

图   7.58

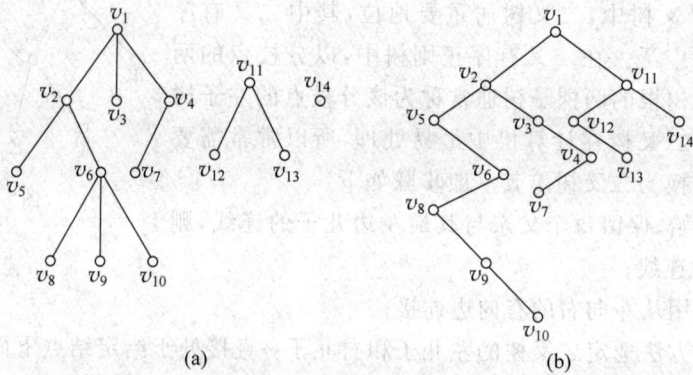

图   7.59

所有结点出度之和等于边数,所以根据正则 m 叉树的定义知, $mi=i+t-1$,即 $(m-1)i=t-1$ 。

定义 7.40(**带权二叉树**)   设有一棵二叉树,有 t 片树叶,使其树叶分别带权 $w_1,w_2,\cdots,w_t$ 的二叉树称为**带权二叉树**。

一棵带权二叉树的权 $W(T)$ 定义为

$$W(T)=\sum_{i=1}^{t}w_i\cdot l(w_i),$$

其中 $l(w_i)$ 表示树根到第 i 片树叶的路径长度(即第 i 片树叶的高)。

定义 7.41(**最优二叉树**)   在所有带权 $w_1,w_2,\cdots,w_t$ 的二叉树中, $W(T)$ 最小的树称为**最优二叉树**。

最优二叉树的应用十分广泛,特别是通信领域,利用最优二叉树进行编码是非常典型的应用。1952 年哈夫曼(Huffman)给出了求带权 $w_1,w_2,\cdots,w_t$ 的最优二叉树的方法,具体过程如下：

Huffman 算法

给定权重序列 $w_1, w_2, \cdots, w_t$，且 $w_1 \leqslant w_2 \leqslant \cdots \leqslant w_t$。

（1）连接权为 w_1, w_2 的两片树叶，得一个分枝点其权为 $w_1 + w_2$；

（2）在 $w_1 + w_2, w_3, w_4, \cdots, w_t$ 中选出两个最小的权，连接它们对应的结点（不一定是树叶），得新分枝点及所带的权；

（3）重复（2），直到形成 $t-1$ 个分枝点，t 片树叶为止。

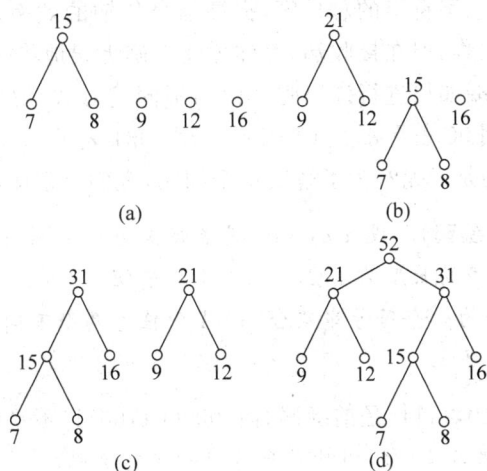

图 7.60

例 7.31 求带权 7，8，9，12，16 的最优二叉树。

解 图 7.60(a)～(d)给出了 Huffman 算法的全过程。

需要注意的是，最优二叉树不是唯一的，图 7.61 中的两个图都是带权 1,2,3,4,6 的最优二叉树。

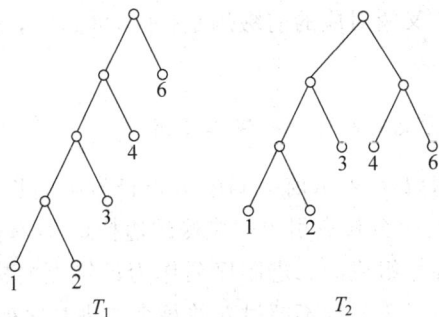

图 7.61

二叉树和最优二叉树的一个重要应用就是前缀码设计。在通信领域中，人们常用 5 位二进制码来表示一个英文字母。发送端只要发送一条 0 和 1 组成的字符串，它正好是信息中字母对应的字符序列。在接收端，将这一长串字符分成长度为 5 的序列就得到了相应的信息。这种传输信息的方法称为等长码制方法，这种方法操作简单，若在传输过程中，所有字母出现的频率大致相等，等长码方法是一种好方法。但如果传输信息中包含的字母在信息中出现的频率是不一样的，该方法的信道利用率就不高，例如字母 e 在单词中出现的频率要远远大于字母 q 在单词中出现的频率。因此人们希望能用较短的字符串表示出现较频繁的字母，这样就可缩短信息字符串的总长度，提高信息传输的效率。对于发送端来说，发送长度不同的字符串并无困难，但在接收端，怎样才能准确无误地将收到的一长串字符分割成长度不一的序列，即接收端如何进行译码呢？因为不同的方式，解码得到的结果可能不同，甚至无法解码。例如若用 00 表示 a，用 01 表示 b，用 0001 表示 c，那么当接收到字符串 0001 时，如何判断信息是 ab 还是 c 呢？为了解决这个问题，人们常常使用前缀码这个概念。

定义 7.42（前缀与前缀码）　设 $a_1a_2\cdots a_n$ 是长度为 n 的符号串，称其子串 $a_1,a_1a_2,\cdots,$ $a_1a_2\cdots a_{n-1}$ 分别为该符号串的长度为 $1,2,\cdots,n-1$ 的前缀。

设 $A=\{\beta_1,\beta_2,\cdots,\beta_n\}$ 为一个符号串集合，若 A 中任意两个不同的符号串 β_i 和 β_j 互不为前缀，则称 A 为一组前缀码。

例如，$\{0,10,110,1110,1111\}$ 是前缀码，而 $\{00,001,0011\}$ 不是前缀码。

定理 7.27　任意一棵二叉树的树叶集合对应一组前缀码。

证明　给定一棵二叉树，对每个分枝点引出的左侧的边标记 0，右侧的边标记 1。这样，由树根到每一片树叶的通路上，有由各边的标号组成的序列，它是仅含 0 和 1 的二进制序列，把该二进制序列作为这片树叶的标记。显然，任一树叶对应的二进制序列都不是其他树叶对应的二进制序列的前缀。因此，任意一棵二叉树的树叶集合对应一组前缀码。

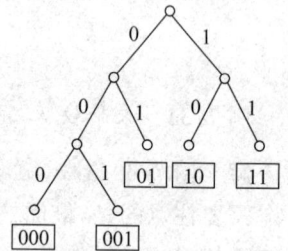
图　7.62

例如，图 7.62 所示的二叉树对应的前缀码是 $\{000,001,01,$ $10,11\}$。

定理 7.28　任何一组前缀码都对应一棵二叉树。

证明　设给定一组前缀码，h 表示前缀码中最长符号串的长度。我们画出一棵高度为 h 的完全正则二叉树，并给每个分枝点引出的左侧的边标记 0，右侧的边标记 1，把由树根到每一结点的通路上各边的标号组成的二进制序列作为该结点的标号。这样，每一个结点都对应一个二进制序列，同时，对于长度不超过 h 的每个二进制序列也必对应一个结点。对应于前缀码中的每一序列的结点，给予一个标记，并将标记结点的所有后裔和射出的边全部删去，这样得到一棵二叉树，再删去其中未加标记的树叶，得到一棵新的二叉树，它的树叶的标号的集合就对应给定的前缀码。

例 7.32 给出与前缀码 $\{00,10,11,010,011\}$ 对应的二叉树。

解 因为该前缀码中最长序列长为 3,如图 7.63(a)所示作一个高度为 3 的二叉树。对二叉树中对应前缀码中序列的结点用方框标记,删去标记结点的所有后代和边得到所求的二叉树如图 7.63(b)所示。

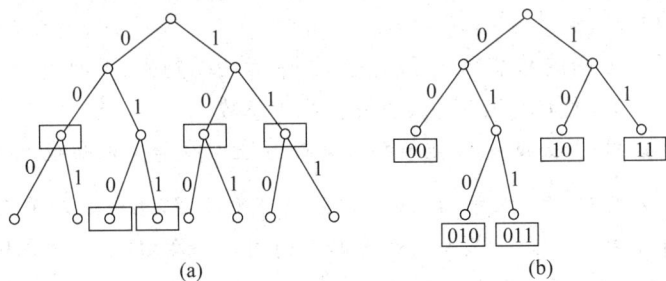

图 7.63

设 26 个英文字母出现的概率分别为 $p_1,p_2,\cdots,p_{26}$,所谓最佳编码,就是要寻求一棵有 26 片叶子,其权分别为 $p_1,p_2,\cdots,p_{26}$ 的二叉树,使得码的长度的数学期望值 $L=\sum\limits_{i=1}^{26}p_i l_i$ 最小。这里 l_i 是第 i 个字母的码的长度。这个问题实际上就是给定权 $p_1,p_2,\cdots,p_{26}$,寻求一棵带权 $p_1,p_2,\cdots,p_{26}$ 的最优二叉树问题。

例 7.33 在某种通信中,使用八进制数字串。0~7 各数字出现的频率如下:
0:25%;1:20%;2:15%;3:10%;4:10%;5:10%;6:5%;7:5%。

(1) 求传输这些数字的最佳前缀码;

(2) 求传输 10^n 个按上述比例出现的八进制数字需要多少个二进制数字位?

(3) 如果用等长码字(长为 3)传输 10^n 个按上述比例出现的八进制数字,需要多少个二进制数字位?

解 用 100 乘以各个数字出现的频率作为权,将权从小到大排列,得
$\omega_0=5,\omega_1=5,\omega_2=10,\omega_3=10,\omega_4=10,\omega_5=15,\omega_6=20,\omega_7=25$(与相应数字对应)。

(1) 由 Huffman 算法获得一个前缀码(不唯一)$\{01,11,001,100,101,0001,00000,00001\}$,各码字对应的传输数字为

01 传 0,11 传 1,001 传 2,100 传 3,101 传 4,0001 传 5,00000 传 6,00001 传 7。

根据 Huffman 算法原理即知前缀码 $\{01,11,001,100,101,0001,00000,00001\}$ 是最优的。

(2) 用所得前缀码按题中给定频率发送 100 个八进制数字所用的二进制数字位的个数为

$100\times(5\times5\%+5\times5\%+4\times10\%+3\times15\%+3\times10\%+3\times10\%+2\times25\%+2\times$

$20\%)=285$。

所以,传输 10^n 个按上述比例出现的八进制数字需要 2.85×10^n 个二进制数字位。

(3) 若用长度为 3 的等长码字传输 10^n 个按上述频率出现的八进制数字,需要 3×10^n 个二进制数字位。

7.6 平 面 图

本节主要介绍平面图的基本概念、欧拉公式、平面图的判断、平面图的对偶图、点着色及点色数,地图的着色与平面图的点着色、边着色及边色数。

定义 7.43(平面图)   如果图 G 能示画在曲面 S 上且使得它的边仅在端点处相交,则称 G 可嵌入曲面 S。如果 G 可嵌入平面上,则称 G 是可平面图,已经嵌入平面上的图 $\widetilde{G}$ 称为 G 的平面表示。无平面嵌入形式的无向图称为非平面图。如在图 7.64 中,(b)是(a)的平面嵌入,(d)是(c)的平面嵌入,(e)是非平面图。

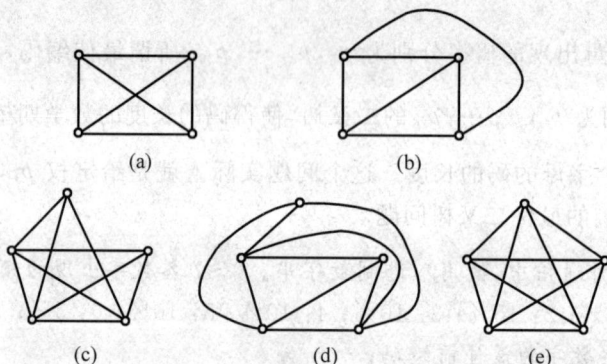

图   7.64

平面图 G 与 G 的平面表示 $\widetilde{G}$ 同构,都简称为平面图。图的平面性问题有着许多实际的应用。例如在电路设计中常常要考虑布线是否可以避免交叉以减少元件间的互感影响。如果必然交叉,那么怎样才能使交叉处尽可能少? 或者如何进行分层设计,才使每层都无交叉? 这些问题实际都与图的平面表示有关。确实存在着大量的图,它们没有对应的平面图形表示。例如 K_5 和 $K_{3,3}$,无论怎么画,总会出现边的交叉(如图 7.65 所示),这样的图都是非平面图。

那么,能不能不通过图的图形表示来判断一个图的平面性呢? 首先,要研究一下平面图的一些性质。

显然,一个平面图的子图都是平面图,一个非平面图的母图都是非平面图,平面图在加上环或平行边后还是平面图。一个图 G 可嵌入球面的充要条件是该图 G 可嵌入平面。这

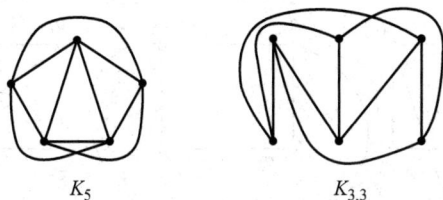

图　7.65

些结论的证明我们都不再讲述。

定义 7.44　设 G 是一个平面图,由 G 中的边所包围的区域,在区域内既不包含 G 的结点,也不包含 G 的边,这样的区域称为 G 的一个**面**。有界区域称为**内部面**,无界区域称为**外部面**,常记为 R_0。包围面的长度最短的闭链称为该面的**边界**。面 R 的边界的长度称为该面的**次数**(或**度数**),记为 $\deg(R)$。

例 7.34　指出图 7.66 所示平面图的面、面的边界及面的度数。

解　面 f_1,其边界为 $1e_1 5e_2 4e_4 3e_7 2e_{10} 1$,$d(f_1)=5$。

面 f_2,其边界为 $1e_{10} 2e_8 7e_9 1$,$d(f_2)=3$。

面 f_3,其边界为 $2e_7 3e_6 7e_8 2$,$d(f_3)=3$。

面 f_4,其边界为 $3e_4 4e_5 7e_6 3$,$d(f_4)=3$。

外部面 f_5,其边界为 $1e_1 5e_2 4e_3 6e_3 4e_5 7e_9 1$,$d(f_5)=6$。

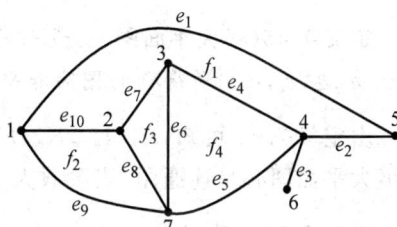

图　7.66

一个平面图 G 嵌入平面,它的几何形状可能不是唯一的,如图 7.67 中的(b)和(c)都是 K_4 的平面嵌入,但是它们的形状不完全相同,但是(b)和(c)是同构的。同一个平面图 G 的不同平面嵌入形式中,外部面的度数也可以不同。如图 7.68 所示。

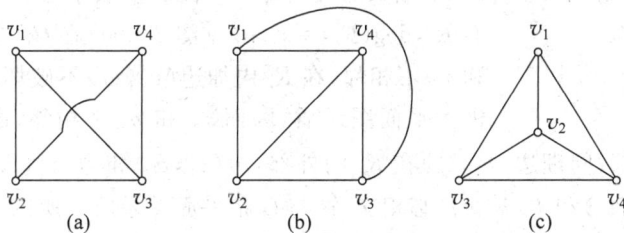

图　7.67

定理 7.29　平面图 G 中各面的度数之和等于边数 m 的 2 倍,即 $\sum_{i=1}^{r} \deg(R_i) = 2m$. 其中 r 为 G 的面数。

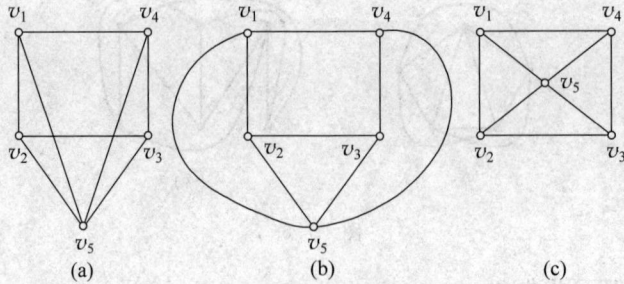

图　7.68

证明　$\forall e \in E(G)$，当 e 为面 R_i 和 $R_j(i \neq j)$ 的公共边界上的边时，在计算 R_i 和 R_j 的度数时各提供度数 1，而当 e 只在某一个面 R 的边界上出现时，在计算面 R 的度数时，e 提供的度数是 2，因而 $\sum\limits_{i=1}^{r} \deg(R_i) = 2m$。

定义 7.45（**极大平面图**）　设 G 是简单平面图，如果在 G 中任意两个不相邻的结点 v_i 和 v_j 加边 (v_i, v_j)，所得到的图为非平面图，则称 G 是**极大平面图**。

由定义 7.45 可知，K_1, K_2, K_3, K_4 和 $K_5 - e$（K_5 任意删去一条边）均为极大平面图，而且极大平面图必是连通图，当阶数大于 3 时，有割点或桥的平面图不可能是极大平面图。

定理 7.30　设 G 为 $n(n \geqslant 3)$ 阶简单的连通的平面图，若 G 为极大平面图，则 G 的每一个面的度数都是 3。

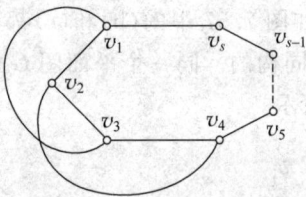

图　7.69

证明　因为 G 为简单平面图，所以 G 中无环和平行边，又因为 G 是至少 3 个结点的极大平面图，所以 G 连通且无割点和桥，于是 G 中各面的边界均为圈且度数均大于或等于 3。下面只需证明每一个面的度数不会大于 3 即可。设存在面 R_i，$\deg(R_i) = s \geqslant 4$（见图 7.69），在 G（平面嵌入）中，若 v_1 和 v_3 不相邻，在 R_i 内加边 (v_1, v_3) 不破坏平面性，这与 G 是极大平面图矛盾，因而 v_1 和 v_3 必相邻，由于 R_i 的存在，边 (v_1, v_3) 在 R_i 的外部，同理边 (v_2, v_4) 在 R_i 的外部，边 (v_1, v_3) 和边 (v_2, v_4) 均在 R_i 的外部，无论怎么画，边 (v_1, v_3) 和边 (v_2, v_4) 必相交，这与 G 是平面图矛盾。所以 $s = 3$。

定理 7.30 说明，任何结点数大于或等于 3 的极大平面图的任何面均由三角形围成，这是极大平面图的重要性质。

定义 7.46（**极小非平面图**）　如果在非平面图 G 中任意去掉一条边，所得到的图为平面图，则称 G 为**极小非平面图**。

例如，无向完全图 K_5 和无向完全二部图 $K_{3,3}$ 都是极小非平面图。

例 7.35 图 7.70 中 4 个图都是极小非平面图。

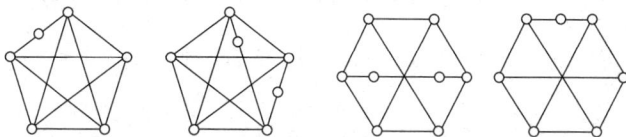

图 7.70

1930 年波兰数学家库拉图斯基(Kuratowski)发表论文给出了平面图的判别方法,即库拉图斯基定理,这个定理给出了平面图的一个十分简洁的特征。为了介绍库拉图斯基定理需要引入如下概念。

定义 7.46(图的细分) 设 $e=(u,v)$ 是图 G 的一条边,在边 e 上加入一个新的结点 v_0,将其分为两条新边 (u,v_0) 和 (v_0,v)(v_0 成为新图的 2 度结点),这个过程称为**对边 e 的剖分**或者**对图进行初等细分或者将图 G 在 2 度结点内扩充**;对图 G 的边进行一系列剖分后所得之图称为图 G 的**剖分图**。

为了后面叙述的方便,我们约定图 G 本身也看作一个剖分图。

例 7.36 图 7.71(a)是 K_3 的一个剖分图,图 7.71(b)是 K_4 的一个剖分图。

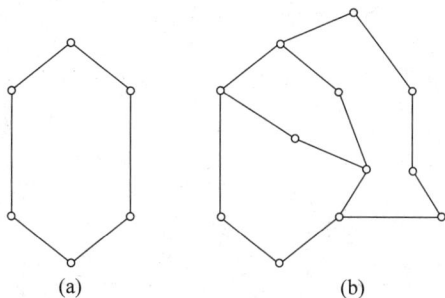

(a)　　　　(b)

图 7.71

定义 7.47(2 度结点内收缩) 设 v_0 是图 G 的一个 2 度结点,与 v_0 关联的两条边分别为 (u,v_0) 和 (v_0,v),将 v_0 及与它关联两条边删去,用新边 $e=(u,v)$ 替换,则称将**图 G 在 2 度结点内收缩**。

显然,图 G 在 2 度结点内扩充或收缩不改变图 G 的平面性。

定义 7.48(图的同胚) 两个图 G_1 和图 G_2,若图 G_1 和图 G_2 同构,或者通过多次在 2 度点内扩充或者收缩,它们能够同构,则称**图 G_1 和图 G_2 是同胚的**。

定义 7.49(图的初等收缩) 对于给定图 G,去掉图 G 中相邻的两个结点 u,v,以及它们所关联的边 (u,v),用一个新的结点 w 代替,使 w 相邻于与 u,v 相邻的一切结点,去掉平行边和环,则称这种作法为**图 G 的初等收缩**。这种初等收缩得到的新图记为 $G:(u,v)$。一个图 G 可以收缩到图 H,是指 H 可以从图 G 通过一系列初等收缩而得到。

例 7.37   图 7.72(a)与 K_3 同胚,图 7.72(b)与 K_4 同胚。

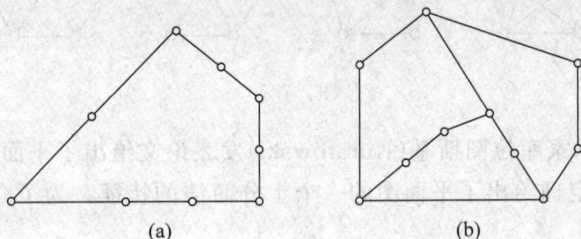

图   7.72

为了后面叙述的方便,我们约定图 G 也看作 G 自身的收缩。下面给出两个有用的定理,证明从略。

定理 7.31(**Kuratowski**)   图 G 是非平面图当且仅当图 G 中含有与 K_5 或者 $K_{3,3}$ 中的任何一个同胚的子图。

定理 7.32(**Wagner**)   图 G 是平面图的充分必要条件是 G 中无可收缩为 K_5 的子图,也无可收缩为 $K_{3,3}$ 的子图。

例 7.38   彼得松图是非可平面图,因为彼得松图含有与 $K_{3,3}$ 同胚的子图(见图 7.73)。

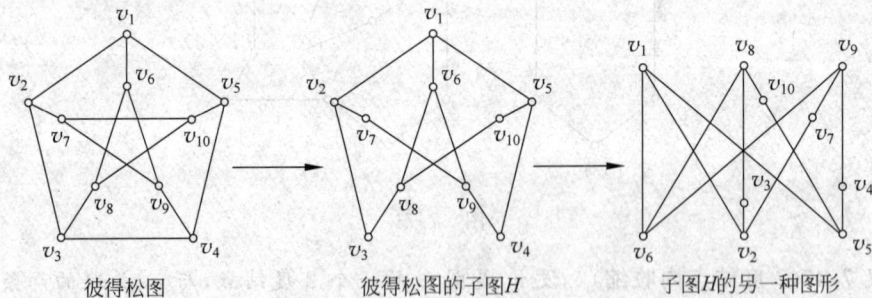

彼得松图   彼得松图的子图H   子图H的另一种图形

图   7.73

欧拉在研究多面体时发现,多面体的结点数 V、棱数 E 和面数 F 之间满足

$$V - E + F = 2。$$

后来发现连通的平面图 G 的阶数 n、边数 m 和面数 r 也有类似的公式。

定理 7.33(**欧拉公式**)   设图 G 是有 n 个结点、m 条边和 r 个面的连通平面图,则有

$$n - m + r = 2。$$

证明 对边数 m 作归纳法。

(1) 当 $m=0$ 时,图 G 是连通图,所以是平凡图,显然公式成立;

(2) 设当 $m=k$ 时,公式成立。当 $m=k+1$ 时,对图 G 进行如下讨论。

若图 G 是树,则 G 是非平凡树,因而存在树叶,设 v 为 G 的一片树叶,令 $G'=G-v$,则 G' 仍然是连通图且边数为 $m'=k$,由归纳假设知

$$n'-m'+r'=2$$

其中 n',r' 分别为 G' 的结点数和面数。而 $n'=n-1,r'=r$,于是

$$n-m+r=n'+1-(m'+1)+r'=2$$

若 G 不是树,则 G 中必含圈,设 e 是 G 的某个圈上的一条边,令 $G'=G-e$,则 G' 仍然是连通图,且 $m'=m-1=k$,由归纳假设知

$$n'-m'+r'=2$$

而 $n'=n,r'=r-1$,于是

$$n-m+r=n'-(m'+1)+r'+1=2$$

综合(1)、(2)所述,定理成立。

由定理 7.33 可以得到如下推论。

推论 7.11 设图 G 是有 n 个结点、m 条边的简单平面图,其中 $n\geqslant 3$,则有
$$m\leqslant 3n-6。$$

证明 如果 G 是连通平面图,由于 G 是简单图,因此 G 的每一个面的度数至少为 3。所以

$$2m=\sum_{i=1}^{r}\deg(R_i)\geqslant 3r,$$

其中 r 为 G 的面的个数。由欧拉公式可得

$$m\leqslant 3n-6。$$

如果 G 不是连通图,因为 G 是简单平面图,所以可以在两个连通分支之间增加一条边(不影响图的平面性),直到形成连通平面图为止,设此时最少添加了 s 条边,则 $m+s\leqslant 3n-6$,故 $m<m+s\leqslant 3n-6$。因此如果 G 是有 n 个结点、m 条边的简单平面图,则 $m\leqslant 3n-6$。证毕。

推论 7.12 设图 G 是有 n 个结点、m 条边的连通简单平面图,其中 $n\geqslant 3$ 且没有长度为 3 的圈,则有
$$m\leqslant 2n-4。$$

证明 G 的每一个面的度数至少为 4。所以

$$2m=\sum_{i=1}^{r}\deg(R_i)\geqslant 4r,$$

其中 r 为 G 的面的个数。由欧拉公式可得

$$m\leqslant 2n-4。$$

例 7.39　证明 K_5 和 $K_{3,3}$ 为非平面图。

证明　图 K_5 有 5 个结点 10 条边,而 $3\times5-6=9$,即 $10>9$,由推论 7.11 知,K_5 为非平面图。

图 $K_{3,3}$ 没有长度为 3 的圈且有 6 个结点 9 条边,而 $9>2\times6-4$,由推论 7.12 知,$K_{3,3}$ 为非平面图。

推论 7.13　设图 G 是有 n 个结点与 m 条边的连通平面图,且 G 的各个面的度数至少为 $l(l\geqslant3)$,则

$$m\leqslant\frac{(n-2)l}{l-2}。$$

证明　因为

$$2m=\sum\deg(R_i)\geqslant r\times l,$$

由欧拉公式知

$$r=m-n+2,$$

所以

$$2m\geqslant l(m-n+2),$$

即 $m\leqslant\dfrac{(n-2)l}{l-2}$。

推论 7.14　设图 G 是有 n 个结点、m 条边和 r 个面的平面图,则有
$$n-m+r=1+\omega,$$
其中 ω 为图 G 的连通分支数。

证明　设图 G 的连通分支为 $G_1,G_2,\cdots,G_\omega$,并设 n_i,m_i,r_i 为 G_i 的结点数、边数和面数,$i=1,2,\cdots,\omega$。由欧拉公式可得
$$n_i-m_i+r_i=2,$$
即
$$m=\sum_{i=1}^{\omega}m_i,\quad n=\sum_{i=1}^{\omega}n_i,\quad r=\sum_{i=1}^{\omega}r_i+1-\omega。$$
于是
$$n-m+r=\sum_{i=1}^{\omega}n_i-\sum_{i=1}^{\omega}m_i+\sum_{i=1}^{\omega}r_i+1-\omega=2\omega+1-\omega=1+\omega。$$

推论 7.15　设图 G 是有 n 个结点、m 条边、r 个面且有 ω 个连通分支的平面图,且 G 的各个面的度数至少为 $l(l\geqslant3)$,则
$$m\leqslant\frac{(n-\omega-1)l}{l-2}。$$

证明 因为

$$2m = \sum_{i=1}^{r} \deg(R_i) \geqslant r \times l,$$

由欧拉公式知

$$n - m + r = 1 + \omega,$$

所以

$$2m \geqslant l(m - n + \omega + 1),$$

即 $m \leqslant \dfrac{(n - \omega - 1)l}{l - 2}$。

推论 7.16 设图 G 是简单的平面图,则 G 中至少存在一个结点的度数小于等于 5。

证明 设 G 是由 n 个结点 m 条边。若 $n \leqslant 6$,结论显然成立;若 $n > 6$,假设 G 的每一个结点的度数都大于 5,即 $\deg(v_i) \geqslant 6$,则

$$6n \leqslant \sum_{v_i \in V(G)} \deg(v_i) = 2m,$$

即 $m \geqslant 3n$,与推论 7.11 矛盾。因而假设不成立,即 G 中至少存在一个结点的度数小于等于 5。

例 7.40 平面上有 n 个结点,其中任两个点之间的距离至少为 1,证明在这 n 个点中距离恰好为 1 的点对数至多是 $3n - 6$。

证明 首先建立图 $G = \langle V, E \rangle$,其中 V 就取平面上给定的 n 个点,当两个结点之间的距离为 1 时,两结点之间用一条直线段连接,显然图 G 是一个 n 阶简单图。由推论 7.11 可知,只要证明 G 为一平面图,即知结论成立。

反证,设 G 中存在两条不同的边 (a,b) 和 (x,y) 相交于非端点处 O,如图 7.74(a) 所示,其夹角为 θ $(0 < \theta < \pi)$。

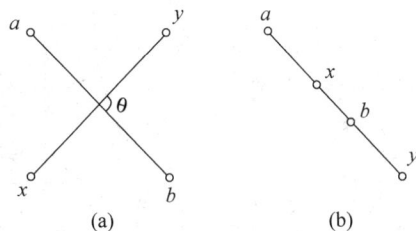

图 7.74

若 $\theta = \pi$,这时如图 7.74(b) 所示,显然存在两点距离小于 1,与已知矛盾,从而 $0 < \theta < \pi$。由于 a 到 b 的距离为 1,x 到 y 的距离为 1,因此 a, b, x, y 中至少有两个点,从交点 O 到这两点的距离不超过 $\dfrac{1}{2}$,不妨设为 a, x,则点 a 与 x 之间的距离小于 1,与已知矛盾,所以 G 中的边除端点外不再有其他交点,即 G 为平面图。再根据推论 7.11 知结论成立。

图的着色理论一直是令人感兴趣的研究领域。同时,图的着色理论在实际中有许多应用,又为其自身注入了活力,如储藏问题等。地图着色自然是对平面图的面着色,利用对偶图,可将其转化为相对简单的结点着色问题,即对图中相邻的结点涂不同的颜色。

平面图具有一个重要的特性,就是任何一个平面图都有一个与之对应的平面图,称为对偶图。

定义 7.50（对偶图）　设图 G 是无孤立结点的连通的平面图，且 G 有 r 个面 $R_1, R_2, \cdots,$ R_r（包括外部面）。则按如下方法构造 G 的对偶图 G^*。

（1）在 G 的每个面内设置一个结点 $v_i(1 \leqslant i \leqslant r)$；

（2）过 R_i 与 R_j 的每一条公共边 e_k 仅作一条边 (v_i, v_j) 与 e_k 相交；

（3）当且仅当 e_k 只是 R_i 的边界（即为 G 的桥边）时，v_i 恰有一自回路与 e_k 相交。

这样所得的图 G^* 称为**图 G 的对偶图**。若 G^* 与 G 同构，称 G 是自对偶的。

例 7.41　如图 7.75 所示，实线为原平面图，虚线为其对偶图。

从定义 7.50 可以看出以下几点：

（1）G^* 是平面图，而且是平面嵌入。

（2）G^* 是连通图。

（3）若边 e 为 G 中的环，则 G^* 与 e 对应的边 e^* 为桥；若 e 为桥，则 G^* 中与 e 对应的边 e^* 为环。

（4）在多数情况下，G^* 含有平行边。

（5）同构的平面图的对偶图不一定同构。如图 7.75 所示，两个平面图是同构的，但它们的对偶图不同构。

（6）一个平面图的对偶图的对偶图未必是其自身。

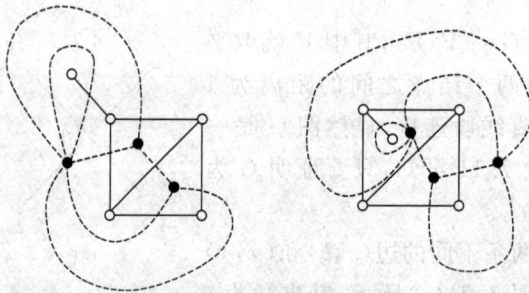

图　7.75

平面图与对偶图的阶数、边数与面数之间的关系有如下定理。

定理 7.34　设 G^* 是平面图 G 的对偶图，n^*, m^*, r^* 和 n, m, r 分别为 G^* 和 G 的结点数、边数和面数，则

（1）$n^* = r$；

（2）$m^* = m$；

（3）$r^* = n - \omega + 1$，其中 ω 是 G 的连通分支数；

（4）设 G^* 的结点 v_i^* 位于 G 的面 R_i 中，则 $\deg(v_i^*) = \deg(R_i)$。

证明　（1）、（2）显然成立。

（3）由于 G 与 G^* 都是的平面图,因而由欧拉公式得

$$n-m+r=\omega+1$$
$$n^*-m^*+r^*=2$$

由(1)、(2)可得

$$r^*=n-\omega+1$$

（4）设 C_i 为 R_i 的边界,C_i 有 k_1 条桥边,k_2 条非桥边,于是 C_i 的长度为 k_2+2k_1,即

$$\deg(R_i)=k_2+2k_1$$

而 k_1 条桥边对应于 v_i^* 处的 k_1 个环,k_2 条非桥边对应于 v_i^* 处引出的 k_2 条边,于是

$$\deg(R_i)=k_2+2k_1=\deg(v_i^*)$$

特别地,如果 G^* 是连通平面图 G 的对偶图,则(1)$n^*=r$;(2)$m^*=m$;(3)$r^*=n$。

定义 7.51（点着色） 如果能对图 G 的每个结点指定 k 种颜色中的一种颜色,使没有两个相邻的结点指定为相同的颜色(不管 k 种颜色是否都用到),则称图 G 是 **k-可着色的**。如果图 G 是 k-可着色的,而不是 $(k-1)$-可着色的,则称 **G 是 k 色的** 或称 **G 的色数为 k**,记作 $\chi(G)=k$。

求解图的色数问题非常重要,这个问题曾经得到很多学者的关注。100 多年前,有人提出了著名的"四色猜想",即任何平面图只用四种颜色就能给它所有结点着色,但一直无法证明。直到 1976 年,两位美国数学家宣称借助计算机证明了这一猜想,但时间超过了 1000h,其可靠性仍在质疑之中,相关结论大家可以查阅有关资料。下面介绍一个重要的结论——五色定理。

定理 7.35（五色定理） 连通简单平面图 G 的色数不超过 5。

该定理说明,任何连通简单平面图可以用五种颜色进行着色。利用对偶图的知识可知,任何地图的着色问题可以转化为它的对偶图的结点着色问题,因此,任何地图我们可以用五种颜色进行面着色(满足相邻的面颜色不同,也称为地图着色)。求一个平面图的色数相对比较麻烦,但是 5 种颜色一定可以着色,因此,大家可以简单了解相关一些特殊图形的色数即可。

例 7.42 对图 G(见图 7.76)进行着色,并求其色数。

解 不难看出,G 是 3-可着色的,且不能用两种着色给 G 着色。因此,G 是 3 色的,即 $\chi(G)=3$。

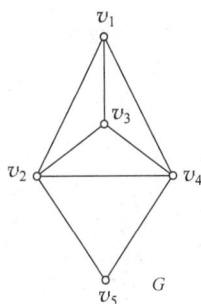

图 7.76

例 7.43 由 $n(n\geqslant3)$ 个结点 $v_1,v_2,\cdots,v_n$ 以及边 $(v_1,v_2),(v_2,v_3),\cdots,(v_{n-1},v_n),(v_n,v_1)$ 组成的图称为**圈图**,记作 C_n,试问圈图的 C_n 的色数是多少?

解 当 n 为奇数时,$\chi(G)=3$;当 n 为偶数时,$\chi(G)=2$。

例7.44 n 阶完全图 K_n 和完全二部图 $K_{m,n}$ 的色数分别是多少?

解 由于 K_n 的每两个结点都相邻,而当两个相邻的结点必指定不同的颜色,故 K_n 的色数为 n。$K_{m,n}$ 的色数为 2。即用一种颜色着色 m 个结点,用另一种颜色着色 n 个结点。

大家可以了解一些特殊图的色数:

(1) 若 G 为 $n(n \geq 1)$ 零图,则 $\chi(G) = 1$;

(2) 若 G 为至少含有一条边的图(此边非环),则 $\chi(G) \geq 2$;

(3) 若 G 是完全图 K_n,则 $\chi(G) = n$;

(4) 若 G 是至少有一条边的二部图,则 $\chi(G) = 2$;

(5) 如果 G 一条初级回路,且回路长度是偶数,则 $\chi(G) = 2$;若回路长度是奇数,则 $\chi(G) = 3$。

习 题 7

1. 设无向图 G 有 12 条边,3 度与 4 度结点各 2 个,其余结点度数不超过 3,则 G 至少有几个结点? 在最少结点的情况下,写出 G 的度序列、$\Delta(G)$、$\delta(G)$。

2. 画出以 $(2,2,2,2,2,2)$ 为度序列的简单图和非简单图各 1 个。

3. 下列各数列中哪些是可以简单图化的? 对于是简单图化的试给出两个非同构的图。

(1) $(2,2,3,3,4,4,1)$;   (2) $(2,3,3,5,5,7,7)$;

(3) $(2,2,2,2,3,3)$;   (4) $(4,4,3,3,2,2)$。

4. 判断习图 7.1、习图 7.2、习图 7.3 中每一对图是否同构,并说明理由。

(1)

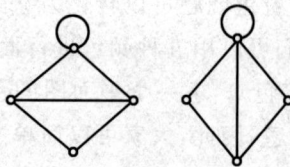

习图 7.1

(2)

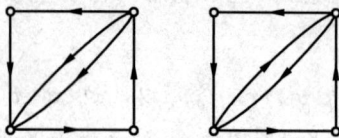

习图 7.2

(3)

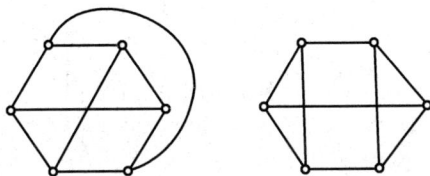

习图 7.3

5. 画出 K_4 所有非同构的生成子图,并找出相应的自补图。

6. 无向图 G 如习图 7.4 所示。

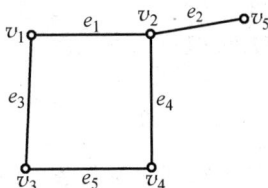

习图 7.4 图 G

(1) 求 G 的全部点割集和边割集,并指出其中的割点和桥(割边)。

(2) 求 G 的点连通度 $k(G)$ 和边连通度 $\lambda(G)$。

7. 证明:若无向图 G 不连通,则 G 的补图是连通的.

8. 设 G 为 n 阶简单无向图,$n > 2$ 且 n 为奇数,试问 G 与其补图中度数为奇数的结点个数是否一定相等?

9. 画出 5 阶 7 条边的所有非同构的无向简单图。

10. 若无向图 G 中只有两个奇数度结点,则这两个结点一定是连通的。

11. 设 $G=(V,E)$ 是一个具有 $2k(k>0)$ 个奇度数结点的连通图,证明 G 中必存在 k 条边不相重的简单通路 $p_1, p_2, \cdots, p_k$,使得 $E = E(p_1) \bigcup E(p_2) \bigcup \cdots \bigcup E(p_k)$。

12. 设 $G=(V,E)$ 是不含奇度数结点的非平凡图,证明 G 中必有 k 个边不相交的回路 $C_1, C_2, \cdots, C_k$,使得 $E = E(C_1) \bigcup E(C_2) \bigcup \cdots \bigcup E(C_k)$。

13. 证明:$n(n \geqslant 2)$ 阶简单连通图 G 中至少有两个结点不是割点。

14. 设 $D = \langle V, E \rangle$ 为 4 阶有向图,$V = \{v_1, v_2, v_3, v_4\}$,已知 D 的邻接矩阵为

$$A = \begin{bmatrix} 0 & 2 & 1 & 0 \\ 0 & 0 & 1 & 0 \\ 0 & 0 & 0 & 1 \\ 0 & 0 & 1 & 1 \end{bmatrix}$$

(1) 求 D 中各结点的入度与出度;

(2) 求 D 中长度分别为 1,3 的通路数和回路数。

15. 无向图 $G=\langle V,E\rangle,V=\{v_1,v_2,v_3,v_4\},E=\{e_1,e_2,e_3,e_4,e_5\}$，其关联矩阵为

$$M(G) = \begin{bmatrix} 2 & 1 & 1 & 1 & 0 \\ 0 & 1 & 1 & 0 & 0 \\ 0 & 0 & 0 & 1 & 1 \\ 0 & 0 & 0 & 0 & 1 \end{bmatrix}$$

试在同构意义下画出 G 的图形。

16. 已知在完全二部图 $K_{r,s}$ 中，$2\leqslant r\leqslant s$。问：

(1) $K_{r,s}$ 中含有多少种不同构的圈？

(2) $K_{r,s}$ 中至多有多少个结点彼此不相邻？

(3) $K_{r,s}$ 中至多有多少条边彼此不相邻？

(4) $K_{r,s}$ 的点连通度 k 为几？边连通度 λ 为几？

17. 有向图 G 如习图 7.5 所示。

(1) 写出图 G 的邻接矩阵 A。

(2) G 中长度为 3 的通路有多少条？其中有几条为回路？

(3) 利用图 G 的邻接矩阵 A 的布尔运算求该图的可达矩阵 P，并根据 P 来判断该图是否为强连通图。

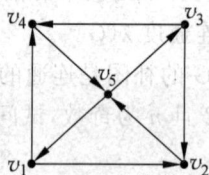

习图 7.5

18. 判断下列命题是否为真？

(1) 完全图 $K_n(n\geqslant 3)$ 都是欧拉图。

(2) 完全图 $K_n(n\geqslant 3)$ 都是哈密顿图。

(3) 完全二部图 $K_{m,n}(m,n$ 均为非 0 正偶数) 都是欧拉图。

19. 画一个无向欧拉图，使它具有：

(1) 偶数个结点，偶数条边。

(2) 奇数个结点，奇数条边。

(3) 偶数个结点，奇数条边。

(4) 奇数个结点，偶数条边。

20. 习图 7.6 中两个图都是欧拉图。从 A 点出发，如何一次成功地走出一条欧拉回路来？

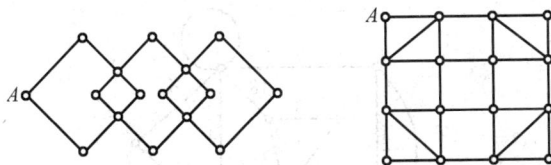

习图 7.6

21. 设连通图 G 有 k 个奇度数的结点,证明在图 G 中至少要添加 $\frac{k}{2}$ 条边才能使其成为欧拉图.

22. 现有 n 个人,已知他们中的任何两人合起来认识其余的 $n-2$ 个人。证明:当 $n \geqslant 3$ 时,这 n 个人能排成一列,使得中间的任何人都认识两旁的人,而两旁的人认识左边(或右边)的人。而当 $n \geqslant 4$ 时,这 n 个人能排成一圈,使得每个人都认识两旁的人。

23. 证明若二部图 $K_{m,n}(m,n \geqslant 2)$ 是哈密顿图,则必有 $m=n$.

24. 设 G 为 $n(n \geqslant 3)$ 阶无向简单图,边数 $m=\frac{1}{2}(n-1)(n-2)+2$,证明 G 是哈密顿图。

25. 设 $G=\langle V,E \rangle$ 为一无向图。若对于任意的 $V_1 \subset V$ 且 $V_1 \neq \varnothing$,均有 $\omega(G-V_1) \leqslant |V_1|$,则 G 是哈密顿图。以上结论成立吗?为什么?

26. 设 G 为 $n(n \geqslant 3)$ 阶简单哈密顿图,则对于任意不相邻的结点 v_i,v_j 均有

$$d(v_i)+d(v_j) \geqslant n。$$

以上结论成立吗?为什么?

27. 证明凡有割点的图都不是哈密顿图。

28. 证明 $4k+1$ 阶的所有 $2k$ 正则简单图都是哈密顿图。

29. 设无向树 T 有 3 个 3 度、2 个 2 度结点,其余结点都是树叶,求 T 的树叶数。

30. 设无向树有 7 片树叶,其余结点的度数均为 3,求 T 的阶数,并画出所有不同构的树。

31. 已知无向树 T 有 5 片树叶,2 度与 3 度结点各 1 个,其余结点的度数均为 4. 求 T 的阶数 n,并画出满足要求的所有非同构的无向树。

32. 求习图 7.7 的一棵最小生成树,并求出其权和。

33. (1) 证明任意 $n(n \geqslant 1)$ 阶树均为二部图;

(2) $K_{m,n}(mn \geqslant 1)$ 满足什么条件时是树?

34. 画出权为 $1,2,3,4,5,6,7,8$ 的一棵最优二叉树,并计算出它的权。

35. 设 n 阶非平凡的无向树 T 中,$\Delta(T) \geqslant k,k \geqslant 1$。证明 T 至少有 k 片树叶。

36. 设 G 为 n 阶无向简单图,$n \geqslant 5$,证明 G 或 $\bar{G}$ 中必含圈。

37. 设 T 是正则 2 叉树,T 有 t 片树叶,证明 T 的阶数 $n=2t-1$。

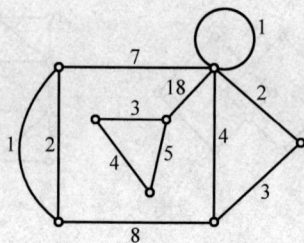

习图 7.7

38. 无向树 T 有 n_i 个 i 度结点，$i=2,3,\cdots,k$，其余结点全是树叶，求 T 的树叶数。

39. 画出 6 阶的所有非同构的连通简单的非平面图。

40. 如果两个图同构，则其对偶图必定同构，这种说法是否正确？如果正确，请证明，如果不正确，请举反例说明。

41. 设 T 是非平凡的无向树，证明 $\chi(T)=2$。

42. 设 G 是连通的简单平面图，面数 $r<12$，$\delta(G)\geqslant 3$。

(1) 证明 G 中存在次数小于等于 4 的面。

(2) 举例说明当 $r=12$ 时，(1)中结论不真。

43. 给下列各图的结点用尽量少的颜色着色，给出每个图的色数。

(1) 5 阶零图 N_5。

(2) 5 阶圈 C_5。

(3) 6 阶圈 C_6。

(4) 6 阶完全图 K_6。

(5) 6 阶轮图 W_6。

(6) 7 阶轮图 W_7。

(7) 完全二部图 $K_{3,4}$。

44. 设 G 是阶数 $n\geqslant 11$ 的无向简单平面图，证明 G 和 $\bar{G}$ 不可能都是平面图。

45. 设 G 为 $n(n\geqslant 3)$ 阶极大平面图，证明 G 的对偶图 G^* 是 3-正则图。

图 论 小 结

图论作为数学的一个分支,它的应用越来越广泛,如在工农业生产、交通运输、通信和电力领域经常能看到的许多网络,包括河道网、灌溉网、管道网、公路网、铁路网、电话线网、计算机通信网、输电线网等。本部分主要介绍了图的基本概念,图的矩阵表示和同构等。特别介绍了几种特殊图,如欧拉图、哈密顿图、完全图、二部图、带权图、树及其根树、生成树、最小生成树、平面图等基本概念和相关结论。

附录　粗糙集理论概述

波兰学者 Pawlak 在 20 世纪 80 年代提出了粗糙集理论,其本质的思想是利用等价关系来建立论域的一个划分,得到等价类,从而建立一个近似空间。在近似空间上,用两个精确的集合(即上近似集和下近似集)来逼近一个边界模糊的集合。

给定集合 U 上的一个等价关系 R。U/R 表示 U 上由 R 导出的所有等价类构成的集合,即商集,$[x]_R$ 表示包含元素 x 的等价类,其中 $x \in U$。Pawlak 称为在论域上给定了一个知识基 (U,R),然后讨论一个一般的概念 X(U 中的一个子集)如何用知识基中的知识来表示。对那些无法用 (U,R) 中的集合的并来表示的集合,借用拓扑中的内核和闭包的概念,引入下近似和上近似的概念,它们分别定义为:

下近似集 $R_-(X) = \{x \in U \mid [x]_R \subseteq X\}$;

上近似集 $R^-(X) = \{x \in U \mid [x]_R \cap X \neq \varnothing\}$;

边界域 $BND_R(X) = R^-(X) - R_-(X)$;

正区域 $POS_R(X) = R_-(X)$;

负区域 $NEG_R(X) = U - R^-(X)$。

当 $R_-(X) \neq R^-(X)$ 时,就称 X 是粗糙的。具体如附图 1 所示。

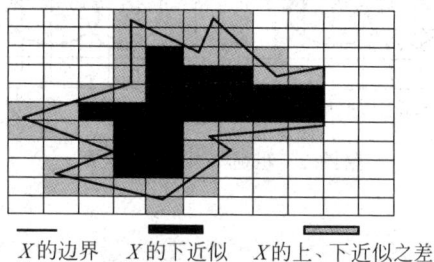

X的边界　　X的下近似　　X的上、下近似之差

附图 1　粗糙集的示意图

粗糙集的不确定性是由于粗糙集 X 的边界不确定性引起的,集合 X 的边界域越大,其不确定性程度越大。粗糙集的不确定性可以由粗糙度来度量。

给定信息表知识表达系统 $S = \langle U, R, V, f \rangle$,对于任一对象子集 $X \subseteq U$ 和属性子集 $B \subseteq R$,定义 X 关于 B 的粗糙(Rough)度为

$$P_B(X) = 1 - \frac{B_-(X)}{B^-(X)},$$

其中 $X \neq \varnothing$(如果 $X = \varnothing$,可定义 $P_B(X) = 0$),$|\cdot|$ 表示集合中包含元素的个数。

若对象集合 X 是论域 U 上的一个关于属性集合 B 的粗糙集,则

(1) 如果 $B_-(X) \neq \varnothing \wedge B^-(X) \neq U$,则称 X 为 B 粗糙可定义的;

(2) 如果 $B_-(X) = \varnothing \wedge B^-(X) \neq U$,则称 X 为 B 内不可定义的;

(3) 如果 $B_-(X) \neq \varnothing \wedge B^-(X) = U$,则称 X 为 B 外不可定义的;

(4) 如果 $B_-(X) = \varnothing \wedge B^-(X) = U$,则称 X 为 B 全不可定义的。

下面介绍粗糙集相关运算。

(1) 粗糙集的交、并运算

在附图 2 中,

(a) 表示两个粗糙集的下近似集取交集,即 $R_-(A \bigcap B) = R_-(A) \bigcap R_-(B)$;

(b) 表示两个粗糙集的下近似集取并集,即 $R_-(A \bigcup B) \supseteq R_-(A) \bigcup R_-(B)$;

(c) 表示两个粗糙集的上近似集取交集,即 $R^-(A \bigcap B) \subseteq R^-(A) \bigcap R^-(B)$;

(d) 表示两个粗糙集的上近似集取并集,即 $R^-(A \bigcup B) = R^-(A) \bigcup R^-(B)$。

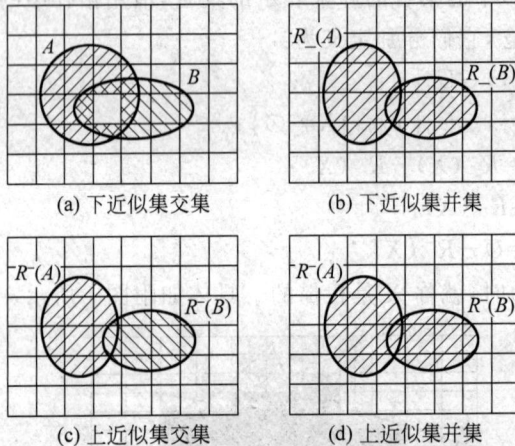

(a) 下近似集交集 (b) 下近似集并集

(c) 上近似集交集 (d) 上近似集并集

附图 2   粗糙集的交、并运算

(2) 粗糙集的补集运算

在附图 3 中,

(a) 表示一个集合的下近似集的补集,即 $R_-(X) = \sim R^-(\sim X)$;

(b) 表示一个集合的上近似集的补集,即 $R^-(X) = \sim R_-(\sim X)$。

(3) 粗糙集的差运算

在附图 4 中,

(a) 表示两个集合差集的下近似集,即 $R_-(A-B) = R_-(A) - R^-(B)$;

(b) 表示两个集合差集的上近似集,即 $R^-(A-B) \subseteq R^-(A) - R_-(B)$。

粗糙集理论的研究已经经历了三十多年的时间,无论是在系统理论、计算模型和应用系统的研制开发上,都已经取得了很多成果,也建立了一套较为完善的粗糙集理论体系。粗糙集理论的主要特点如下:

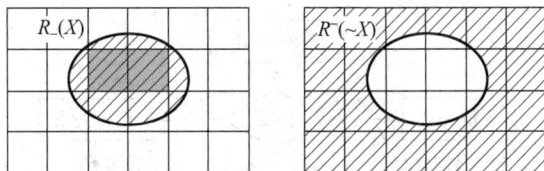

(a) 下近似集的补集

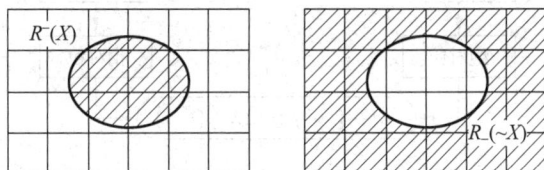

(b) 上近似集的补集

附图 3 粗糙集的补集运算

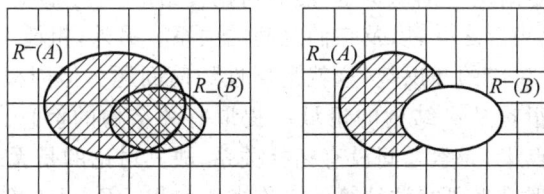

(a) 下近似集的差运算

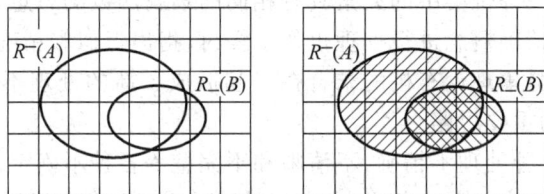

(b) 下近似集的差运算

附图 4 粗糙集的差运算

(1) 不需要提供除问题所需处理的数据集合之外的先验知识;

(2) 是用精确的概念描述不确定的概念;

(3) 能表达和处理不完备信息;

(4) 是一种软计算方法。

目前粗糙集理论已是处理模糊、不精确和不完备问题的重要数学工具。它在机器学习、知识获取、决策分析、知识发现、专家系统、决策支持系统、归纳推理、矛盾归结、模式识别、模糊控制和医疗诊断等应用领域取得了不少的成果,已成为粒计算理论的主要理论模型之一,粗糙集模型如附图 5 所示:

总的来说,粗糙集方法是利用等价类来描述粒,利用粒来描述概念,其重点在于研究概念的表示、刻画和粒与概念之间的依存关系,并利用集合的基数(元素个数)之间的关系,来

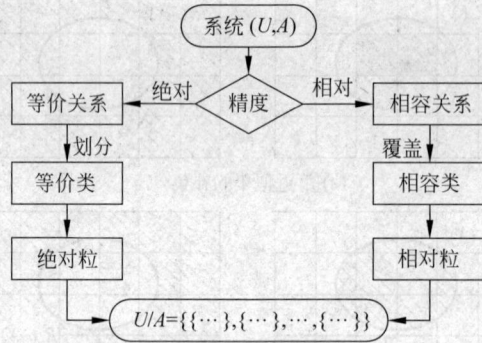

附图 5　粗糙集模型

描述概念之间的隶属关系,这样在一定程度上与模糊集概念联系起来。当给定一个等价关系时,粗糙集理论认为是给定一个知识基,然后讨论任给的一个概念(集合)在这个知识基上如何被表示为知识基上集合之并,以及它们之间的关系。另外,粗糙集理论还讨论如何利用属性来最简单地表示所对应的知识基,这就是属性约简问题。但因模型缺乏描述元素之间的相互关系的手段,故很难从有结构的论域中提取有关结构的信息。因此,在粗糙集理论中,其论域只是简单的点集,元素之间没有拓扑关系,故其讨论的是无结构的特殊情况。

近期,基于粗糙集理论来研究粒计算的工作尤为突出。Pawlak 在等价关系和粗糙隶属函数的基础上,利用同一等价类中的元素具有相同的隶属函数的思想,探讨了知识粒的结构和粒度问题,对利用不精确概念进行推理也作了探讨,指出近似和精确是同一问题的两个方面,将模糊集理论和粗糙集理论有机的结合在一起形成了新的处理不确定性问题的方法是有效处理不确定问题的重要思路。

粗糙集理论作为一种处理不精确、不清晰和不完整等各种不确定信息的有效工具,是一种典型的软计算(soft computing)方法,它利用精确的上近似集和下近似集来刻画不精集合和边界域,它是一种易于处理、鲁棒性强和成本较低的不确定问题处理方法。该理论从提出后不久便得到迅速发展和应用缘于它具有以下特点:

(1) 数学基础成熟、无需先验知识;

(2) 概念简单,易于操作;

(3) 能处理各种数据,包括不完整的、不精确的和含糊的数据;

(4) 能求得知识的最小表达(最小约简,属性核等)以及概念在各种不同粒度层次上的近似描述;

(5) 能产生精确而又简化的规则,适用于智能控制。

粗糙集理论与其他处理不确定和不精确问题理论的最显著的区别是它无需提供所需处理的数据之外的先验信息,对问题的不确定性的描述和处理比较客观,它与概率论、模糊数学和证据理论等其他处理不确定问题的理论方法有很强的互补性。

习题参考答案

习 题 1

1. (1)是真命题;(2)是命题;真值待定;(3)是真命题;(4)不是命题;

(5)不是命题;(6)不是命题;(7)不是命题;(8)不是命题;(9)是命题,真值待定;

(10)不是命题;(11)是真命题;(12)是命题,真值待定。

2. (1)设 P:小明聪明,Q:小明能干,则原命题符号化为 $P \land Q$。

　(2)设 P:今天晚上我在家看球赛,Q:今天晚上我在家打游戏,则原命题符号化为 $P \lor Q$。

　(3)设 P:刘德华是山东人,Q:刘德华是山西人,则原命题符号化为 $(P \land \neg Q) \lor (\neg P \land Q)$。

　(4)设 P:天下雨,Q:我乘汽车上班,则原命题符号化为 $P \to Q$。

　(5)设 P:天下雨,Q:我乘汽车上班,则原命题符号化为 $P \to Q$。

　(6)设 P:天下雨,Q:我乘汽车上班,则原命题符号化为 $Q \to P$。

　(7)设 P:天下雨,Q:我乘汽车上班,则原命题符号化为 $Q \to P$ 或 $\neg P \to \neg Q$。

　(8)设 P:$1+1=2$,Q:太阳从东边升起,则原命题符号化为 $P \leftrightarrow Q$。

　(9)设 P:王华聪明,Q:他学习努力,则原命题符号化为 $P \land \neg Q$。

　(10)设 P:我买电脑,Q:我有钱,则原命题符号化为 $P \to Q$。

　(11)设 P:a 是奇数,Q:b 是奇数,R:$a+b$ 不是奇数,则原命题符号化为 $(P \land Q) \to R$。

　(12)设 P:收音机不响,Q:电池没有电,R:开关没有打开,则原命题符号化为 $(Q \lor R) \to P$。

3. (1) 真值表为

P	Q	$(P \to Q) \leftrightarrow (Q \lor \neg P)$
0	0	1
0	1	1
1	0	1
1	1	1

(2) 真值表为

P	Q	$(P \land (P \to Q)) \to Q$
0	0	1
0	1	1
1	0	1
1	1	1

（3）真值表为

P	Q	R	$(P{\rightarrow}Q){\leftrightarrow}R$
0	0	0	0
0	0	1	1
0	1	0	0
0	1	1	1
1	0	0	1
1	0	1	0
1	1	0	0
1	1	1	1

4. （1）左边$\Leftrightarrow\neg P\rightarrow(\neg P\vee Q)\Leftrightarrow P\vee\neg P\vee Q\Leftrightarrow 1$,

　　　右边$\Leftrightarrow P\rightarrow(\neg Q\vee P)\Leftrightarrow\neg P\vee\neg Q\vee P\Leftrightarrow 1$,

所以公式等价。

（2）左边$\Leftrightarrow\neg P\vee\neg Q\vee R$,

　　　右边$\Leftrightarrow\neg(P\wedge Q)\vee R\Leftrightarrow\neg P\vee\neg Q\vee R$,

所以公式等价。

（3）$\neg(P\leftrightarrow Q)\Leftrightarrow\neg((P\rightarrow Q)\wedge(Q\rightarrow P))$

　　　　　$\Leftrightarrow\neg(P\rightarrow Q)\vee\neg(Q\rightarrow P)$

　　　　　$\Leftrightarrow\neg(\neg P\vee Q)\vee\neg(\neg Q\vee P)$

　　　　　$\Leftrightarrow(P\wedge\neg Q)\vee(Q\wedge\neg P)$

　　　　　$\Leftrightarrow(P\vee Q)\wedge(P\vee\neg P)\wedge(\neg Q\vee Q)\wedge(\neg Q\vee\neg P)$

　　　　　$\Leftrightarrow(P\vee Q)\wedge(\neg Q\vee\neg P)$

　　　　　$\Leftrightarrow(P\vee Q)\wedge\neg(P\wedge Q)$。

（4）$\neg(P\leftrightarrow Q)\Leftrightarrow\neg((P\rightarrow Q)\wedge(Q\rightarrow P))$

　　　　　$\Leftrightarrow(P\vee Q)\wedge(\neg Q\vee\neg P)$

　　　　　$\Leftrightarrow(\neg P\rightarrow Q)\wedge(Q\rightarrow\neg P)$

　　　　　$\Leftrightarrow\neg P\leftrightarrow Q$,

　　$\neg(P\leftrightarrow Q)\Leftrightarrow\neg((P\rightarrow Q)\wedge(Q\rightarrow P))$

　　　　　$\Leftrightarrow(P\vee Q)\wedge(\neg Q\vee\neg P)$

　　　　　$\Leftrightarrow(\neg Q\rightarrow P)\wedge(P\rightarrow\neg Q)$

　　　　　$\Leftrightarrow P\leftrightarrow\neg Q$。

5. （1）原式$\Leftrightarrow(P\wedge(\neg P\vee Q))\rightarrow Q$

　　　　　$\Leftrightarrow((P\wedge\neg P)\vee(P\wedge Q))\rightarrow Q$

　　　　　$\Leftrightarrow(P\wedge Q)\rightarrow Q$

　　　　　$\Leftrightarrow\neg(P\wedge Q)\vee Q$

$$\Leftrightarrow \neg P \lor \neg Q \lor Q$$

$$\Leftrightarrow 1。$$

(2) 原式 $\Leftrightarrow A \lor \neg A \lor Q \Leftrightarrow 1$。

(3) 原式 $\Leftrightarrow ((\neg P \lor Q) \land (\neg Q \lor R)) \to (\neg P \lor R)$

$$\Leftrightarrow \neg((\neg P \lor Q) \land (\neg Q \lor R)) \lor (\neg P \lor R)$$

$$\Leftrightarrow \neg(\neg P \lor Q) \lor \neg(\neg Q \lor R) \lor (\neg P \lor R)$$

$$\Leftrightarrow (P \land \neg Q) \lor (Q \land \neg R) \lor (\neg P \lor R)$$

$$\Leftrightarrow ((P \land \neg Q) \lor \neg P) \lor ((Q \land \neg R) \lor R)$$

$$\Leftrightarrow (\neg P \lor \neg Q) \lor (Q \lor R)$$

$$\Leftrightarrow \neg P \lor \neg Q \lor Q \lor R$$

$$\Leftrightarrow 1。$$

6. (1)不一定；(2)不一定；(3)是；(4)不一定；(5)是。

7. (1)真；(2)真；(3)真；(4)真；(5)真；(6)真。

8. 略。

9. 略。

10. (1)真值表为

P	Q	R	$(P \to Q) \to (P \lor R)$
0	0	0	0
0	0	1	1
0	1	0	0
0	1	1	1
1	0	0	1
1	0	1	1
1	1	0	1
1	1	1	1

主析取范式为 $m_{001} \lor m_{011} \lor m_{100} \lor m_{101} \lor m_{110} \lor m_{111}$

$\Leftrightarrow (\neg P \land \neg Q \land R) \lor (\neg P \land Q \land R) \lor (P \land \neg Q \land \neg R) \lor (P \land \neg Q \land R) \lor (P \land Q \land \neg R) \lor (P \land Q \land R)$。

主合取范式为 $M_{000} \land M_{010} \Leftrightarrow (P \lor Q \lor R) \land (P \lor \neg Q \lor R)$。

(2) 真值表为

P	Q	R	$(P \lor Q) \land R$
0	0	0	0
0	0	1	0
0	1	0	0

P	Q	R	$(P \lor Q) \land R$
0	1	1	1
1	0	0	0
1	0	1	1
1	1	0	0
1	1	1	1

主析取范式为 $m_{011} \lor m_{101} \lor m_{111} \Leftrightarrow (\neg P \land Q \land R) \lor (P \land \neg Q \land R) \lor (P \land Q \land R)$。

主合取范式为 $M_{000} \land M_{001} \land M_{010} \land M_{100} \land M_{110}$

$\Leftrightarrow (P \lor Q \lor R) \land (P \lor Q \lor \neg R) \land (P \lor \neg Q \lor R) \land (\neg P \lor Q \lor R) \land (\neg P \lor \neg Q \lor R)$。

(3) 真值表为

P	Q	R	$(\neg P \land Q) \rightarrow (P \lor R)$
0	0	0	1
0	0	1	1
0	1	0	0
0	1	1	1
1	0	0	1
1	0	1	1
1	1	0	1
1	1	1	1

主析取范式为 $m_{000} \lor m_{001} \lor m_{011} \lor m_{100} \lor m_{101} \lor m_{110} \lor m_{111}$

$\Leftrightarrow (\neg P \land \neg Q \land \neg R) \lor (\neg P \land \neg Q \land R) \lor (\neg P \land Q \land R) \lor (P \land \neg Q \land \neg R) \lor (P \land \neg Q \land R) \lor (P \land Q \land \neg R) \lor (P \land Q \land R)$。

主合取范式为 $M_{010} \Leftrightarrow P \lor \neg Q \lor R$。

(4) 真值表为

P	Q	R	$(P \rightarrow Q) \land (Q \rightarrow R)$
0	0	0	1
0	0	1	1
0	1	0	0
0	1	1	1
1	0	0	0
1	0	1	0
1	1	0	0
1	1	1	1

主析取范式为 $m_{000} \vee m_{001} \vee m_{011} \vee m_{111}$

$\Leftrightarrow(\neg P \wedge \neg Q \wedge \neg R)\vee(\neg P \wedge \neg Q \wedge R)\vee(\neg P \wedge Q \wedge R)\vee(P \wedge Q \wedge R)$。

主合取范式为 $M_{010} \wedge M_{100} \wedge M_{101} \wedge M_{110}$

$\Leftrightarrow(P \vee \neg Q \vee R)\wedge(\neg P \vee Q \vee R)\wedge(\neg P \vee Q \vee \neg R)\wedge(\neg P \vee \neg Q \vee R)$。

(5) 真值表为

P	Q	R	$(P \wedge Q)\vee(\neg P \wedge Q \wedge R)$
0	0	0	0
0	0	1	0
0	1	0	0
0	1	1	1
1	0	0	0
1	0	1	0
1	1	0	1
1	1	1	1

主析取范式为 $m_{011} \vee m_{110} \vee m_{111}$

$$\Leftrightarrow(\neg P \wedge Q \wedge R)\vee(P \wedge Q \wedge \neg R)\vee(P \wedge Q \wedge R)。$$

主合取范式为 $M_{000} \wedge M_{001} \wedge M_{010} \wedge M_{100} \wedge M_{101}$

$\Leftrightarrow(P \vee Q \vee R)\wedge(P \vee Q \vee \neg R)\wedge(P \vee \neg Q \vee R)\wedge(\neg P \vee Q \vee R)\wedge(\neg P \vee Q \vee \neg R)$。

(6) 真值表为

P	Q	$\neg(P \vee Q)\rightarrow(P \wedge Q)$
0	0	0
0	1	1
1	0	1
1	1	1

主析取范式为 $m_{01} \vee m_{10} \vee m_{11}$

$$\Leftrightarrow(\neg P \wedge Q)\vee(P \wedge \neg Q)\vee(P \wedge Q)。$$

主合取范式为 $M_{00} \Leftrightarrow P \vee Q$。

11. 故符合条件的派法有三种：①B 和 D 去；②A 和 D 去；③A 和 C 去。

12. (1)否；(2)否。

13. (1) 原式 $\Leftrightarrow \neg P \vee Q \vee R \Leftrightarrow \neg(P \wedge \neg Q \wedge \neg R)$。

(2) 原式 $\Leftrightarrow(P \rightarrow Q)\wedge(Q \rightarrow P)\Leftrightarrow(\neg P \vee Q)\wedge(\neg Q \vee P)\Leftrightarrow \neg(P \wedge \neg Q)\wedge \neg(Q \wedge \neg P)$。

14. (1) 原式 $\Leftrightarrow \neg(P \wedge Q)\vee R \Leftrightarrow \neg P \vee \neg Q \vee R$。

(2) 原式 $\Leftrightarrow(\neg P \wedge Q)\vee(\neg P \vee Q)\Leftrightarrow \neg(P \vee \neg Q)\vee(\neg P \vee Q)$。

15~17. 略。

18. 有效。

习　题　2

1. (1) $P(x)$：x 是大学生,a：小明；原命题符号化为 $P(a)$。

(2) $P(x)$：x 能被 2 整除,$Q(x)$：x 是偶数；原命题符号化为 $(\forall x)(Q(x) \rightarrow P(x))$。

(3) $P(x)$：x 是整数,$Q(x)$：x 是偶数；原命题符号化为 $(\exists x)(P(x) \wedge Q(x))$。

(4) $P(x)$：x 是人,$Q(x)$：x 天天写字；原命题符号化为 $(\exists x)(P(x) \wedge Q(x))$。

(5) $P(x)$：x 是我们班的同学,$Q(x)$：x 来上课；原命题符号化为 $\neg (\forall x)(P(x) \rightarrow Q(x))$,或者 $(\exists x)(P(x) \wedge \neg Q(x))$。

(6) $P(x)$：x 是人,$Q(x)$：x 聪明；原命题符号化为 $(\exists x)(P(x) \wedge Q(x)) \wedge \neg (\forall x)(P(x) \rightarrow Q(x))$。

2. (1) $Z(x)$：x 是整数,$L(x,y)$：x 比 y 大；原命题符号化为 $(\forall x)(Z(x) \rightarrow (\exists y)(Z(y) \wedge L(x,y)))$。

(2) $P(x)$：x 是火车,$Q(x)$：x 是汽车,$L(x,y)$：x 比 y 快；原命题符号化为 $(\exists x)(P(x) \wedge (\forall y)(Q(y) \rightarrow L(x,y)))$。

(3) $P(x)$：x 是学生,$Q(x)$：x 是老师,$L(x,y)$：x 比 y 熟悉；原命题符号化为 $(\exists x)(P(x) \wedge (\exists y)(Q(y) \wedge L(x,y)))$。

3. (1) 原命题符号化为 $(\forall x)(\exists y)(xy=0)$；命题为真。

(2) 原命题符号化为 $(\exists x)(\forall y)(xy=0)$；命题为真。

(3) 原命题符号化为 $(\forall x)(\exists y)(y=x+1)$；命题为真。

(4) 原命题符号化为 $(\forall x)(\forall y)(xy=yx)$；命题为真。

(5) 原命题符号化为 $(\exists x)(\forall y)(xy=1)$；命题为假。

4. (1)真；(2)假；(3)假；(4)真。

5. (1) $\forall x$ 的作用域是 $(F(x) \rightarrow G(y,z))$,$x$ 是约束变元,y 和 z 是自由变元。

(2) $\forall x$ 的作用域是 $F(x,y)$；$\exists y$ 的作用域是 $G(y,z)$,x 是约束变元,y 既是自由变元,又是约束变元,z 是自由变元。

(3) $\forall x$ 的作用域是 $(F(x,y) \rightarrow (\exists x)G(x,y))$,$\exists x$ 的作用域是 $G(x,y)$。x 是约束变元,y 是自由变元。

(4) $\exists x \forall y$ 的作用域是 $(F(x,y) \rightarrow (\forall x)G(x,y,z))$,$\forall x$ 的作用域是 $G(x,y,z)$。x 和 y 是约束变元,z 是自由变元。

6. (1) $(\forall x)F(x) \rightarrow (\exists y)G(y) \Leftrightarrow (F(a) \wedge F(b) \wedge F(c)) \rightarrow (G(a) \vee G(b) \vee G(c))$。

(2) $(\exists x)(\forall y)(F(x) \rightarrow G(y)) \Leftrightarrow (\neg F(a) \vee \neg F(b) \vee \neg F(c)) \vee (G(a) \wedge G(b) \wedge G(c))$。

(3) $(\exists x)(\forall y)F(x,y) \Leftrightarrow (F(a,a) \wedge F(a,b) \wedge F(a,c)) \vee (F(b,a) \wedge F(b,b) \wedge F(b,c)) \vee (F(c,a) \wedge F(c,b) \wedge F(c,c))$。

7. (1)永真式；(2)矛盾式。

8~10. 略。

11. (1)真 ；(2)真；(3)假；(4)假。

12~13. 略。

习 题 3

1. (1){2,3,5,7}；(2){⟨x,y⟩|⟨0,5⟩,⟨1,4⟩,⟨2,3⟩}。

2. (1){x|x=2k+2∧k∈**N**}；(2){x|x=10(k+1)∧k∈**N**}。

3. (1)假命题；(2)真命题；(3)真命题；(4)真命题；(5)真命题；(6)真命题。

4. (1)A；(2)B；(3)C；(4)B；(5)C；(6)A。

5. (1) {∅,{1},{2},{3},{1,2},{1,3},{2,3},{1,2,3}}；

   (2) {∅,{∅},{{∅}},{∅,{∅}}}；

   (3) {∅,{a},{{a,b}},{a,{a,b}}}。

6. (1){1}；(2) {1,3,5}；(3){{1},{5},{1,5}}；(4){3}。

7. (1) {a,b,c,d,e}；

   (2) ∅；

   (3) a∪b∪c∪d∪e ；

   (4) 无意义；

   (5) ∅；

   (6) a∩b∩c∩d∩e。

8~10. 略。

习 题 4

1. {⟨1,∅⟩,⟨1,{1}⟩,⟨1,{{∅}}⟩,⟨1,{1,{∅}}⟩,⟨{∅},∅⟩,⟨{∅},{1}⟩,⟨{∅},{{∅}}⟩,⟨{∅},{1,{∅}}⟩}。

2. (1)$\{\langle x,y\rangle|x^2$ 是 y 的倍数$\}$={⟨1,1⟩,⟨2,1⟩,⟨3,1⟩,⟨4,1⟩,⟨2,2⟩,⟨4,2⟩,⟨3,3⟩,⟨4,4⟩}；

   (2) $\{\langle x,y\rangle|(x-y)^2\in A\}$={⟨1,2⟩,⟨1,3⟩,⟨2,3⟩,⟨2,4⟩,⟨3,4⟩,⟨4,3⟩,⟨4,2⟩,⟨3,2⟩,⟨3,1⟩,⟨2,1⟩}；

   (3) $\{\langle x,y\rangle|x\neq y\}$={⟨1,2⟩,⟨1,3⟩,⟨1,4⟩,⟨2,3⟩,⟨2,4⟩,⟨3,4⟩,⟨4,3⟩,⟨4,2⟩,⟨4,1⟩,⟨3,2⟩,⟨3,1⟩,⟨2,1⟩}。

3. R_1={⟨0,1⟩,⟨1,1⟩}；R_2={⟨0,1⟩}；R_3={⟨1,1⟩}；R_4=∅。

4. 略。

5. R_1-R_2=∅,$R_1\cap R_2$={⟨1,1⟩,⟨2,0⟩}；

dom(R_1)={1,2},ran(R_2)={0,1,2},fld($R_1\cap R_2$)={0,1,2}。

6. $R \circ R = \{\langle 1,1 \rangle, \langle 1,0 \rangle, \langle 2,3 \rangle, \langle 3,4 \rangle, \langle 4,2 \rangle\}$,

$R^{-1} = \{\langle 1,1 \rangle, \langle 0,1 \rangle, \langle 4,2 \rangle, \langle 2,3 \rangle, \langle 3,4 \rangle\}$,

$R \uparrow \{1,2\} = \{\langle 1,1 \rangle, \langle 1,0 \rangle, \langle 2,4 \rangle\}$,

$R[\{2,3\}] = \{2,4\}$。

7. $R^2 = R \circ R = \{\langle a,a \rangle, \langle a,b \rangle, \langle a,c \rangle, \langle b,d \rangle\}$,

$R^3 = R^2 \circ R = \{\langle a,a \rangle, \langle a,b \rangle, \langle a,c \rangle, \langle a,d \rangle\}$。

8. 略。

9. R_1 反自反、反对称；R_2：自反、反对称；R_3：反自反、反对称、传递。

10. $R = \varnothing$, $S = \{\langle 0,0 \rangle, \langle 0,1 \rangle, \langle 0,2 \rangle, \langle 0,3 \rangle, \langle 1,0 \rangle, \langle 1,1 \rangle, \langle 1,2 \rangle, \langle 2,0 \rangle, \langle 2,1 \rangle, \langle 3,0 \rangle\}$。

$R \cdot S = \varnothing$, $R^{-1} = \varnothing$, $S^{-1} = S$。

11. (1)自反,反对称；(2)反对称,传递；(3)反自反,反对称；(4)对称；(5)自反,对称,传递；(6)反自反,对称；(7)反自反；(8)对称；(9)自反,反对称。

12. (1)成立；(2)成立；(3)成立；

(4)不成立,如 $R_1 = \{\langle 4,1 \rangle, \langle 2,3 \rangle\}$, $R_2 = \{\langle 1,2 \rangle, \langle 3,4 \rangle\}$；

(5)不成立,如 $R_1 = \{\langle 1,2 \rangle, \langle 3,4 \rangle\}$, $R_2 = \{\langle 2,3 \rangle, \langle 4,1 \rangle\}$。

13.

	整除	$\neq$	$<$	I_A	$\varnothing$	E_A
自反性	是	否	否	是	否	是
反自反性	否	是	是	否	是	否
对称性	否	是	否	是	是	是
反对称性	是	否	是	是	是	否
传递性	是	否	是	是	是	是

14~15. 略。

16. $r(R) = \{\langle a,b \rangle, \langle b,c \rangle, \langle c,b \rangle, \langle c,c \rangle, \langle d,c \rangle, \langle a,a \rangle, \langle b,b \rangle, \langle d,d \rangle\}$,

$s(R) = \{\langle a,b \rangle, \langle b,c \rangle, \langle c,b \rangle, \langle c,c \rangle, \langle d,c \rangle, \langle b,a \rangle, \langle c,d \rangle\}$,

$s(r(R)) = \{\langle a,b \rangle, \langle b,c \rangle, \langle c,b \rangle, \langle c,c \rangle, \langle d,c \rangle, \langle b,a \rangle, \langle c,d \rangle, \langle a,a \rangle, \langle b,b \rangle, \langle d,d \rangle\}$,

$t(s(r(R))) = A \times A$。

17. $R = r(R) = s(R) = t(R) = \{\langle 1,2 \rangle, \langle 1,1 \rangle, \langle 2,2 \rangle, \langle 2,1 \rangle, \langle 3,4 \rangle, \langle 3,3 \rangle, \langle 4,4 \rangle, \langle 4,3 \rangle\}$

18~20. 略。

21. $R_1 = \{\langle 1,1 \rangle, \langle 2,2 \rangle, \langle 3,3 \rangle\}$,

$R_2 = \{\langle 1,1 \rangle, \langle 2,2 \rangle, \langle 3,3 \rangle, \langle 1,2 \rangle, \langle 2,1 \rangle\}$,

$R_3 = \{\langle 1,1 \rangle, \langle 2,2 \rangle, \langle 3,3 \rangle, \langle 1,3 \rangle, \langle 3,1 \rangle\}$,

$R_4 = \{\langle 1,1 \rangle, \langle 2,2 \rangle, \langle 3,3 \rangle, \langle 3,2 \rangle, \langle 2,3 \rangle\}$,

$R_5 = \{\langle 1,1 \rangle, \langle 2,2 \rangle, \langle 3,3 \rangle, \langle 1,2 \rangle, \langle 2,1 \rangle, \langle 1,3 \rangle, \langle 3,1 \rangle, \langle 3,2 \rangle, \langle 2,3 \rangle\}$。

22. 略。

23. 上界是 12,24,不存在最大元,极大元是 4,6,极小元是 2,3。

24. A 的极大元是 e,最大元是 e,极小元是 a,最小元是 a。

25. (a) $A = \{1,2,3,4,5,6,7\}$,$R_{\leqslant} = \{\langle 1,3 \rangle, \langle 1,5 \rangle, \langle 3,5 \rangle, \langle 2,4 \rangle, \langle 2,5 \rangle, \langle 4,5 \rangle, \langle 6,7 \rangle\} \bigcup I_A$;

(b) $A = \{1,2,3,4,5\}$,$R_{\leqslant} = \{\langle 1,3 \rangle, \langle 1,5 \rangle, \langle 3,5 \rangle, \langle 2,3 \rangle, \langle 2,4 \rangle, \langle 2,5 \rangle, \langle 1,2 \rangle, \langle 1,4 \rangle, \langle 4,5 \rangle\} \bigcup I_A$。

26. (1) 不是;(2) 是;(3) 不是。

27. 略。

28. (1) 满射;(2) 单射;(3) 双射;(4) 双射。

29. $f \circ g(x) = x^2 + 2$;$g \circ f(x) = (x-1)^2 + 3$。

30~33. 略。

习 题 5

1. f_1, f_2, f_3 满足交换律;f_4 满足幂等律;f_2 有幺元;f_1 有零元。

2. 运算表如下:

*	1	2	3	4
1	1	2	3	4
2	2	2	3	4
3	3	3	3	4
4	4	4	4	4

3. 运算表如下:

*	1	2	3	4
1	1	1	1	1
2	1	2	2	2
3	1	2	3	3
4	1	2	3	4

4. 4个运算对 **Z** 都是封闭的;运算(1)、(2)和(4)是可交换的;运算(2)和运算(4)是可结合的。

5. 适合结合律。

6. 运算满足结合律,运算不满足交换律、没有幺元、没有零元、对于每个元素都没有逆元,因为没有幺元存在。

7. ＊运算满足结合律、＊运算满足交换律、＊运算有幺元1、＊运算没有零元、对于每个元素 $x \neq 1$ 没有逆元。

8. 运算(1)、(2)、(4)、(5)是幂等运算。

9. 运算(1)是可交换,不可结合,无幺元,无可逆元素。

　　运算(2)不可交换,不可结合,无幺元,无可逆元素。

　　运算(3)可交换,可结合,幺元是1,$\forall a \in \mathbf{R}^*$,有 $a^{-1} = \dfrac{1}{a}$。

10. (1) 运算表如下:

＊	0	1	2	3	4
0	0	0	0	0	0
1	0	1	2	3	4
2	0	2	4	1	3
3	0	3	1	4	2
4	0	4	3	2	1

(2) 有零元0,幺元1,1的逆元是1,2的逆元是3,3的逆元是2,4的逆元是4。

习　题　6

1. $\langle \mathbf{R}^+, * \rangle$ 是半群,是幺半群,幺元是0。

$$\forall a, b, c \in \mathbf{R}^+, (a * b) * c = \frac{a+b}{1+ab} * c = \frac{a+b+c+abc}{1+ab+ac+bc},$$

$$a * (b * c) = a * \frac{b+c}{1+bc} = \frac{a+b+c+abc}{1+ab+ac+bc},$$

故 $(a * b) * c = a * (b * c)$,$\langle \mathbf{R}^+, * \rangle$ 是半群,幺元是0。

2. $\langle \mathbf{N}, \vee \rangle$ 和 $\langle \mathbf{N}, \wedge \rangle$ 都是半群,$\langle \mathbf{N}, \vee \rangle$ 是幺半群,幺元是0,$\langle \mathbf{N}, \wedge \rangle$ 不是幺半群。

3. 略。

4. 不构成群,是幺半群。

5. 复数加法在 G 上封闭,满足结合律,单位元为 $0+0\mathrm{i}$,$a+b\mathrm{i}$ 的逆元为 $-a-b\mathrm{i}$。

6. 易见该运算封闭,任取整数 x, y, z,有
$(x \circ y) \circ z = (x+y-2) \circ z = x+y-2+z-2 = x+y+z-4$,
$x \circ (y \circ z) = x+(y+z-2)-2 = x+y+z-4$。
结合律成立,单位元为2,x 的逆元为 $4-x$。

7. 略。

8. (1)是子群;(2)是子群;(3)不是子群;(4)是子群;(5)不是子群。

9. 略。

10. (1) $\sigma\tau=\begin{pmatrix}1&2&3&4&5\\4&3&1&2&5\end{pmatrix}$, $\tau\sigma=\begin{pmatrix}1&2&3&4&5\\4&5&3&2&1\end{pmatrix}$, $\sigma^{-1}=\begin{pmatrix}1&2&3&4&5\\2&1&5&3&4\end{pmatrix}$,

$\tau^{-1}=\begin{pmatrix}1&2&3&4&5\\4&5&1&2&3\end{pmatrix}$, $\sigma^{-1}\tau\sigma=\begin{pmatrix}1&2&3&4&5\\5&4&1&3&2\end{pmatrix}$。

(2) $\sigma\tau=(1423)$, $\tau^{-1}=(14253)$, $\sigma^{-1}\tau\sigma=(15243)$。

11. 设 a 是阶数为 5 的循环群的生成元,则在比 5 小的正整数中有且仅有 2,3,4 与 5 互质,所以 a^2,a^3,a^4 也是生成元,因此生成元个数为 4。

设 a 是阶数为 6 的循环群的生成元,则在比 6 小的正整数中有且仅有 5 与 6 互质,所以 a^5 也是生成元,因此生成元个数为 2。

设 a 是阶数为 14 的循环群的生成元,则在比 14 小的正整数中有且仅有 3,5,9,11,13 与 14 互质,所以 $a^3,a^5,a^9,a^{11},a^{13}$ 也是生成元,因此生成元个数为 6。

设 a 是阶数为 15 的循环群的生成元,则在比 15 小的正整数中有且仅有 2,4,7,8,11,13,14 与 15 互质,所以 $a^2,a^4,a^7,a^8,a^{11},a^{13},a^{14}$ 也是生成元,因此生成元个数为 8。

12~16. 略。

17. (1) 是环,是整环,也是域。

(2) 不是环,因为关于加法不封闭。

(3) 是环,不是整环和域,因为乘法没有幺元。

(4) 不是环,因为正整数关于加法的负元不存在,因此 A 关于加法不构成群。

(5) 不是环,因为关于乘法不封闭。

18. (b)和(c)是格。

19. S_1,S_2,S_4 是格, S_1 是子格。

习 题 7

1. 至少有 9 个。此时度数序列为 2,2,2,2,2,3,3,4,4,最大度 $\Delta(G)=4,\delta(G)=2$。

2.

简单图

非简单图

3. (1)不可图化;(2)可图化,但不可简单图化;(3)可简单图化;(4)可简单图化。

4. (1)不同构;(2)不同构;(3)不同构。

5. 略。

6. (1)略;(2)$k=\lambda=1$。

7~13. 略。

14. (1) v_1 出度为 3,入度为 0; v_2 出度为 1,入度为 2; v_3 出度为 1,入度为 3; v_4 出度

为 2,入度为 2。

　　　(2) 长度为 1 的通路数是 7,其中回路数为 1;长度为 3 的通路为 14,回路为 4。

15. 略。

16. (1) $r-1$;(2) s;(3) r;(4) 都为 r。

17. 略。

18. (1)错误;(2)正确;(3)正确。

19~28. 略。

29. 树叶数 5。

30. 阶数 12。

31. T 的阶数 8。

32. 最小生成树的权和为 38。

33~37. 略。

38. T 的叶子数为 n,则 $\sum_{i=2}^{k} i \cdot n_i + n = 2\left(n + \sum_{i=2}^{k} n_i - 1\right)$,解得 $n = 2 + \sum_{i=2}^{k}(i-2) \times n_i$。

39~45. 略。

参 考 文 献

[1] 张清华,蒲兴成,尹邦勇,刘勇.离散数学[M].北京:机械工业出版社,2010.

[2] 耿素云,曲婉玲,张立昂.离散数学[M].北京:清华大学出版社,2002.

[3] 耿素云.离散数学[M].北京:清华大学出版社,2004.

[4] 屈婉玲.离散数学题解[M].北京:清华大学出版社,2004.

[5] 左孝凌,等.离散数学[M].上海:上海科学技术文献出版社,2000.

[6] 方世昌.离散数学[M].2版.西安:西安电子科技大学出版社,1996.

[7] 左孝凌,等.离散数学:理论·分析·题解[M].上海:上海科学技术文献出版社,2000.

[8] 傅彦.离散数学[M].北京:机械工业出版社,2004.

[9] Kolman B,Busby R C,Ross S C. Discrete Mathematical Structures[M]. 5th ed. Eaglewood Cliffs,NJ:
     Prentice Hall,2005.

[10] 虞慧群.离散数学[M].北京:电子工业出版社,2003.

[11] 邓米克.离散数学[M].北京:清华大学出版社,2006.

[12] 方景龙,王毅刚.应用离散数学[M].北京:人民邮电出版社,2005.

[13] 耿素云,等.离散数学[M].北京:清华大学出版社,1992.

[14] Johnsonbaugh R. 离散数学[M].4版.北京:电子工业出版社,2002.

[15] Lipschutz S,Lipson M L. 2000离散数学习题精解[M].北京:科学出版社,2002.

[16] 董晓蕾,曹珍富.离散数学[M].北京:机械工业出版社,2008.

[17] 俞正光,陆玫.离散数学[M].北京:高等教育出版社,2005.

[18] 陈莉,刘晓霞.离散数学[M].北京:高等教育出版社,2002.

[19] Rosen K H. 离散数学及其应用(英文版)[M].6th ed.北京:机械工业出版社,2008.

[20] 蒋长浩.图论与网络流[M].北京:中国林业出版社,2001.

[21] 卢开澄,卢华明.图论及其应用[M].2版.北京:清华大学出版社,1996.

[22] 宋增民.图论与网络最优化[M].南京:东南大学出版社,1990.

[23] 龙枫,颜可庆.离散数学[M].北京:机械工业出版社,2003.

[24] 张清华,陈六新,李永红.图论及其应用[M].北京:清华大学出版社,2013.

[25] 殷剑宏,吴开亚.图论及其算法[M].合肥:中国科学技术大学出版社,2003.

本书较为系统地介绍了计算机科学与技术等相关专业所必需的离散数学知识，全书分为4个部分（数理逻辑、集合论、代数结构和图论），共7章。第1章介绍命题及命题逻辑；第2章介绍一阶谓词逻辑及其推理理论；第3章介绍集合的基本概念和性质；第4章介绍二元关系和函数；第5章介绍代数系统基本概念；第6章介绍几个典型的代数系统；第7章介绍图论的基础内容和一些特殊图及其性质。各章之后配有适当难度的习题及其简要参考答案，便于学生课后练习。每个部分结束后配有内容小结，便于学生自学、复习和提高。

本书可以作为高等院校计算机科学与技术、软件工程、通信工程等相关专业的教材，也可以作为考研学生及计算机工作者的参考书。

清华社官方微信号

扫我有惊喜

ISBN 978-7-302-41805-4

02 >

9 787302 418054

定价：45.00元